The Structure of Contemporary Scientific Cognition

当代科学认知的结构

郦全民 / 著

科 学 出 版 社

北 京

内 容 简 介

20 世纪 80 年代以来，科学发展和科学认知的方式呈现新的景象。本书在科学哲学和认知科学的双重视野下，立足于对科学史和科学前沿领域的考察，系统深入地探究当代科学认知的特征、结构以及演变趋势。主要内容包括：科学认知的基本特征和架构、科学中的认识认知与实用认知、科学认知的计算进路、科学数据处理的新特点、科学模型的地位和建构、科学解释的认知机制、科学预言的认知特性及其限度、科学认知的分布性与复杂性等。

本书主题明确、内容新颖、结构合理，适合哲学、自然科学、技术科学和社会科学等领域的研究者、大学生以及科学爱好者阅读参考。

图书在版编目（CIP）数据

当代科学认知的结构/郦全民著. —北京：科学出版社，2021.7

ISBN 978-7-03-069305-1

Ⅰ. ①当… Ⅱ. ①郦… Ⅲ. ①认知科学-研究 Ⅳ. ①B842.1

中国版本图书馆 CIP 数据核字（2021）第 131491 号

责任编辑：邹 聪 侯俊琳 张 楠 / 责任校对：贾伟娟

责任印制：李 彤 / 封面设计：有道文化

科学出版社 出版

北京东黄城根北街 16 号

邮政编码：100717

http://www.sciencep.com

北京建宏印刷有限公司 印刷

科学出版社发行 各地新华书店经销

*

2021 年 7 月第 一 版 开本：720 × 1000 1/16

2023 年 1 月第二次印刷 印张：15 3/4

字数：248 000

定价：98.00 元

（如有印装质量问题，我社负责调换）

目　　录

第　1　章

科学的转变

1609 年 11 月的一个夜晚，伽利略（Galileo Galilei，1564—1642）举起自制的望远镜，指向天空那遥远的明月。瞬间，起伏不平、明暗各异的月表风貌呈现在他的眼前。虽然我们无从知晓他当时的内心世界，但是，在人类文明的进化历程中，这一事件无疑具有划时代的意义：它开启了人类突破自身感官去探索大自然的新征程，同时也宣告近代科学正在降临。

光阴荏苒，转瞬已有 400 余年。科学取得了巨大的成功。其间，仰仗一代又一代探索者的热情、智慧和努力，伟大的发现和发明不断涌现，科学的演进时而加速，时而发生革命。结果，我们认识的视野拓展到了宇宙的起始阶段和实在的基本构成；我们很大程度上知晓了自己从哪里来；我们还取道技术展现了科学所蕴含的巨大力量，而这又不可逆转地改变了人类进化的轨迹。

那么，时至今日，科学前进的“脚步”是否依然十分矫健，抑或已经放缓甚至有些蹒跚？1996 年，美国科学作家霍根（John Horgan）出版了 *The End of Science：Facing the Limits of Knowledge in the Twilight of the Scientific Age*（《科学的终结——在科学时代的暮色中审视知识的限度》）一书。走访一群活跃在科学前沿的权威人士后，他竟得出了这样一个耸人听闻的结论：“科学（尤其是纯科学）已经终结，伟大而又激动人心的科学发现时代已一去不复返了。”[①]该书问世以后，在科学界内外引起了巨大的、持续的反响和争议。作为回应，当 2015 年该书再版时，霍根撰写了一篇很长的序言，其中，

① 这段话出现在 1997 年版的中译本封面上，见约翰·霍根：《科学的终结——在科学时代的暮色中审视知识的限度》，孙雍君等译，远方出版社 1997 年版。

他不仅坚持原有的观点，而且认为，近 20 年来科学的变迁恰恰进一步印证了他的结论。[①]

关心科学的读者也许立刻直觉地认定：霍根的观点颇为荒谬。当今世界，从事科学研究的人员比以往任何时候都要多，发表的科学论文数量一直处于增长甚至加速的状态，民间机构和大多数政府对科学的资金投入也逐年在增加。科学呈现的难道不是一幅繁荣发展的景象吗？怎么可能已经或正在趋向"终结"呢？然而，即使以上列举的均为事实，也不见得就能驳倒霍根的观点。这是因为，人多不一定科学发现就多，同样，论文数量多也不意味着有价值的成果就多；至于资金投入，纵观科学发展的历史，便不难看出，投入的多少与科学发现或理论创造之间也没有确定的正相关性。

笔者认为，要解决霍根的观点与当下科学景象之间的表观矛盾，关键在于如何理解科学和科学的变化。在一定的意义上，霍根的观点是有道理的。确实，与近代科学诞生和发展的前几个世纪相比，如今，做出重大科学发现和理论创造的资源正在衰减，也就是说，"发现的时代"似乎过去了。而在另一种意义上，霍根的观点又是夸张的和不合理的，因为就整体而言，科学并没有真正终结或趋于终结，而是开启了一个"为实用而认知"的新时代。[②]因此，将当代科学发生的变化理解为"科学时代的转变"而非"终结"，也许更为恰当。

那么，科学的这种转变是如何发生的？又何以会发生？为了回答这两个基本问题，我们需先领略一下近代科学诞生和发展的大致历程。让我们开始吧。

第 1 节　近代科学的诞生

当今社会中，"科学"已经成为一个广为流行的日常用词。幼儿园里，

---

① 该版的中译本也已发行，见约翰·霍根：《科学的终结：用科学究竟可以将这个世界解释到何种程度（修订版）》，孙雍君、张武军译，清华大学出版社 2017 年版。

② 至于为什么概括成"为实用而认知"，我们将在第 3 章中做详细的阐述。

老师会对天真烂漫的小朋友说：要热爱科学，长大当一名科学家。常规的学校教学中，由浅入深的各种科学知识是必须学习的主要内容。实际工作时，常常会有人提醒：要尊重科学，要按科学规律办事，等等。科学有时被一些人视作“真理”的化身，于是乎，那些非科学乃至伪科学的东西也喜欢贴上“科学”的标签。在汉语世界里，“科学”还与联系密切但实质并不相同的“技术”合成为一个新词，叫作“科技”，而在当下，它几乎成了力量甚至财富的代名词。

“科学”一词被广泛使用，如果不加追问，想必使用者会普遍地心安理得。然而，倘若有人较真地发问：科学究竟是什么？恐怕不少人立刻会变得十分茫然。事实上，这是一个极难回答甚至没有确切答案的问题。历史地看，差不多一个世纪以前，一群科学背景出身的哲学家曾试图求解这一问题。[①]他们希望找到一条标准，能够将科学与诸如哲学中的形而上学之类的学说或信念明确地划界。然而，这种尝试并不成功，后人所做的种种努力也几乎均以失败告终。究其原因，主要在于这种明确的划界标准似乎并不存在。

不过，找不到明确的划界标准并不等于就无法在科学与非科学之间做出相对的区分，毕竟，从直观上我们就知道，科学异于哲学、艺术和宗教，也不同于常识。这里，我们的目的并不是专门探讨科学与非科学的划界问题，而是希望找到一条或几条可操作的标准，能够帮助说明科学实际上是相当晚近的事。

那么，是否存在这样的标准呢？我们的回答是肯定的。试想一下，如果在中学或大学的科学课上，一位学生向老师提问：科学究竟是什么？机智的（更确切地说是“圆滑的”）老师或许可以给出一个权宜的回答：“科学就是科学教科书中所记载的。”这里，我们不妨将其称作“教科书标准”。

乍一看，这一标准不过是同义反复，因而没有什么意义。然而，它却给我们一个提示：是否可以从现成的科学教科书出发，来达到关于科学究竟是什么的理解呢？下面，就让我们沿着这一思路作一番探寻。

---

① 指以石里克和卡尔纳普等为代表的逻辑经验主义者。他们提出了划分科学与非科学（尤其是形而上学）的可证实性原则。根据这一原则，凡是科学的或认识上有意义的关于世界的命题必须是经验可证实的。

对于人类而言，关于自然的科学是公共可达的。[①]因此，翻开世界上任何一个国家或地区的科学教科书，我们可以发现所载的基本内容大致相同，或者更具体一点说，对同一现象或问题有着相同的经验描述和理论解释。这样，我们的探寻便可从选取任何一所中学（或大学）所用的科学教科书开始。事实是，翻开物理学、化学或生物学这些属于科学的教科书，有些科学史常识的读者立刻会发现一个有趣而又重要的事实，即教科书中所载的内容（除了历史的附注）几乎都是400余年来人类探索自然的发现或发明成果，这些也就是今天的我们必须或应该掌握的科学知识。这表明，采用教科书标准，科学实际上起始于近代，而与人类差不多一万年的文明史相比，400余年就显得相当短暂。

不过，细心的读者也许会发现，在中学的物理学教科书中存在一个例外，那就是依然包含由阿基米德（Archimedes，公元前287—前212）在2000多年前发现的浮力定律和杠杆定律。众所周知，浮力定律的发现伴随着一个传说，据说灵感来自澡堂，而阿基米德在兴奋之际高喊出的“尤里卡！尤里卡！”（“找到了！找到了！”）早已成为通过灵感获得重大发现的代名词。与杠杆定律相关的也有一句流传至今的名言，那就是“给我一个支点，我就能撬动地球”，这夸口的自信早早预示了科学所蕴藏的巨大力量。

好奇的读者一定会问，为什么阿基米德发现的这两个定律能“流芳千古”，依然在当今的科学教科书中占有一席之地，而其他古代关于自然的知识却几乎都被排除在外？如果稍微细致地阅读一下阿基米德所流传下来的文献或看看关于他的传记，答案就不难找到。事实上，阿基米德是一个掌握近代科学方法的古代科学家，也许还是唯一的。也就是说，尽管生活在古代，但从认识自然的方法上说，他实际上是第一个近代科学家，而且是日后其他近代科学家效法的榜样。

那么，究竟什么是近代科学方法呢？概括地说，它包含两层相关的含义。一层含义是指两种具体的研究进路：①经验进路——运用观察和实验（尤其是受控实验）获取自然界中存在的所研究对象的经验信息，并以数据的形式

① 这里以及在以后的论述中，除非有特别的说明，科学主要是指自然科学和社会科学，而不包括数学和逻辑学（它们属于形式科学，当然也是公共可达的）。

加以表征；②理性或理论进路——通过提出关于研究对象的假设并运用形式工具（数学和逻辑）进行推演，这就是通常所说的假设演绎法。[①]另一层含义是，将这两种具体进路加以整合形成一个动态的过程，其中经验信息与假设所推演出的结论之间能进行比较和印证，这样，经验信息可支持、否证或修正假设，反过来，假设也能解释经验信息或指导信息的处理。例如，阿基米德利用洗澡时获得的灵感，形成“物体在水中所受浮力，等于所排开的水的重量”这一规律性假设，然后进一步对多种具体情况下（如石头和木头）浮力与重量之间的关系进行推算，再对计算结果加以实验检验。最终，他不仅发现了适用于静止流体的定量的浮力定律，而且用这一定律解决了国王的金冠中是否掺了假的问题。

这里，还有一个问题需要花些笔墨，那就是：为什么在近代科学方法中要包括第二层含义，即经验进路与理性进路的动态整合？其实，这才是近代科学方法的关键所在。历史地看，在人类认识世界的过程中，运用经验进路获取环境中对象的信息并形成知识由来已久。实际上，有目的地感知（一般的观察）、重复地做一些试验，是人类一开始便从事的基本认知活动。随着步入文明阶段，人类又通过发明文字和书写，将这些认知过程中获得的信息加以保存和传播。这些信息的可靠性一旦由观察、试验和实用的行动加以确认，就构成了人类的日常知识或常识。

对于任何一个民族或群体，如果想要在环境中更好地生存，就需要不断地获取和积累关于环境的常识，因此，对于人类而言，运用观察和试验等经验进路认知周围世界具有普适性。只是由于世界上不同地区的环境各异，所获取和积累的常识的内容不尽相同。例如，在古代，几乎每个民族都利用植物来治疗疾病，这体现了运用经验进路进行认知的共性，但由于各地植物的种类和生长环境不同，所形成的将植物作为药物的传统知识自然存在差异，

---

① 这里的进路是一个集合概念，包含四个基本成分，即背景知识、问题、目标和方法。这就是说，每条进路总是处于特定的背景知识之中，加上由这种背景知识生成和限定的问题集、所要达到的目标，以及求解问题、实现目标的方法。其中“方法”的含义与“近代科学方法”中的“方法”不同，前者指的是求解问题的具体方法，而后者是方法论意义上的。这种关于进路的用法出自邦格（Mario Bunge，1919—2020）。Bunge M. *Treatise on Basic Philosophy*, *Vol.5*, Dordrecht: D. Reidel Publishing Company, 1983, p.259.

于是，便形成了具有民族和地域特色的草药知识。

至于理性进路的出现，则或许属于意外，其主要源于古希腊的先哲。距今 2500 年前后，在爱利亚和雅典等地方，涌现出以巴门尼德和柏拉图等为代表的一批伟大哲人。他们认为，感官提供的经验是不可靠的，唯有超越于感觉的思想才与存在同一，因而，通过理性我们才能获得真正的知识。那么，这里的理性又是指什么呢？简单地说，是指人具有的确立自明的公理（假设）并展开有效论证的能力，而理性进路则可理解为在思维中对这种能力的运用。凭借理性进路，古希腊人在哲学（尤其是形而上学）、数学（主要是几何学）和逻辑学等领域取得了极其辉煌的成就，为日后近代科学的兴起留下了巨大的精神宝库。然而，单凭理性而不诉诸经验的进路，虽然在建构柏拉图意义上的理念世界方面能够卓有成效，但是，其固有的封闭性不仅切断了与经验世界的连接，而且所生成的知识体系隐含着无法克服的内在矛盾或悖论，结果，反而成为导致古希腊文明走向衰落的一个智识缺陷。

尽管在古希腊晚期，阿基米德进行了将理性进路与经验进路相整合的开创性实践，但是，他是“一只孤独的鹰”。[①]公元前 212 年的一个早上，75 岁的阿基米德被罗马士兵杀害，这可以说是古希腊文化终结的一个标志。

之后，随着基督教在西方的兴起，理性进路有了新的用武之地。为了确立宗教的权威和增加其可信度，人们需要建立系统性的神学理论，以论证上帝的存在和上帝设计的世界之合理，而上帝并不在人们所生活的经验世界之中，故能提供这种论证的便是超验的理性思维。这样，在千余年的中世纪，理性进路主要服务于神学，也附带地推进了逻辑学和一些初等数学的发展。在这期间，人们为了解决面临的各种生存问题，总是需要运用经验进路获取常识，并基于这些常识发明实用的技术，于是，技术的进步依然持续。当然，在天文观测和航海记录等方面也积累了许多经验材料。然而，理性进路与经验进路一直是相分离的。

---

① E. T. 贝尔：《数学大师：从芝诺到庞加莱》，徐源译，上海科技教育出版社 2004 年版，第 34 页。

事实上，这种分离正是西方文明从一开始就有的理性主义和经验主义两种文化传统的具体体现。关于如何获得知识和辩护知识，理性主义强调思辨和逻辑的重要性，经验主义则注重观察和实际的行动。从古希腊开始至整个中世纪，这两种传统一直处于分离甚至对立的状态，并基本上由社会内部不同的阶层来传承：地位较高的学者们崇尚理性，而地位较低的工匠们则扎根于经验。只有到了 15 世纪，一方面，随着文艺复兴和宗教改革运动的兴起和扩散，神学和哲学的多样化开始出现，于是，降低了理性传统的重要性；另一方面，早期资本主义的萌发导致知识实际应用的增加和多样，结果，经验传统的地位得以提高。正是在这样的大背景下，理性进路与经验进路的动态整合才成为现实，从而导致了近代科学的诞生。

那么，这种整合又是如何发生和完成的呢？为此，就需简要地阐述一下近代科学诞生的大致历程。在这段历史的早期，虽然特定的社会-文化环境（尤其是宗教）对科学的创立者们有着各种各样的影响，但那时，作为一种职业的科学事业还没有形成，他们的研究基本上属于业余的个人行为，因此，我们不妨以人物为线索做非常粗略的叙述。

在如今的许多历史或其他文献中，哥白尼（Nicolaus Copernicus，1473—1543）被尊称为标志近代科学诞生的第一人。不过，这种说法是否恰当，取决于从什么角度看或从何种意义上理解。

作为一名教会里的教士，哥白尼在业余时间既行医也研究天文学。当时，以地心说作为内核的托勒密（Claudius Ptolemy，约 90—168）体系在天文和航海的应用中遇到了很大困难，而为了提高预测的精度，这一体系的使用者不得不将其变得越来越复杂。利用文艺复兴时期发现的古希腊文献和阿拉伯人在中世纪积累的观测资料，哥白尼希望获得一个比托勒密体系更为简单的新体系，便重新提出和论证了日心说。成书以后，哥白尼迟迟不肯出版。其中很重要的一个原因是他无法解决来自常识的质难：既然地球在转动，为何我们感觉不到？为什么我们立定跳起来还是落在原来的地方？直到 1543 年，在他即将离开人世之际，《天体运行论》才正式问世。

著作出版后，在相当长的一段时间内并未引起关注，直至伽利略、开普勒等后人提供充分的证据并广为宣传，它才被宗教裁判者们视为一部危险而必须禁止的“禁书”。其实，书中包含不少具体的错误，甚至从现代物理学的观点看，“说日心说是‘正确的’而地心说是‘错误的’，这也不十分恰当”[①]，因为这是一个选择参照点的问题，在一定情形下，两者都可以是正确的。那么，究竟在什么意义上，哥白尼发动了一场革命——“哥白尼革命”呢？这在于：日心说的确立，事后对西方文明直至整个人类文明在思想观念上造成了巨大的冲击，也就是说，这场革命是相对于观念而言的。

首先，日心说动摇了基督教神学的根基。根据基督教神学，地球是宇宙的中心，而这一观点的权威来源又认为是《圣经》。这样，如果认定太阳才是宇宙的中心，地球只是自转着且朝着太阳公转的一颗行星，那么，《圣经》的权威不是受到挑战了吗？进而，上帝作为造物主的能力不也要遭到质疑吗？由此看来，在基督教（尤其是其中的天主教）拥有巨大权力和影响的西方，日心说的提出和传播确实会对人们的观念和生活造成极大的冲击和影响。

而如果将日心说的提出和确立置于一个更为广阔的时空中加以审视，我们就会发现，其更重要的意义则是导致人类认识世界立场的革命性转变。

人在这个世界上生存和繁衍，就必须认识这个世界，而认识的过程是从人自身出发，然后，面向环境不断地拓展。对个体来说，我们每个人来到世界上，起初，总是以自身为中心去感知和理解周围环境。随着认知能力的提高和社会化的展开，个体才慢慢意识到自然环境和他人的客观存在，于是，在认识上，便开始一个去中心化的过程。类似地，就人类而言，在认识宇宙的早期，将地球和人类自身置于中心地位也是自然的。而哥白尼的日心说表明：地球不是宇宙的中心，因而也就宣告上帝的“宠儿”——人类——在物理世界也不处于中心地位。这是对人类中心主义的第一次大的打击。

现在来看，人类对实在世界认识的深化和扩展恰是一个不断去中心化的过程，而这个过程正是由哥白尼首先发动的，并由科学的不断发展所推进。[②]在宇观的物理世界，人类日后明白，太阳也不是宇宙的中心，而是银河系内处于边缘的一颗恒星；进而又认识到，银河系也不是宇宙的中心，宇宙中存在着千千万万像银河系那样的星系。到了 20 世纪上半叶，宇宙学诞生了，

① 弗·卡约里：《物理学史》，戴念祖译，内蒙古人民出版社 1981 年版，第 33 页。

② 本书中，“实在世界”基本上等同于“物质世界”，包括物理世界和生命世界。

其基本原理就是宇宙在大尺度上是均匀的和各向同性的，也就是说，宇宙没有中心。在生命世界，达尔文等人创立的生物进化论，则是对人类中心主义的第二次大的打击。承认人类的祖先非人，而猩猩等是我们的近亲，猴子则为远亲，人的中心地位不就又一次下降了吗？正面的后果是，人对自身的认识显然更为客观和深化了。

与对物理世界和生命世界认识的去中心化过程几乎同步，人类内部对个体地位的认识也出现了一个去中心化的过程。在近代科学诞生之前，天主教的教皇被视为上帝派来调教子民的，因而，在社会内部，教皇或掌控宗教权力的其他人处于中心地位。随着宗教改革的兴起，“上帝面前人人平等”的理念开始确立和传播；之后，这种理念又演变为“法律面前人人平等”。这种认识上的去中心化，促成了民主社会的产生和发展。

还有，从随后近代科学兴起的过程看，伽利略、开普勒（Johannes Kepler，1571—1630）和牛顿（Isaac Newton，1642—1727）等人正是在坚信日心说的思想前提下，才充满热情地投身于科学的开创事业的。因此，就观念所产生的影响而言，将哥白尼作为近代科学诞生的标志人物是合理的。

不过，如果从运用科学方法探究物理世界的角度看，严格地说，哥白尼还不能被看作“近代科学之父”。这是因为，就运用方法而言，近代科学诞生的标志是将经验进路和理性进路加以整合来展开探究，而哥白尼对日心说的研究虽然利用了一些前人的观测资料，但基本上沿袭古代学者的方法，即仅仅借助理性对假设进行思辨性的论证。他本人并没有运用观测和实验等经验进路来支持自己的假设，没能通过建立力学的假设来解释具体的现象，也就无法应对哪怕是来自常识的质难。由于将经验进路与理性进路加以整合来研究自然更能说明近代科学何以诞生和发展，故从这一意义上说，哥白尼只是拉开了近代科学诞生的序幕。

这里，我们为什么要一再强调将经验与理性加以整合的科学方法是近代科学诞生的标志呢？理由其实很简单。如前所述，在近代科学诞生之前，自然界一直呈现在人类面前，经验进路和理性进路亦均已存在，但它们因属于不同的传统而分离（也许只有阿基米德这一例外），结果，面向自然的科学并没有发展和兴旺起来。而随着经验进路与理性进路的整合，并在日后系统地实践和扩展，近代科学不仅由此而生发，而且不断地向前推进，以至如今仍然是人类探索实在世界的基本方法。[①]

那么，究竟是谁在两种进路的运用和整合上迈出了开创性的步伐？从科学史上，公认的看法是伽利略。正因为如此，伽利略被尊称为近代科学之父。

在哥白尼的《天体运行论》问世 20 多年后，伽利略来到这个世界上。从大学期间放弃学医而转向学习数学起，他就似乎命定将成为阿基米德思想和方法的传承人和弘扬者。通过自学阿基米德的著作，他很快学会了如何运用几何推理解释具体的物理现象，并取得了一些重要的研究成果：对阿基米德关于固体重心的计算做了修正，将阿基米德关于水的浮力定律扩展到空气，把滑轮、斜面、楔、螺杆和轮轴这五种机械化归为杠杆的不同应用形式，等等。

从研究对象上说，与阿基米德着眼于静力学不同，伽利略更多地将精力放在对物体运动的研究上。而在研究方法上，伽利略不仅继承了阿基米德将经验与理性相整合的做法，而且在新的场景下，既扩充了其中的内涵也丰富了具体的实现手段。在质疑和反驳亚里士多德（Aristotle，公元前 384—前 322）关于重的物体下落速度比轻的物体下落速度快的论断时，伽利略不但亲自做实验，而且巧妙地运用理性思维来进行论证。他设想有两个不同重量的同质物体（比如铁块），一个重 1 千克，另一个重 5 千克。如果将这两个物体置于某个高度再下落，那会发生什么呢？根据亚里士多德的理论，应该是重 5 千克的物体先到达地面。而伽利略设想将这两个物体绑在一起，这样，1 千克重的物体会拉住 5 千克重的物体，因而该物体下落的速度就比 5 千克的物体单独下落的速度要慢，然而，它的重量是 6 千克，所以，应该比重 5 千克的物体要快，这就产生了矛盾。所以，伽利略得出结论：我们没有理由认为由同样物质组成的物体因为重量不同，下落的速度就不同。[②]当然，不同形状和密度的物体在下落过程中速度会不同，但对于这种现象，伽利略能够运用关于空气的浮力定律给出合理的解释。

---

① 只有到了 20 世纪中期，科学研究的第三条进路（即计算进路）才得以生发，对此，本书第 4 章将作专门的论述。

② 引自詹姆斯·迈克莱兰：《伽里奥·伽利略：物理学家第一人》，刘斌译，陕西师范大学出版社 2004 年版，第 17 页。这里关于伽利略的内容也主要参考了该书。

对伽利略而言，支持运用科学方法去探索自然的是一个哲学的本体论信念，那就是：自然这本大书是用数学的语言写成的。这样，在理性一面，需要探究的是刻画物体运动的距离、速度和时间等概念之间的数学假设，并运用演算获得可以检验的量值；在经验一面，量的测定就成为提供可检验性证据的基本任务。然而，数学假设和演算具有抽象性，要求满足逻辑一致性或相容性的约束，而量的测定难以在自然环境下用人的感官和人体基准来进行，因此，理性进路与经验进路之间看上去不太容易整合。关键之处在于，抽象性意味着一个假设想成为可检验的，只能将演算的结果置于受控的环境下，并通过发明测量的工具和手段加以实现。如此看来，受控实验在其中须担当关键的角色，而伽利略正是近代受控实验的开拓者。

可以看出，受控实验恰是经验进路与理性进路相整合的具体体现。就目的而言，实验是为了获取关于研究对象的信息，实验的实施是一个经验操作的过程；而实验的规划和设计则是在理论或假设指导下的理性思维过程，对实验结果的解释也离不开理论。这里，我们不妨以伽利略运用斜面实验发现自由落体定律为例，对此加以说明。

伽利略论证了物体下落的速度与其重量无关，那么，该如何来确定物体自由下落的速度呢？一种办法是通过测定物体下落的距离与时间之间的关系。他发现，一个物体（如一块石头）一旦离开支撑就会很快落下，来不及测定距离与时间的关系，于是，他想到运用斜面，将下落的过程放慢。具体的实验是将一个小球放在一个斜面上方的凹槽中，一旦释放，小球就会滚落下来。用自己发明的水时钟计时，伽利略发现：小球滚动的距离与滚动时间的平方成正比。然而，假设小球在斜面上的运动是水平方向运动与垂直方向运动的合成，而后者就是自由下落的部分，那么，可以推出小球自由下落的距离与下落时间的平方成正比。进而，就可得出小球的速度与时间成正比。因为已经认定物体下落的速度与其重量无关，所以，就可以将小球在斜面上的实验结果推广到一般物体的自由落体运动。由此可见，在斜面实验中，不仅小球的运动是在受控的条件下发生并被观测的，而且每个环节都离不开理性分析和推理。因此，受控实验是经验与理性相结合的体现。

不仅如此，斜面实验还使得伽利略发明了日后对于科学研究非常重要的一种新思维，那就是思想实验。当一个小球从一个光滑的凹槽滚落，再沿着另一个凹槽上升时，达到的高度会比原来的要低。伽利略认为这是由于存在阻尼（摩擦和空气阻力）的缘故，于是，如果没有阻尼，小球将达到与原来一样的高度。那么，如果将另一个凹槽变成没有阻尼的无限长的平面，将会发生什么呢？可以想见，小球将永远滚动下去。就这样，伽利略运用经验观察，再加上理性思考和想象，发现了惯性和惯性原理的基本思想。这一思想可以解决常识对哥白尼的日心说的质难，并通过牛顿的进一步挖掘和提炼，成为经典力学的三大定律之一。

翻开如今的中学物理教科书，伽利略在运动学和动力学方面取得的成就，依然是一开始便须学习和掌握的基本知识，而伽利略对于科学的贡献远不止这些。本章开篇，我们把伽利略用望远镜观察月球作为近代科学诞生的一个标志性事件。对此，有必要再做些阐述和分析。

借助于望远镜，伽利略不仅观察到了月球表面的凹凸不平、太阳表面的黑子，还发现木星周围有 4 颗卫星，它们绕着木星周期性地运行。这一发现表明，宇宙中的天体并非都围绕地球转动，从而提供了一个支持日心说的有力佐证。

天文观测和对运动研究获得的科学证据，使得伽利略相信并支持哥白尼的日心说。部分出于这一原因，1633 年，已经年迈的伽利略遭到了罗马天主教的宗教法庭的审判。他不得不在公开场合宣布放弃自己支持日心说的主张。之后，伽利略继续默默地从事科学研究，在双目失明和失去女儿的悲凉中，完成了《关于两种新科学的对话》（1638 年出版）。

望远镜作为科学仪器的应用，在科学史乃至整个人类文明史上具有划时代的意义，因为它第一次真正突破了人的感官的限制，为人类的认识打开了一个全新的世界。望远镜是由荷兰制作镜片的工匠偶然发明的，起初只是被当作玩具。只有当伽利略将其进行改进并用于天文观测，望远镜的威力才得以发挥出来。这表明，一项技术发明所能产生作用的大小，不仅依赖于其本身的潜能，更重要的还在于由谁应用于什么场景。在日后技术推进人类社会前进的道路上，这一点可以看得很清楚。

历史有时似有巧合，就在伽利略离世那年的圣诞节，一个“圣婴”呱呱落地，他就是牛顿。

据传，牛顿曾经说过：如果我比其他人看得更远些，那是因为我站在巨人的肩上。[①]在科学上，对于牛顿来说，如果说伽利略提供了左肩，那么右肩就来自开普勒。所以，在叙述牛顿的成就之前，我们还需先简要介绍一下开普勒。

作为比伽利略略为年少的同时代人，两人之间亦有过通信往来，但开普勒的生活要坎坷得多，发现之路也走得更长、更艰辛。[②]与伽利略一样，开普勒支持哥白尼的日心说，也相信自然（天体）的运行规律是由数学（主要是几何学）的语言写成的。所不同的是，伽利略更注重运用（真实的和思想的）实验研究地上物体的运动，并通过这种研究解决和消除对于日心说的质难，而开普勒则醉心于研究天上物体的运动，寻找支配行星和谐地绕太阳运行的规律。

开普勒最大的贡献是发现了行星运动的三大定律。主要是基于丹麦贵族和天文学家第谷（Tycho Brahe，1546—1601）等人长期观测积累下的数据，在灵感的启发下，加上大量繁复的计算，开普勒在 1604 年前后首先找出了行星围绕太阳运行的第一和第二定律。而第三定律的发现则要晚十多年。通过阅读伽利略父亲的《古今音乐谈》和托勒密的《和声学》，开普勒深信行星运行周期和它与太阳之间的距离也类似于产生和声的弦长之间的比例关系。在对所掌握的 6 颗行星的运行周期与离太阳的相对平均距离的数据进行各种演算和比较后，他终于找到了答案，即第三定律：任何两颗行星公转周期的平方与轨道半径的立方成正比。

在开普勒发现三大定律的过程中，我们能够真切地感受到经验进路与理性进路相整合的威力。第谷及其助手对行星运行进行了长达近 30 年的观测，所积累的数据精度几乎达到了人类肉眼所能达到的极限。但是，没有理性思维的帮助，单凭经验数据并不能揭示行星运行的规律。只有当这些数据落到了信奉日心说的开普勒手上，凭借他超凡的数学才能和对天体如音乐一般和谐运行的理性信念，三大定律才会显露真容。

值得一提的是，作为宫廷数学家，开普勒曾用占星术为神圣罗马帝国皇

---

① E. T. 贝尔：《数学大师：从芝诺到庞加莱》，徐源译，上海科技教育出版社 2004 年版，第 111 页。

② 可见詹姆斯 • R. 威尔克尔：《约翰内斯 • 开普勒与新天文学》，刘堃译，陕西师范大学出版社 2004 年版。这里对于开普勒的介绍也主要取材于该传记。

帝鲁道夫二世（Rudolf Ⅱ，1552—1612）做过预测，认为他将寿命很长，但这位皇帝不久便离开了人世。与此相对照，在开普勒逝世前一年（1629年）出版的一本小册子中，他运用自己发现的行星运动定律，对将于1631年发生的水星凌日等现象进行了预言。遗憾的是，开普勒自己没能等到这一时刻的来临，但欧洲各地的天文学家事先准备好了望远镜。结果，水星凌日的时间与开普勒所预测的仅仅相差6个小时。从中可以看出，科学预言与占星术预测之间的高下无须再言。

该轮到牛顿出场了。当今时代，信息泛滥，总有些人出于不同的动机，喜欢搞各种排行榜，其中一种常见于网络世界的是替千百年来的科学家或思想家排名。这种排名主观性强，也容易受到意识形态的左右。不过，倘若非要为科学家排个名，那么，了解科学史和人类文明史的读者应该能够认同：如果牛顿排在第二，那就没有第一了。

在科学发展的历史上，牛顿为什么享有这一无与伦比的地位？这当然是因为牛顿在科学上取得了极其辉煌的成就，而更重要的是，他的成就和开创的事业始终是推进现代社会发展的动力源。这里，不妨形象地说一点牛顿的影响力。虽然牛顿终生未娶，也没有生物意义上的直系后代，但是，我们每个人，只要读到中学阶段，就会吸纳和传承由他所创造的“科学基因”。在这个意义上，我们这些受过教育的人，都是牛顿的后代。而且，可以预测甚至断定，只要人类存在，后代依然得传承这些“科学基因”，因为在我们生活的尺度上和环境里，经典力学足够好！

做个比喻，如果将一个知识体系当作一张捕捉实在世界信息之网，那么经典力学就是人类发明的第一张科学知识大网。在这张网的编织过程中，阿基米德、伽利略和开普勒等人提供了一些针线和网的片段，而牛顿则是这张大网的真正设计者和编织者。

正是牛顿把伽利略的惯性思想严格地表述为惯性定律（即牛顿第一定律），提出了牛顿第二定律和第三定律，发现了万有引力定律。这些定律成为编织经典力学之网的组织原则，而当理性和经验这两个工具箱里的针线不足时，牛顿就亲自发明或收集。其中，最重要的发明便是微积分。[①]在当时

① 除了牛顿，莱布尼茨也是微积分的独立发明者。

担任英国皇家学会秘书的哈雷（Edmond Halley，1656—1742）的请求和协助下，经过近两年的非凡的智力活动，牛顿终于编织成了这张科学大网，并以《自然哲学的数学原理》作为书名于 1687 年出版。

在这部划时代的著作中，牛顿实现了经验进路与理性进路的完美整合，建构起了一个严密的、普遍的科学体系。凭借这一体系，他把天上的运动和地上的运动统一起来，成功地解决了在当时条件下所能解决的几乎所有重大的力学和天文学的问题，而伽利略和开普勒等人所发现的经验定律作为推论成了其中的组成部分。至此，可以说，近代科学诞生的过程宣告完成。从此，科学大踏步地走上了自主发展的道路。

到这里，我们再回过头，试着回答开头提出的"科学究竟是什么"的问题。通过简要地叙述和分析近代科学诞生的历程，可以看出，我们能从两个不同但又有关联的角度来理解科学：一个是过程，另一个是结果。从过程上看，科学是人类认知世界的一种特殊的活动，其特殊性主要体现在方法上，即经验与理性动态地整合的科学方法，且具体体现在受控实验和数学方法的运用之中。这就使得科学认知既不同于单凭经验的自然认知，也有别于单凭理性的超验认知。而从结果看，运用这一科学方法所建构的知识体系便具备了两个基本特征，即可检验性和系统性。可检验性由观察和实验所提供的经验信息所实现，而系统性体现在知识主要以理论的形式来呈现。

当然，这只是对科学的最基本和最粗略的界定。在后面的章节中，我们将会对其中所涉及的概念和思想做进一步拓展、深化。

第 2 节　科学的成功演化

我们说，牛顿所创立的经典力学可以看作近代科学诞生过程的完成，也就意味着人类科学地探索实在世界的征程才刚刚开始。

人类对实在世界的认识起源于对自身所处环境的感知和疑惑，这应该是肯定的。但无法确定的是，我们的祖先究竟从何时起，仰望着繁星满天的苍穹，抑或注视着千姿百态的生灵，禁不住发出了这样的疑问：这天上人间是迥然有别还是浑然一体？它们究竟由什么组成？它们是亘古常在还是瞬息万变？它们是否由谁创造？

在最宽泛的意义上，这些疑问也正是科学所要回答的两个基本问题，即实在世界的构成和历史。稍微展开一点说，实在世界的构成问题包括两个基本方面：一是其究竟由什么组元所形成，二是这些组元相互之间是如何联系的。而实在世界的历史问题也包括两个基本方面，即它的起源和随后的演化。

近代科学诞生之前，第一个问题主要由自然哲学或常识来回答，如古希腊的哲人就认为，组成世界的基本元素是土、水、火和气，进而，在理性的驱使下，又提出了万物由不可分割的微小实体——原子——组成的伟大猜想；第二个问题则由神话或神学来回答，例如，中国的神话里，天地是由盘古开辟的；而基督教的神学中，这个世界便由上帝所创造。

近代科学的诞生和演进，整体上说，就是将这两个基本问题置于科学背景和科学方法之中，通过把关于实在世界的问题具体化和明确化，不断地进行探索、发现和发明，找出越来越可靠和可信的答案。

经典力学中，牛顿在运用万有引力定律和三大定律将天上行星的运转和地上苹果的下落统一起来的同时，也留下了两个悬而未决的大问题，而这两个大问题恰恰就是以上两个基本问题的具体表现。第一个问题是：既然任何两个物体之间都存在着与距离平方成反比的引力，那么当两者相隔遥远（比如太阳与地球）时，究竟是通过何种方式实现吸引的呢？牛顿当时并不能对此做出有说服力的解释，只能假定这种引力作用是“超距的”。但这在当时就遭到不少人的质疑，比如，莱布尼茨（Gottfried W. Leibniz，1646—1716）就公开表示反对。况且，牛顿在做大量化学实验时也发现，物体之间存在着有别于引力的吸引和排斥，但他们究竟是什么力仍是未知之谜。这些都表明，对于实在世界中物质的组元及其联系尚待进一步研究。第二个问题是：对于太阳系中行星的运行，三大定律和万有引力定律能够给出精确的描述和合理的解释，但是，这些行星一开始又是如何运动起来的呢？经典力学并没有也不能做出令人信服的解释。要自然地回答这一问题，就需要在科学上进一步探索太阳系的起源和演化。

从实质上说，关于实在世界的构成问题与演化问题并非相互分离，而是紧密相关的。正所谓“两极相通”，实在世界起源的地方恰恰也是构成物质的最基本组元和相互作用所显现之处。也正因为如此，在宇宙大爆炸的最初阶段，我们可以发现和理解基本粒子的生成过程。不过，如同传统的说书，我们这里只能先表述其中一方。那就从对构成问题的探究开始吧。

事实是，近代科学诞生以来，特别是从19世纪初至20世纪中叶，关于实在或物理世界究竟由什么构成，科学已经描绘出一幅既统一又令人信服的自然图景。

先让我们来看看所描绘的关于物质组元的图景，这是回答构成问题的第一方面。人类的起初认识总是从对周围环境的感知开始的。在日常认知中，我们可以领悟到组成这个世界的物质是不同的，有些表现为气体，有些表现为液体和固体。但要认识它们究竟是由什么基本成分所组成的，就需要超越单纯的观察而运用实验方法，并加上理性思维。

从17世纪开始，随着化学实验方法的运用，人们已经发现，有些组成物体的成分在化学反应的过程中保持不变，因而它们可以看作是基本的元素。到了18世纪末，有约30种这样的元素被实验所辨认，如组成空气的氧、氮、氢，非金属的碳、硫、磷，金属的铜、铁、锡、锰和金，等等。关键性的突破发生在19世纪初，那就是道尔顿（John Dalton，1766—1844）创立了新的原子学说，并着手测定原子量。于是，化学元素的概念开始与物质组成的原子量联系起来，每种元素成为具有一定质量的同类原子。之后，随着电解等实验手段的应用，越来越多的元素及其原子量得到确认。直至1869年，门捷列夫（Dmitri Mendeleyev，1834—1907）总结以往的发现，绘出了基于原子量有规律变化的元素周期表，从而，在原子层次上确定了物质的基本组成。

到了19世纪末，通过对阴极射线的研究和化学元素放射性的发现，人们认识到，原子并非组成物质的不可分割的组元。随着1897年汤姆逊（Joseph John Thomson，1856—1940）发现电子，1911年卢瑟福（Ernest Rutherford，1871—1937）发现原子核和质子，1932年查德威克（James Chadwick，1891—1974）发现中子，组成原子的几个主要成分得以确认。值得一提的是，所有这些伟大的发现都是在英国剑桥大学卡文迪什实验室里做出的。

到了20世纪50年代，由于在高能物理实验和宇宙射线中发现了更多的新型粒子，人们开始意识到，像质子和中子这样的强子也存在着内部结构。于是，在60年代初，盖尔曼（Murray Gell-Mann，1929—2019）等人提出强子由更为基本的粒子——夸克组成，而夸克本身却处于“幽禁”状态，不能再从强子中分离出来。这一假设在随后的实验和进一步的理论研究中获得了广泛的支持。

尽管在亚原子或基本粒子的尺度上，已经发现粒子的类型不下 300 余种，但其中大多数“稍纵即逝”、寿命很短，真正具有足够长寿命，从而成为普通物质组元的只有质子、中子和电子等少数几种，而质子和中子又由不可再分的夸克所组成。由此，我们便获得了一幅实在世界中稳定的普通物质组成的基本图景：夸克组成质子和中子，后者一起组成原子核；原子核和电子组成原子，后者又可组成分子；结果，形成了具有层次的物质系统。值得注意的是，就物质的组成而言，由于亚原子中基本粒子的种类其实很少，因而，在这一层次上，实在世界其实是简单的。

接下去的疑问是，这些物质组元又是通过什么方式联结起来形成更高层次的系统呢？这就是关于物理世界构成的另一方面，即组元之间的相互作用（力）问题。从现象上看，呈现在我们面前的自然界千姿百态、千变万化，物体或物质系统之间的联系丰富多彩，于是乎，在日常认知和近代科学诞生的早期，人们倾向于认为，力的种类也是多种多样的：有浮力、拉力、弹力、摩擦力、引力、电力、磁力、亲和力及生命力，等等。随着科学的不断发展，人们终于认识到，在实在世界中，将物体之间联结起来并导致物体运动的基本力其实也很少，迄今只发现引力、电磁力、弱力和强力。

对于这四种基本力，人类首先获得直观认识的是电力和磁力。在古代，人们就知道，当琥珀与毛皮摩擦后，前者便具有吸引头发丝和其他细小物体的能力（静电力）；一些天然的矿石，具有吸引或者排斥小铁块的磁力。不过，这种认识仅仅停留在现象的简单描述上，并没能发现其中的（定量）规律和机制。

因此可以说，真正科学地认识自然力当从牛顿发现万有引力定律算起。万有引力定律不仅告诉我们任何具有质量属性的物体之间均存在相互吸引的作用力，而且告诉我们引力的大小与物体的质量成正比、与距离的平方成反比的定量关系。这样，结合牛顿的运动定律，运用万有引力定律就可计算行星和彗星运行的周期，解释月球引起的潮汐等现象，实现天上物体与地上物体的运动的统一。不过，从理解的程度上说，万有引力定律主要还是一个描述性的定律，因为如前所说，它并没有告诉我们引力的成因和吸引的机制，特别是相隔遥远的物体之间究竟是如何发生吸引的。

只有到了 20 世纪初，爱因斯坦（Albert Einstein，1879—1955）创立了广义相对论，才把人类对于引力的理解推向一个新的高度。1915 年前后，爱因斯坦借助思想实验意识到，引力与惯性本质上是同样的东西，提出了两者等效的原理。

简单地说，广义相对论作为一种引力理论，把引力解释为时空曲率的效应，取代了两个有质量物体之间互相吸引的图景，从而解决了牛顿留下的两个在空间上相分离的物体如何吸引的问题。这个理论由于基本思想既简单又奇妙而显得十分优美，同时在解释和预言大尺度范围的天文现象方面比牛顿的万有引力定律更为成功，因而成为现代宇宙学和天体物理学的理论支柱。值得一提的是，爱因斯坦的场方程并不是刻画实体性的物体及其关系，而是关于引力场的，构成这个引力场的便是引力波或引力子。在爱因斯坦做出存在引力波的预言差不多 100 年以后，人类终于在宇宙中发现了其确实存在的证据。①

第二种基本力是电磁力。在日常生活中，我们可以很容易地观察到电现象和磁现象。比如，拿一支塑料的水笔管与自己的头发进行摩擦后，你就能够用笔管吸引起小的纸片，这是静电力；而当你用一块磁石去吸附一枚小铁针，就是磁力的作用。在 19 世纪之前，人们对电和磁的现象已经有了初步认识，并以为它们是两种类型不同的力。随着对电现象研究的深入和电池的发明，电与磁之间的联系被揭示出来。物理学家认识到：任何通有电流的导线，都可以在其周围产生磁场，故磁现象实质上是电流的一种效应②；反过来，只要闭合电路的一部分导体在磁场里做切割磁力线的运动，导体中就会产生电流，这就是法拉第（Michael Faraday，1791—1867）在 1831 年

---

① 2015 年，引力波被直接探测到。2017 年，诺贝尔物理学奖授予韦斯（Rainer Weiss）、巴里什（Barry C. Barish）和索恩（Kip Stephen Thorne），以表彰他们在引力波研究方面的贡献。

② 1820 年，丹麦物理学家奥斯特（Hans Christian Oersted，1777—1851）首先发现了这种电流的磁效应。

发现的电磁感应定律。[①]到了19世纪60年代，麦克斯韦（James Maxwell，1831—1879）创立的电磁场理论，不仅将电和磁以及相关的经验定律统一地置于一组场方程之中，而且预言了电磁波的存在，并解释了光本质上就是一种电磁波。

至于另外两种基本力，则是在亚原子领域对原子核等的研究中发现的。在原子核和更基本的夸克层次上，质子、中子和夸克得以紧紧地束缚在很小的空间尺度上，同时又不发生坍缩，就是依靠强力所起的作用；而在一些特殊的放射性现象中，原子核中的中子会衰变成质子、电子和（反）中微子，其中起着根本作用的便是弱力。关于这两种力的理论和实验的研究，基本上是在20世纪40年代至70年代完成的。[②]

这里，我们不妨就这四种基本力的一些性质做些比较。就强度而言，引力最弱，弱力次之，电磁力居第三，强力最强。不过，引力有一点与其他三种力颇为不同，它只表现为吸引（其他三种力既有吸引也可排斥），并且只随着质量或能量的增大而不饱和地增大，因而，在大尺度的天体演化中起主要作用。就作用的距离而言，引力和电磁力属于长程力，就是说，可以在相距很遥远的物体或带电体之间发生作用（大小则随距离衰减）；而弱力和强力是短程力，只作用于亚原子世界很小的空间尺度，因而，对宏观物体并没有直接的效应。如此看来，在我们所能感知的尺度上，除了引力，其他的力（如摩擦力、弹力等）实际上均是电磁力的不同表现。

生活中，我们常常说，世上没有无缘无故的爱和恨。对于这些基本力来说，我们类似地要问，它们究竟是如何发生作用的？现代物理学给出的答案是，所有这些力的作用都是通过交换某种“东西”来实现的：引力是引力子或引力波，电磁力是光子或电磁波，弱力是中间玻色子，强力是胶子。不过，

① 电磁感应定律是电磁学中最重大的发现之一，它揭示了电、磁现象之间的相互联系，对麦克斯韦的电磁场理论的建立具有重大意义。法拉第电磁感应定律的巨大实用意义在于：一方面，依据电磁感应的原理，人们制造出了发电机，电能的大规模生产和远距离输送成为可能；另一方面，电磁感应现象在电工技术、电子技术以及电磁测量等方面都有广泛的应用，人类社会从此迈进了电气化时代。

② 关于这些发现的历史，可阅读斯蒂芬·温伯格：《亚原子粒子的发现》，杨建邺、肖明译，湖南科学技术出版社2006年版。

这些充当交换的粒子并非像坚固的小球，每种构成了一个能量场，比如，一束束没有（静止）质量的光子构成了电磁场。

至此，关于物理世界的基本构成，我们似乎已经可以描绘出这样一幅图景：在一个由时间和空间搭建的舞台上，质子、中子（或者更基本的夸克）和电子等基本组元，在力的作用下发生运动和变化，形成了我们所感知和生活的宇宙（包括我们自身）。不过，这其实是一幅基于牛顿力学的经典图景，其中带有质量的粒子（质子、中子和电子）充当构成世界的"积木块"（基本实体）而居于中心地位，时间和空间则是不依赖于物体的绝对存在。在近代科学的发展过程中，从严格的意义上说，真正发生的重大科学革命也就是发生在 20 世纪前期的现代物理学革命。这场革命以相对论和量子力学的创立为标志，就思想观念而言，其实质便是推翻了这幅经典的世界图景。

历史地看，尽管麦克斯韦的电磁场理论和迈克耳孙-莫雷实验对存在以太的否定提供了知识背景，但相对论基本上是爱因斯坦一人的贡献。他在 1905 年创立的狭义相对论主要是关于时空的，而 10 年后创立的广义相对论则是一种引力理论。将这两种理论结合起来看，其深远的革命意义在于推翻了经典的时空观。经典力学中，虽然空间的位置依赖于惯性参照系，但空间距离和时间并不依赖；为了说明惯性参照系的特殊地位，牛顿又假定了绝对空间和绝对时间的存在。爱因斯坦的狭义相对论中，空间距离、时间间隔和时刻均依赖于惯性参照系，因而时空具有相对性。在广义相对论中，借助等效原理，惯性参照系的特殊地位也被取消，从而消除了绝对时空；在那里，时空是与能量紧密联结在一起的，而引力则是时空的曲率效应。

20 世纪初，当经典物理学的触角在伸向微观领域的过程中遇到了难以克服的障碍时，另一场与相对论相伴的物理学革命发生了，那就是量子力学的诞生。与相对论不同，量子力学的创立是一群人的贡献，除了早期提出量子假设的普朗克（Max Planck，1858—1947）、爱因斯坦和玻尔（Niels Bohr，1885—1962）等人以外，主要有海森伯（Werner Heisenberg，1901—1976）、薛定谔（Erwin Schrödinger，1887—1961）、玻恩（Max Born，1882—1970）和狄拉克（Paul Dirac，1902—1984）等物理学家。

量子力学是一种关于物质世界的普遍理论，但它的应用主要是在微观领域。可以这么说，量子力学在描述和预言微观现象方面取得了极大的成功，迄今为止，还没有科学观察和实验的结果对它提出经验性的有力挑战，因而被认为是所有科学领域中最为成功的理论。然而，量子力学所提供的世界图景却因为违反人们的日常直觉，显得令人无法捉摸。

我们知道，关于物质世界的物理理论中，每一个系统是由其在特定时刻的态和态的变化来表征的。牛顿的经典力学里，一个系统在某一时刻的态完全由其所组成的粒子的精确位置和动量（或速度）来刻画，并且这个态决定了所有其他力学量（如动能和角动量）的精确值。当系统受到外力作用时，它的态遵循动力学方程（牛顿第二定律）而确定地改变。然而，在量子力学中，虽然几乎相同的力学量（位置、动量等）出现在理论体系里，但系统的态却并不是由这些量的精确值来直接描述的，取而代之的是一个叫作波函数的更为抽象的量，而决定波函数随时间演化的规律就是量子力学的基本方程——薛定谔方程。

那么，这个波函数（严格地说是波函数的平方）能够告诉我们什么？它只让我们知道一个微观粒子处于各种可能位置或具有各种可能速度（动量）的概率，比如，电子在哪里及其附近的概率。而根据海森伯提出的不确定性原理，像位置和速度这样一对力学量不可能同时具有确定的值。这意味着对于微观粒子，我们不能像看待一个宏观物体那样，认为它（如一把椅子）可以占据某一确定的位置，或它（如一颗子弹）可以具有确定的飞行轨迹。这表明，在微观世界中，那种实体性的粒子概念似乎失去了意义。[①]

在量子力学的基本框架下，通过融合狭义相对论，物理学家发展出多种描述和解释基本粒子的属性和行为的更为具体的理论，例如，处理电子、光子以及它们之间相互作用的量子电动力学，将电磁力与弱力统一起来的弱电理论，描述夸克行为的量子色动力学，等等。这些理论统称为量子场论，而在它们的基础上又建立了统一地刻画基本粒子的标准模型。在这些理论和标准模型中，描述物质的最基本概念不是质量，而是能量；也就是说，从最基本的层次上看，构成物质世界的是守恒的能量场，而质量则是派生的

① 究竟如何诠释量子力学一直以来是具有争议的科学基础和哲学的问题，我们在此不做进一步讨论。

和可变的。[①]这样，我们通常所说的电子可以看作是一束凝聚的能量（具有质量），而实现电子之间相互作用的力——交换的光子——则是无（静止）质量的能量束。

由此看来，相对论和量子力学已经给我们提供了一幅关于物质世界的新图景。在这幅新图景中，时空是相对的、可变的，而构成世界的基本组元和相互作用则是能量场。关于后者，我们可以做个形象的比喻：宇宙是一个硕大无比的能量场“海洋”，而组成普通物质的粒子则是其中溅起的“浪花”而已。

自现代物理学革命以后，物理学家萌生了一个追求“终极理论之梦”的想法。[②]简单地说，这个梦就是试图用一种统一的万有理论来解释物质世界的构成和运动。开启这个梦的当属爱因斯坦。在创立广义相对论以后，他就希望建立一种统一场论，将当时已经知晓的引力和电磁力置于一个统一的理论框架内，结果，由于条件远未成熟而以失败告终。

之后，随着亚原子领域中科学发现不断涌现，物理学家追求终极理论之梦的热情重新燃起。在20世纪60～70年代，物理学家相继成功地提出了统一电磁力与弱力的弱电理论和将强力也包括在内的“大统一理论”。从80年代起，一种试图将引力也包括在内的弦论和其他形式的量子引力理论也开始发展。

广义相对论成功地描述和解释了引力，而另外三种基本力均在量子力学的框架内获得了成功处理，这样，终极理论的追寻就要求将量子力学和广义相对论统一起来。目前，从量子力学出发的弦论，已经可将广义相对论的引力场方程从更基本的假定中推演出来，因而在一定程度上实现了这种统一。然而，像弦论这样的理论却遇到了自身的困难，不仅其表现形式极其多样，而且并没有做出可以运用实验独立加以检验的新预言，结果，近年来的发展并不理想。[③]

由现当代物理学提供的这幅物质世界的图景始终是在两个维度上展现

① 实际上，将质能方程 $E=mc^2$ 改写成 $m=E/c^2$，就可以获得关于物质世界的这种新认识。
② 可参阅S. 温伯格：《终极理论之梦》，李泳译，湖南科学技术出版社2003年版。
③ 可参阅L. 斯莫林：《物理学的困惑》，李泳译，湖南科学技术出版社2008年版。

的，即经验和理论，而且是一个经验探索与理论发明之间不断互动的过程。经验的探索是在理论的指引下进行实验和观察，去不断深入地揭开构成物质系统的更基本的组元和组元间相互作用的面纱，而理论的发明又往往是在经验的启发下展开，并通过实验和观察数据加以检验。

如今，理论的发明走在了经验探索的前头，而对有些理论的经验检验，或因缺乏新的预言，或因没有条件进行实验，暂时处于停滞状态。这是否印证了本章开头叙述的霍根的观点？至少，在追求终极理论的道路上，人类似乎已经走到或即将走到尽头。

在简要地描绘了主要由物理学提供的物质世界的图景后，我们就可以来叙述人类对其中一个更为奇妙的子世界——生命世界的探索。

在我们已认识的宇宙中，生命现象最为复杂，这表现在不仅具有生命的实体（生物）种类繁多，而且它们的结构、形状和功能千差万别。面对这样一个复杂的世界，早期的科学研究主要集中于对地球上存在的植物和动物的种类进行区分，对它们的形状和行为进行描述。

只有到了 19 世纪初，随着显微技术的发展，并与原子分子论的提出相应，关于生物是否具有基本组元的问题才成为生物学研究的重要任务。1838 年，德国植物学家施莱登（Matthias Schleiden，1804—1881）首先提出所有植物组织都由细胞组成的看法；次年，他的同胞，动物学家施旺（Theodor Schwann，1810—1882）又把这一思想扩展到动物组织，认为所有生物都以细胞为基本单位，单个细胞具有生命的基本特征，而其他的生物不管宏观上多么不同，最终都是由细胞所组成。细胞学说的创立不仅为生命现象的研究奠定了理论基础，而且揭示了生命世界中生物的联系和统一，因此，恩格斯（Friedrich Engels，1820—1895）将其誉为 19 世纪自然科学的三大发现之一。[①]

进一步的研究表明，单个细胞也具有复杂的组成和结构。就形成多细胞生物的真核细胞而言，其由细胞核、细胞质和细胞膜等部分所组成，而这些部分本身也有复杂的结构。终于，关于生物组元的研究追寻到了分子层次。

---

① 另外两个发现就是能量守恒定律和生物进化论。

从19世纪初开始，人类就逐渐知道，组成生物细胞的化学物质有四大类，即脂肪、糖（淀粉属于糖类）、蛋白质和核酸，而后两种是形成生命的主要物质基础。

蛋白质是种类繁多而又极其复杂的生物大分子，承担着新陈代谢和催化等职能。而随着有机化学和生物化学等的发展，人们认识到，它是由更简单的组元并通过组元之间的特殊连接方式所构成的。就组元而言，生物化学家认定蛋白质是由氨基酸组成的，而且弄清了：尽管地球上的蛋白质种类达数百万之多，氨基酸却只有20种，并于20世纪30年代全部找到。与此同时，蛋白质的基本结构也搞清楚了：它是氨基酸脱水以后形成的多肽长链；这些长链又可以通过盘曲、折叠等方式形成复杂的结构，从而实现多种多样的功能。

在代际的繁殖和个体的发育中，信息如何遗传或变异无疑是生物学需要探究的基本亦最重要的问题。早在19世纪50年代，伟大而又孤独的孟德尔（Gregor J. Mendel，1822—1884）通过对豌豆的实验发现了一些遗传的基本定律，但一直没有引起科学界的注意。直到20世纪初，一些科学家几乎同时再次发现这些定律，遗传学才开始建立起来。人们认识到，遗传是对叫作“基因”的东西的复制，但关于基因的物质承担者究竟是什么尚不清楚。在相当长的一段时间内，蛋白质被认作遗传信息的载体，因为其种类繁多并具有复杂的结构。直到20世纪40年代，科学家才搞清，承担遗传信息的不是蛋白质，而是属于核酸的脱氧核糖核酸（DNA）。

核酸在18世纪60年代便已由瑞士生物学家米舍尔（Friedrich Miescher，1844—1895）发现，随后又慢慢弄清了它的基本组成。根据含糖的不同，核酸可分为DNA和核糖核酸（RNA）。DNA由核苷酸组成，而核苷酸又由戊糖、磷酸和含氮碱基所组成，其中含氮碱基又分为腺嘌呤（A）、鸟嘌呤（G）、胞嘧啶（C）和胸腺嘧啶（T）。

虽然在20世纪40年代已经确定承担遗传功能的是DNA，但其究竟又有什么样的结构还不清楚。从50年代初开始，来自不同学科的科学家在不同的实验室展开求解DNA结构的研究，并形成了激烈的竞争。1953年早春，正在剑桥大学卡文迪什实验室进行合作研究的沃森（James D. Watson，1928— ）和克里克（Francis Crick，1916—2004）抢得先机，提出了 DNA 的双螺旋结构模型。[①]DNA 双螺旋结构的发现是 20 世纪科学史上最重要的事件之一，它在分子层次上揭开了生命的遗传信息得以保存和复制的机制，宣告了分子生物学时代的到来。

继发现 DNA 双螺旋结构之后，接下去的一个重要任务是弄清其究竟如何控制蛋白质的合成。由于承担遗传信息的是 4 种配对的碱基，而组成蛋白质的氨基酸有 20 种。鉴于此，克里克在 1957 年提出了由 3 个碱基组成一个密码子，控制 1 个氨基酸合成的“中心法则”假设。到了 1966 年，控制 20 种氨基酸的密码子均被发现，也就表明建构分子生物学理论框架的工作基本完成。从此，分子生物学家的主要任务是在这个框架指导下，去探索千变万化的生命现象中核酸和蛋白质以及两者之间相互作用的具体机制。

在简要地描绘生命世界的构成图景时，我们忍不住要问：既然所有的生物都以核酸和蛋白质这些生物大分子作为共同的物质组元，为何它们在表现上会如此丰富多彩、各不相同？也可进一步发问：细胞是从哪里来的？生物大分子又从哪里来？显然，这便是生命起源和生物进化的问题。不过，我们暂缓叙述科学对此给出的回答，先来看看无生命的物质世界的起源和演化问题。[②]

我们已经提到，牛顿留下了太阳系从何而来的未解之谜。为了回答这一问题，1755 年，伟大的哲学家康德（Immanuel Kant，1724—1804）率先提出了星云说，认为宇宙中的天体是由起初弥漫的星云在吸引和排斥两种力量的作用下生成的；过了将近半个世纪，数学家和天体力学家拉普拉斯（Pierre-Simon Laplace，1749—1827）又重新提出星云说，并做了更多的数学论证和具体计算。可以说，这个科学史上称作康德-拉普拉斯星云说的假

① 这个模型的提出还有富兰克林等人的贡献，可见约翰·格里宾：《双螺旋探秘：量子物理学与生命》，方玉珍、朱进宁、秦久怡等译，上海科技教育出版社 2001 年版。

② 在极端的相对主义者看来，回答我们所处世界的起源和演化问题，其实就是编织一个或多个故事。从前，神话和各种宗教的创世说是讲故事，而如今科学也属于讲故事，所以，它们之间实质上没有多少区别，应该是同等的。这种观点显得偏颇。诚然，在起源问题上，科学在一定意义上确实也是讲故事。但是，科学所讲的故事与神话或宗教不同，它基于观察和实验提供的经验证据，并由系统化的科学理论所支撑，故浪漫的成分少了些，而理性的力量增加了。

设，开启了人类科学地探索宇宙和天体起源的征程。下面，我们就结合历史，由远及近地描述科学提供的实在世界起源和演化的图景。

随着望远镜技术和天文学的发展，人们对天上的观测超越太阳系、超越银河系，直至似乎无尽的远方，相应地，也就形成了包括一切的“宇宙”概念。那么，这个宇宙究竟是有限的还有无限的？是静态的还是演化的？对此，哲学的思辨一直不断，而真正科学的探究要到20世纪初。

1917年，爱因斯坦把广义相对论应用于宇宙的研究，提出了一个有限无边的宇宙模型。当他将引力场方程的一个解看作宇宙的结构模型时，发现这个模型是不稳定的。随后，其他人的研究表明：满足引力场方程的宇宙确实是不稳定的。那么，这又是怎样的一种不稳定呢？到了20年代后期，美国天文学家哈勃（Edwin P. Hubble，1889—1953）等人在对银河系外的星系进行观测时，发现普遍地存在光谱的红移现象，表明所有这些星系正在离开我们而去。这就意味着宇宙不但不稳定，而且处于膨胀状态。由于在大尺度范围内宇宙并无中心，也就是说，红移现象与我们所基于的地球参照系无关。因此，所谓宇宙正在膨胀，是指其各个部分之间相互远离，而不是从某一中心向外扩展。这样，问题就来了：既然所观测到的宇宙处于膨胀之中，那么往回看，它便得收缩成越来越小的空间区域，于是乎，我们身处的宇宙应有一个起点。

尽管在20世纪20年代，理论和经验都表明宇宙具有起源，且演化成了我们如今看到的模样，但是，在之后的20余年中，极少有人关注这一问题，缘由很可能就是因为爆发了第二次世界大战。直到1948年，才开始有人试图寻找宇宙起源的科学答案。当时，回到校园不久的伽莫夫（George Gamow，1904—1968，当时任教于美国西雅图的华盛顿大学）和他的学生，出于好奇或者说好玩，提出了一个宇宙大爆炸模型。根据核物理理论，伽莫夫等人假定：我们所处的宇宙起始于一个“原始火球”（奇点）的热大爆炸。这个模型可以合理地解释宇宙的年龄和各向同性等问题。更重要的是，基于模型，他们做了两个大胆的预言：一是预言大爆炸留下了一种至今仍到处弥漫的“余晖”，即微波背景辐射（温度约5K）；二是宇宙中氦的丰度（约占25%）。

事实上，在宇宙大爆炸模型提出后的相当长时间内，人们并没有对此认真对待。直至1964年，美国贝尔实验室的两位科学家很偶然地发现了微波背景辐射以后，该模型才开始引起科学界的关注，并逐渐成为关于宇宙起源的标准模型。①

科学的一大魅力就是：一个模型或假设乍一看显得稀奇甚至古怪，但基于它能做出可由经验检验的新颖预言，而这些预言竟然被日后的经验观测或实验所证实，于是，这些被证实的预言反过来又成为支持模型或假设的最有力的证据。无疑，微波背景辐射是 20 世纪最重要的科学发现之一，同时也成为支持大爆炸模型的最重要的经验证据。

随着宇宙大爆炸模型的确立，并将其与关于基本粒子的标准模型相结合，科学家就能够描绘出宇宙起源的大致图景：从“奇点”起始的大爆炸，最初的能量场，在极短的时间内，生成了基本粒子和四种基本相互作用（力）；大约过了三分钟，由于辐射温度不断下降，宇宙进入了元素起源阶段，此时，合成的只有两种最轻的元素，即氢和氦；随着膨胀的继续，温度也越来越低，结果，宇宙进入了天体的起源和演化的新阶段。②

由于量子涨落等原因，由氢和氦所组成的“原始星云”在分布上并非绝对均一。当温度下降到引力开始发挥主导作用时，这种星云物质中，密度大的区域就成为吸引中心，将周围的物质不断聚集在一起，形成更大的团块。当这种团块的质量达到一定程度，最初一批恒星就诞生了。随着引力的持续作用，一颗恒星的体积不断地收缩，并导致内部温度越来越高；当温度高到引发内部开始发生氢氦聚变反应时，所放出能量产生的辐射力（电磁力）与引力可达到暂时平衡，于是，这颗恒星的演化便处于一种相对稳定的状态。

那么，一旦恒星内部用于氢氦聚变的氢消耗殆尽，又会发生什么呢？对于一颗恒星来说，结局取决于其质量的大小。

1930 年夏，一个不满 20 岁的小伙子在从印度赴英国求学的轮船上，通过理论计算，发现了决定恒星演化结局的一个重要质量值，即钱德拉塞卡极限（约等于 1.4 个太阳质量），而这个小伙子就是天体物理学家钱德拉塞卡

---

① 这两位科学家就是彭齐亚斯（Arno Penzias）和威尔逊（Robert W. Wilson）。他俩由于发现微波背景辐射，分享了 1978 年的诺贝尔物理学奖。

② 这里关于宇宙和天体的起源与演化的叙述，主要参考了史蒂芬·霍金：《时间简史》，许明贤、吴忠超译，湖南科学技术出版社 2010 年版；约翰·巴罗：《宇宙的起源》，卞毓麟译，上海科学技术出版社 2007 年版。

（Subrahmanyan Chandrasekhar，1910—1995）。如今，我们已经知道，恒星的晚年将有三种可能的归宿。当一颗恒星的质量值小于 1.4 个太阳质量，那么，氦原子中电子的简并压力（排斥力）可以抵挡引力，结果演变成白矮星。当恒星的质量在 1.4～3.2 个太阳质量之间，那么，其内部会继续进行聚变反应，在合成更重元素的同时放出能量，直至铁聚变；但铁聚变非但不放出能量，反而要吸收能量，结果，恒星内部发生崩溃式的坍缩；在这个过程中，恒星的外壳爆发（习惯上称作“超新星爆发”），把合成的元素撒向空间，而密度极大的内核，在引力的作用下将电子压入原子核，结果，演变成中子星。当恒星的质量大于 3.2 个太阳质量，则在引力的强大作用下，其周围的空间弯曲到连光子也无法逃脱，便形成黑洞。关于这三种可能的归宿，起先是通过理论和模型所预言的，而后，均由天文观测获得了直接或间接证实。①值得一提的是，由于量子效应，这些归宿也终将“蒸发”而瓦解。

接着，我们就可以来说说太阳系。作为一颗普通的恒星，太阳的起源和演化服从恒星起源和演化的一般模式，而其终将成为白矮星。对我们人类而言，重要的是太阳系并非第一代恒星系，因为它的组成中包含着除了氢和氦以外的其他元素。它们由更早的一些恒星在变成中子星的过程中或爆发的瞬间所合成，日后，成为产生生命的物质基础。从这种意义上说，宇宙中曾经发生过的某次或数次超新星爆发，实际上与我们人类息息相关。

太阳从形成至今大约过去了 45 亿年，目前处于相对稳定的时期。差不多与太阳同龄，其周围的物质团块形成了八大行星，并围绕着太阳奔跑不息，而我们所生活的地球就是其中的一员。②

地球形成之后，其演化的历程从未中止过。19 世纪初，通过对地层中化石等的研究，科学家便提出了关于地球演化的渐变说和灾变说。到了 20 世纪初，地球物理学家和大气学家魏格纳（Alfred Wegener，1880—1930）提出大陆漂移学说，这把人类对地壳运动和演化的科学认识提高到一个新的

---

① 2019 年 4 月 10 日，一个由 200 多位科学家组成的团队宣布，他们拍摄到了第一张黑洞照片。

② 太阳系原有九大行星：水星、金星、地球、火星、木星、土星、天王星、海王星和冥王星。2006 年，国际天文学联合会投票表决，将冥王星降格为“矮行星”，故变为八大行星。

高度；而他本人在第四次赴格陵兰探险时遇到暴风雪，永远地倒在雪原上。在此基础上形成的板块学说，又进一步完善了我们对于地球演化和像地震这样的自然现象发生机制的认识。

形成之后的最初 10 亿年间，地球的表面完全是一个没有生机的“不毛之地”。大约 35 亿年前，壮丽的一幕上演了，那就是生命的诞生。

关于地球上生命的起源，迄今并没有比较确切和公认的答案。在科学界，存在着两种主要假设：一是自生说，二是外来说。根据自生说，最早的生物是在当时具备的条件下，在地球上自发地生成的。从物质的组成上说，这是一个由无机分子到有机小分子再到生物大分子的自组织过程。1952 年，年仅 22 岁的米勒（Stanley Miller，1930—2007）在导师的指导下，通过模拟原始地球的条件，从无机物中生成了几种具有活性的有机物（氨基酸）；至今，组成生命物质基础的几乎所有生物大分子都在实验室中实现了合成。这至少表明，在一定的条件下，地球本身是能够自然地孕育出生命种子的。而根据外来说，地球上最早的生命种子是从外太空“飘来”的，因为已经在太空中发现了组成生物的有机分子，而当时地球的大气层还没有形成，故存在着这些有机分子飘落到地表或海洋中的可能性。究竟谁是谁非，抑或两者兼有所为，或许永远是一个谜。这里，对我们的描述来说，重要的是：地球上确实有了生命。

从最初生活在海洋里的单细胞生物，到如今我们所见的极其多样的生物种类和无比复杂的生态系统，地球上的生物已经经历了一个漫长的进化过程。[①]不过，从最粗略的角度看，生物的进化大致经历了三个阶段。第一个阶段是从 35 亿年前至 5.5 亿年前。其间，生物基本上是以单细胞的形式存在于海洋之中，它们的进化速率十分缓慢。第二个阶段是从 5.5 亿年前至 250 万年前。在这一阶段的起始，单细胞的生物向多细胞生物进化，于是，迎来了“寒武纪大爆发”，生物的种类和进化的速率都显著增加，并且呈现出从简单到复杂、从低等到高等的进化过程。第三个阶段是从大约 250 万年前至

① 英文中，“进化”和“演化”其实是同一个词，即 evolution。不过，在现代汉语中，一般将非生命世界中的 evolution 译作“演化”，而将生命世界中的 evolution 译作“进化”。这里，我们遵循这一习惯。

今。初期，有一支灵长类的物种，也许是负责大脑构成的基因发生了突变，结果，产生了意识这种神奇的现象。从此，地球上其他生物的生存和进化，越来越多地被这一物种所影响乃至控制，而该物种便是我们人类。

就科学认知而言，我们固然需要描述生物进化的过程或不同阶段，但更重要的是需解释：这一过程究竟是如何发生的和为什么会发生。在 19 世纪初，由于在动植物分类和地层化石的研究等方面取得了一系列成果，而且细胞学说告诉人们，所有的生物具有共同的组元，因此，关于现存的生物是进化而来的思想开始受到重视。那么，这种进化的机制又是什么？1858 年初夏，当达尔文（Charles Darwin，1809—1882）收到更年轻的华莱士（Alfred Wallace，1823—1913）寄来的信和关于自然选择的论文以后，他觉得有必要将自己多年来在这方面获得的研究成果公之于众。考虑到居先权等因素，并与朋友们商量以后，达尔文将自己的进化论思想与华莱士的论文综合在一起，以联名的形式在伦敦的林奈学会的一次会议上宣读。次年，他的《物种起源》一书问世，并立刻销售一空，这被认为是自然选择理论正式诞生的一个标志。

根据自然选择理论，生物个体会发生变异，而那些在环境中生存的个体，只能是最健康或最适应环境的个体，最弱的或不适应环境的个体就会被淘汰。这一理论可以很好地解释生物个体在环境的选择作用下缓慢进化的过程，也能够合理地说明生物物种具有共同的祖先，而后又为何呈现出种类繁多的景象。从思想观念上说，这一学说不但与西方宗教中所宣扬的神创论格格不入，而且一旦将其应用于人类本身，便是对人类中心主义的又一次巨大的打击。

要科学地认识生物的进化，弄清变异、遗传的机制与解释自然选择同样重要。达尔文等人只解释了自然选择，而对于变异和遗传并没有令人满意的答案。我们已经说过，与达尔文差不多同时代的孟德尔已经发现了遗传规律，但他是孤独的。只有到了 20 世纪上半叶，随着遗传规律的再发现和对遗传、变异的进一步研究，自然选择理论才与遗传学相融合，产生了综合进化论。这一新理论将遗传、变异与自然选择统一在一个理论框架内，为解释生物进化提供了一个更为广泛、深刻和坚实的基础。进而，随着分子生物学的诞生，人们在分子水平上弄清了遗传和变异的机制，并为达尔文的自然选择理论提供了分子生物学证据。

当综合进化论与分子生物学相融合，人类对于自身从哪里来也有了更好的了解。达尔文当年就猜测，人类的发祥地在非洲。如今，我们可以比较清晰地描绘出人类起源和进化的轨迹。在变异和自然选择的双重作用下，大约700 万～500 万年前，在非洲大陆，一支森林古猿首先分化出了大猩猩，而余下的一支随后又分化出黑猩猩和另一支成为我们祖先的类人猿。再过了250 万年左右，这支类人猿中又分化出了具有初级意识的人类。在以后的250 万年的大部分时间中，这支人类又进一步分化成多个亚种。直到20 万年前，其中的一支成为我们现代人的直接祖先。大约6 万～5 万年前，这支直接祖先的一部分才开始走出非洲，最终分布到了地球的每个角落。

那么，得以描述出这幅人类起源和进化图景的依据是什么？主要靠的是由分子生物学和考古发现提供的双重证据。利用人类和黑猩猩身上的某种蛋白质（如细胞色素C）或DNA 的差异，可以确定两者之间的分化在500 万年前左右；通过对基因突变引起脑量增加的分子研究和考古发现，可以了解人类的起源在250 万年前左右；基于对现代人身上细胞内的线粒体的分析，可以确认我们现代人具有共同的祖母（距今20 万～15 万年），而通过对男性具有的一些等位基因的分析，又可以确定我们走出非洲的大致时间（黄种人离开非洲的时间约为5 万年前）。当然，随着证据的进一步积累，人类进化的细节定会有许多变化，但以上这个大的轮廓正变得越来越清晰。[①]

至此，我们顺着科学发展的历史脉络，从实在世界的构成和演化这两个维度，粗略地叙述了科学所描绘出的世界图景。从中可以看出，尽管我们先叙述构成，再转向演化，但实际上，这两个维度之间具有内在的关联。正所谓两极相通：在叙述宇宙大爆炸的起始阶段时，我们明白了基本粒子和基本力的生成；在谈到形成中子星的超新星爆发时，我们知道了组成生命物质基础的那些元素（如碳、氮和氧）的来源；在地球上生命起源的始点，我们要理解的就是生物大分子的合成。因此，一幅由科学提供的世界图景，我们应该运用历史与逻辑相统一的原则来加以理解。

在叙述的过程中，我们不时提到，这幅科学的世界图景是经验发现和理

① 这里的描述主要参考了理查德·利基：《人类的起源》，吴汝康、吴新智、林圣龙译，上海科学技术出版社1995 年版。

论发明互动的产物。虽然理论可以居先于经验被发明，但其是否为真，归根到底得接受经验的检验，因此，经验发现的事实在相当程度上决定了这幅图景的可靠性。由于科学地探究实在世界的构成犹如寻找新大陆或勘探矿物，一旦发现存在物便形成确定的事实，于是，在该探究的领域未知的东西就会减少；而所描绘的宇宙、天体、地球以及生物起源和进化的“故事”，也基于科学发现的经验证据，并非凭空想象或虚构。基于这样的理解，我们就会认同：尽管细节甚至某些大的方面随着科学的进展会有改变或修正，但以上这幅自近代科学诞生以来所描绘出的实在世界的图景，在许多方面是真实的、确定的和可信的。

至于一种科学理论，一旦在其覆盖的领域通过了经验和逻辑的严格检验，即使日后发现不能推广到其他场景或出现更为精细的新理论，仍有可能保留下来，用于解释自然现象或指导实际行动。例如，我们已经说过，以相对论和量子力学为标志的现代物理学革命，在一定意义上，推翻了牛顿所创立的经典力学。但是，在我们生活和工作的低速、宏观的世界中，经典力学足够好，并且易于理解和处理，因此，并没有必要运用相对论或量子力学。这表明：即使在一个领域发生了科学革命，但在一定的条件下，人们依然会运用原有的理论求解适合的问题。事实上，我们甚至可以预言，只要人类存在，其后代仍将一代接着一代地学习经典力学。

400 余年来，科学的演进是非常成功的。这种成功不仅体现在其向人们描绘出了这幅虽不那么浪漫但真实可信的世界图景，更重要的是成了改变人类进化轨迹的决定性力量。当然，就科学本身而言，它对大多数人来说其实是一种“奢侈品”，因为从事科学活动或者理解像广义相对论那样的理论需要巨大的智力甚至财力的付出，故只能由少数人“享用”。而一旦科学内在的力量通过技术这一中介得以展现，就会对人类社会中几乎所有人产生实质性的作用或影响。

其实，与科学相比，技术的历史久远得多。当我们的祖先有意识地开始制作和利用工具时，最初的技术就诞生了，因此可以说，技术与人类同生，也是人的特质的展现。不过，在近代科学诞生以前，除了极个别的例外，技术的发明和运用是基于经验常识的，甚至在 19 世纪之前，技术与科学基本上还是处于分离的状态。

大约从 18 世纪后期开始，人类社会的进化迈入了一个新的阶段，那便是“现代性”的出现，而推动这一演进的主要动力就是第一次技术革命。如果说由纺织机的发明所导致并以蒸汽机为标志的第一次技术革命，在起始阶段还主要由经验常识所推动，那么后来的发展则越来越与科学相结合。至于以电为标志的第二次技术革命，则基本上是在科学（电磁学）的基础上实现的。

从 19 世纪中叶开始，技术与科学的关系变得越来越密切。基于科学的技术不断地发明和改进，这些技术又在生产、流通过程中得以实现而改变人们的工作方式，并导致整个社会结构和人们的生活、思想方式的巨大改变。在这种基于科学的技术发展的过程中，除了第二次技术革命，对人类产生的一个直接而又巨大的影响是：农业依靠化学极大地提高了粮食产量，医学依靠化学和生物学极大地改善了人的健康水平，结果是，人类的人口数量迅速增加，平均寿命不断提高。

不过，对人类社会影响最为深远和广泛的恐怕要数现代通信和信息技术的不断问世与发展。在 19 世纪后期，电话、电报的发明和普及极大地改变了人们之间传输信息和交往的方式。到了 20 世纪中叶，凭借已有的技术积累，在 1945 年底第一台电子计算机问世的基础上，人们发明了晶体管和集成电路等，结果，自 20 世纪 80 年代初开始，人类迎来了广泛运用计算机和各种电子设备的信息时代。如今，加上互联网等的产生和普及，一个以数字形式生产和消费信息的社会正处于快速的变革之中。

对普通的使用者来说，固定电话、手机、计算机和互联网不过是具有信息功能的工具；对普通的消费者而言，它们也不过是需要购买的商品和服务。然而，在这些工具或商品背后，支撑它们得以发明的正是科学理论。只有当麦克斯韦根据电磁场理论预言电磁波的存在，并由赫兹（Heinrich Hertz，1857—1894）证实以后，无线电技术才有可能问世和发展；电子计算机的硬件基础——晶体管和集成电路——均是基于固体物理学中的半导体理论，而后者又是建立在量子力学的基础上。

技术的进步反过来又促进了科学的发展。大量基于科学所发明的新设备和新仪器，成为开辟科学的新疆域、做出新发现的实验和观测工具。例如，电子显微镜的发明是基于人类对电子具有波动性的科学认识，而它的问世又成为人们探索物质微观结构的最重要的工具之一。纵观 19 世纪中叶以来科学和技术发展的历程，我们很自然地就能领悟到两者之间动态的互动关系。

这里，我们之所以花了些笔墨来叙述科学发展的大致历程和科学所描述的世界图景，并指出科学通过技术展现的巨大力量，主要的目的并非想给读者讲授科学史，因为这样一种简要的描述既粗糙又显得平淡。那么，主要的目的又是什么呢？这就要回到开头提出的科学是否终结的问题。也就是说，我们这一节的叙述一方面是想证明，在某种意义上，霍根的看法是对的或合理的。这里的“某种意义”是指，历经400余年的发展，科学已经描绘出实在世界的基本构成和基本演化的图景，而这幅图景是根据一系列科学发现的事实和经过严格检验的科学理论所绘制的。由于科学发现事实的确定性，因而，这幅图景的基本框架已经不太可能会有重大的或革命性的改变，至少在我们人类目前所及的范围内将是如此。比如，我们不可能找到不在元素周期表中的（天然的）化学元素，我们不可能发现地球上生命的主要物质基础不是核酸和蛋白质[①]，我们也不可能改变支配我们身体的基本相互作用主要是电磁力这一事实。因此可以说，关于科学在这些方面的探寻已经终结。

另外，我们的叙述也想表明：科学并没有终结。我们虽然知道了组成物质的化学元素，但却不太清楚世界上的物质结构、形态和功能为何如此复杂多样，尤其是在弄清具体材料的机制方面还需要做大量的探究；我们虽然知道了核酸和蛋白质的基本组元与基本结构，但它们在生物体中的表达如此复杂多样，尚需人们进行持久的、艰苦的具体探究，特别是，我们对从一定的物质组元的相互作用中突现出像意识这样的现象还知之甚少；我们虽然掌握了物质世界的基本规律并有了非常成功的科学理论，但基于这些规律和理论去发明新的技术之路依然望不到头。因此，科学探索的征途还远远没有走完。

不过，与以往相比，接下去要走的征途中所呈现的风景会有很多不同。笔者认为，这种风景的转变已经发生。

---

① 这里指的是自然存在的生物组元，但不排除出现人工合成的具有生命特征的组元。

第3节 当代科学的新特征

这一节，我们取名为“当代科学的新特征”。细心或善思的读者立刻就会发现，里面包含着一个模糊的概念——当代。什么时候才能算作“当代”？不同的人也许会有不同的理解，但至少，它应该指距眼下所处状态最近的一个时期。不过，对这个“时期”究竟从何时算起没有统一的划分标准。这里，笔者将起始点界定为20世纪80年代。

当然，做出这样的界定或划分需要一些理由。对于科学发展本身来说，两个基本的理由其实已经包含在上一节的叙述中，在此再明确一下。一是到了20世纪70年代，关于基本粒子的标准模型已经建立。在量子场论的框架下，这一模型对基本粒子和三种基本力（强力、弱力和电磁力）成功地做了统一处理，从而奠定了理解从微观到宏观的物质系统的底层基石。二是差不多同时，以核酸和蛋白质为构件的分子生物学“大厦”也基本结顶。事实上，在发现DNA双螺旋结构不久，沃森便离开英国返回美国，继续从事癌症研究和人类基因组测序等更为具体的工作；而1977年，克里克也离开剑桥大学到了美国圣迭戈的索尔克生物研究所，试图攻克对他来说剩下的最后的科学之谜——意识问题。①

就科学外部而言，从20世纪80年代开始，正如摩尔定律所预示的那样，处理器性能的提高和成本的降低导致计算机的广泛应用和个人电脑的普及，随后加上互联网的发展，特别是万维网的问世，人类快速地迈入了一个由数字技术所支撑的信息时代。这一变化对科学产生了极其深刻的影响。这种影响不仅体现在信息技术和工具给科学研究提供了前所未有的强有力手段，而且更为实际地表现在与科学事业争夺人才资源方面。

自近代科学诞生以来的300余年间，在揭示自然之谜的魅力和好奇心的驱动下，一代又一代富有科学思维能力和创造性的学生投身于科学事业，登上一个又一个科学的高峰。而到了20世纪80年代，即使尚有一些高峰抑或

---

① 可见约翰·格里宾：《双螺旋探秘：量子物理学与生命》,方玉珍、朱进宁、秦久怡等译，上海科技教育出版社2001年版。

顶峰（如量子力学与广义相对论的统一）需要攀登，但正如上一节叙述的，绝大多数高峰已经处于脚下。恰恰在这个时候，由科学的应用所带来的新技术变得方兴未艾，特别是以计算机和互联网为标志的信息通信技术领域，对那些学习科学和数学的有天赋的学生们产生了巨大的吸引力。事实上，这些新技术起初很大程度上就是由科学家所创造的，如万维网的发明①；而随着技术的进一步发展，其对未来科学家群体产生了分流效应，甚至很有可能导致这一群体在创造力等方面的“矮化”。

基于这样内外两方面的理由，我们将当代科学中的“当代”界定为自 20 世纪 80 年代起，直到现今。那么，在 40 余年里，科学已经或正在发生哪些值得关注的转变呢？为了描述和分析科学发生的转变，一个可行的切入点是：先看看大部分的科学活动在哪些领域轰轰烈烈地展开。

这里，还得先说说弦论热。笔者已经指出，在 20 世纪 70 年代基本粒子的标准模型建立以后，站在物理学最前沿的一些理论家自然会试图将引力也纳入统一的框架，因此，从 80 年代开始，有可能将量子力学与广义相对论相统一的弦论成了理论物理研究的热点。然而，随后的发展并不那么尽如人意，除了理论本身的具体方案众多和极其抽象外，实验的检验也变得遥不可及。特别是，在美国，起始于 80 年代中期的超级对撞机计划因多种原因而在 1993 年搁浅，结果，有可能为弦论等提供经验检验的，就只剩下欧洲粒子物理研究中心里能量级别更低的对撞机。在这样的背景下，人类关于极限状态的探究似乎走到了尽头，相应地，依然坚守的探究者也越来越少。

接下去，我们再来找找那些活跃的研究领域。如果摊开科学的大版图，则容易发现：研究的重心已越来越集中到一个尺度上。这个尺度就是从原子（包括原子核和电子）到与人的躯体相称的物质系统，而对应的学科包括以量子力学为基础的凝聚态物理学、量子化学和生物化学，以分子生物学为基础的生命科学和生态学，关于心智（包括人和其他动物甚至机器的心智）的认知科学以及关于个体（或群体）之间互动的社会科学。不过，读者可能会觉得，这样一种概括似乎太微不足道了，因为科学的领域原本不就主要由这些学科所组成吗？鉴于此，我们看来需要换一个角度，以便能说得更明确一

① 万维网由物理学家和计算机科学家伯纳斯-李在 1989 年发明。

些。这个新角度就是“问题”，具体地说，就是看看在这个尺度上，在这些领域从事研究的科学家所关注的问题是什么。

从前面的叙述中，我们知道，在这个尺度上，关于物质系统的基本组成和基本力等方面的科学发现，实际上已经或者接近完成。也就是说，重大科学发现和理论创造的资源已经衰减甚至趋于枯竭，这就要求科学研究的问题发生变化。在这一背景下，该尺度范围内或这些领域的科学家关注的重心就开始转向探究与人类自身的生存和发展直接相关的问题，而这些问题主要集中在新型材料和器件、医疗健康、生活质量、教育文化、经济社会和生态环境等方面。

那么，在这一尺度或这些领域，科学出现了哪些与以往不同的特征呢？第一个特征就是，已有的科学发现对新的研究施加了刚性的约束。其实，这已经包含在之前的叙述中。我们说，经过数百年的成功演进，科学已经描述出了一幅实在世界构成和演化的可靠图景。落实到这一尺度，我们已经知道，所有宏观的物质系统均由原子组成，原子又由原子核（其由质子和中子组成）和电子组成，而由同类原子组成的天然元素为 92 种，并周期性地在表中排列；同类或异类原子在主要由电子产生的电磁力的作用下形成分子、分子团和更为复杂的物质系统。如果单就生物而言，组成它们的分子种类也已弄清，而它们之间的相互作用归根结底均为电磁力的表现。这意味着，在该尺度上，物质系统的基本组元和基本力已探明，于是，研究重心不再是发现未知的基本存在物或基本规律，而是要集中于探究由已知的组元和规律所限定的具体结构、性能和过程。这样，科学家的认知活动便受到已确立的基本事实和基本理论的刚性约束。

这里使用“刚性”一词，旨在强调当科学家在该尺度上从事研究时，只能立足于这些基本事实和基本理论来展开具体的探索。或者说，这种刚性约束的作用既有导向性也有排他性：一方面可以运用已知的事实和理论指导具体的研究，另一方面则排除了推翻这些基本事实和基本理论而另起炉灶的可能。就基本理论而言，如果你要研究原子或分子的行为，你就得立足于量子力学或者建立在其上的量子电动力学和量子化学；如果量子效应可以忽略不计（比如在大一点的分子尺度上），那你可以（也只能）用经典力学和经典的电磁场理论。这就是说，在当代科学中，试图推翻这些经过无数次成功检验的理论的可能性几乎不存在，所要做的是如何将这些理论运用于具体的场景。不过，另一种可能性倒是存在，那就是用新的语言来重新表述和诠释这些已确立的理论，以便能够更有效地在实际研究中运用。对此，我们将在后面的一些章节中论述。

第二个特征是科学的基本任务中个性与共性的换位。近代科学诞生以来，科学的基本任务是通过研究各种具体的自然现象，从中发现统一的构成要素和基本规律，建立具有普遍性的理论，简言之，就是从个性中寻找共性。而到了当代，随着体现共性的科学图景和基本理论已经相当完善，科学的基本任务便更多地变成在共性的框架下去探索个性。

我们知道，正是从分子开始的尺度上，物质系统的新属性和新过程才大量突现，从而形成各种各样复杂的自然现象。这是因为，在强力的作用下，夸克只能以三个一组的方式组成稳定的质子和中子，而原子不仅种类更多，且其中起主要作用的是比强力在强度上弱得多而又具有长程性的电磁力，结果，原子能够组合或重组成种类和结构繁多的分子。进而，在分子层次上，一种结构的分子又可以通过操纵另一种结构的分子，来合成某种具有新结构的分子，也就是说，分子与分子之间可以产生复杂的化学反应，于是，宏观的物质系统便突现出大量特定的结构和功能，即具有很强的个性。比如，虽然组成蛋白质的氨基酸只有 20 种，但它们之间能够偶合的方式和连接的长度却是极其多样的，结果，由蛋白质组成的系统便呈现出巨大的复杂性。

由于复杂系统在结构和功能等方面具有很强的个性，因此，体现共性的基本规律或理论对认识和解决实际问题的作用显得间接，或者说被弱化，而相对自由地研究对象的具体机制和基于特定对象的建模与推演就显得更为重要及有效。那么，这一看法是否与第一个特征中所说的“刚性约束”相矛盾呢？因为后者似乎强调了基本事实和基本理论的“重要性”。其实，这两种陈述之间并不存在矛盾。我们说，已经发现的基本事实和基本理论对科学研究形成了“刚性约束”，是从它们所起的基本作用而言的。

具体一点说，在这一尺度上的科学研究要在已有基本规律和理论所建构的空间范围内展开，也就是这个范围是“刚性的”，几乎无法突破。比方说，如果某人的研究违反了能量守恒定律或热力学第二定律，那准是在哪里出了差错。但由于这些基本规律和基本理论是体现共性的抽象，或者说是粗粒化的产物，因此，由它们所建构的可能的状态空间其实非常之大。这样，如果我们想研究某种或某类复杂一点的物质系统的属性、结构和功能，就需要对这个可能的状态空间施加进一步的限制。究竟如何来实现这种限制，除了在基本的和大的方向上已有的基本规律或理论可以发挥作用外，更多地依赖于人们对具体对象的研究来发现限制的条件。在这个过程中，不仅进行实验与观察需要花费大量的精力和时间，而且发明以这些条件为基础的表征模型通常也是一个强度很高的创造性活动，其中已有基本规律和基本理论的作用往往十分有限。就以量子力学为例，它无疑对我们认识原子和分子尺度上的自然现象施加了“刚性约束”，因为在这些层次上的物质客体都遵循量子力学的规律，因而，原则上所发生的现象都可以用量子力学来描述和解释。不过，这仅仅是“原则上”的而已，实际上，除了对氢原子和氦原子等的行为我们可通过量子力学的方程直接求解外，其余的情况都是近似的；而对于像生物大分子这样的复杂对象，如果没有更具体的规律和模型，事实上，我们从量子力学的方程并不能获得什么具体的推演结果。

第三个特征是认识认知与实用认知的融合。在这里，认识认知是指为了获得关于对象的知识而开展的科学认知活动，基本目的是理解，而实用认知则是为了实际的应用而进行的科学认知活动，基本目的是实用。传统上，这种区分也用于说明科学认知与技术认知之间的差异，前者的目的是理解，而后者为的是实用。

尽管在此之前，认识认知与实用认知在一定程度上也存在关联，但在当代科学所聚焦的这一尺度上，两者之间的联系更为密切，呈现出一种融合的新态势。这种态势的形成得益于认识认知的巨大成功，因为理解了对象，就会为利用或改变对象提供合理的依据，但更重要的是由于新技术的驱动。

从 20 世纪 80 年代开始，科学家发明或完善了多种新技术和新工具，结果，能对从细胞到原子的几乎所有物质客体进行观测甚至操控。尽管这些新技术本身是基于已经建立的科学理论所设计，但当运用于研究具体对象时，对于该对象的结构、功能和动态的过程的认识就显得比较直接和客观。特别是，如果能够操控一个对象的属性或行为的变化，那么，不仅可以确认它的存在性，而且使得传统上通过建构理想客体等方法来认识这样的对象显得有些多余。因此，通过对技术做什么和如何做的认识，可以达到关于对象是什么和如何变的认识认知，而这样一种认识认知，可以是为了实用的目的而展开。

在新技术的驱动下，不仅认识认知与实用认知达到了融合，而且认知行动与实用行动实现了互动式的统一。这表现在，我们一旦能够运用技术的手段弄清一种自然客体的组元、结构和实现功能的具体机制，就有可能根据事先设想的目标来合成新的物质客体或生成新的物态，从而导致新的技术发明。近年来，在材料科学和生物医学等领域，这种认知行动与实用行动相统一的趋势显得尤为明显。

第四个特征是基于计算机和互联网的科学研究成为常态。计算机的问世，立刻就成为科学研究的有力工具。而 20 世纪 80 年代个人计算机的迅速发展和广泛使用，进一步提升了计算机对科学的影响。从实验室到个人的工作场所，从科学计算到文字处理，这种影响几乎变得无处不在。自 90 年代起，快速普及的互联网不仅极大地改变了科学交流和科学传播的途径，而且产生了从事科学研究的新方式。

具体一点说，计算机和互联网以及两者的整合对当代科学产生了以下三个方面的重要影响。

（1）开辟了科学研究的新疆域。这些新疆域既出现在一些相对传统的学科中，如天文学和高能物理学，也包括像生物信息学和计算社会科学这些新学科的生发。特别是，一些涉及海量数据和计算的大科学问题，只有在计算机和计算技术的帮助下才能进行与完成。例如，从 1990 年正式启动至 1996 年完成的人类基因组计划，倘若离开了计算机和计算技术（包括算法），是根本无法展开的。

（2）为认识世界带来了新的实验方法，即计算机实验。计算机实验，简单地说就是把表征实际系统的计算（或称数学）模型在电子计算机上进行运行，以期通过对这种运行过程和结果的研究来达到对实际系统的认识。如果某个或某类实际系统是唯一的或由于安全、成本太高等原因无法在真正的实验室中重复，而我们又需要对它或它们进行研究，则计算机实验便可成为真实实验的有效替代品。正因为如此，计算机实验在复杂性科学、气象学、大地构造学、信息生物学、医学、经济学、计算社会科学及核物理学、天文学等众多科学研究领域得到了广泛的应用，成为当代科学方法的重要组成部分。

（3）互联网越来越成为科学交流、传播和科学研究的场所。几乎与互联网的发展同步，从 20 世纪 90 年代初开始，就出现了一些专门收集和刊登科学类的电子论文的网站，其中最大也最有影响的当数预印本文库（https://arxiv.org）。这类预印本文库旨在促进科学研究成果的交流与共享，早期主要收载物理学和数学方面尚未在期刊上正式发表的论文，目前已经扩展到几乎所有自然科学领域和部分社会科学领域。

第五个特征是学科之间的交叉、协同和整合愈加明显及频繁。20 世纪 80 年代之前，在科学家向人们展示一幅在基本构成和基本相互作用等方面相对简单的世界图景的同时，也留下了一个巨大的科学难题，那就是：从简单的组元和基本力出发，何以能演化出一个千姿百态、千变万化的复杂世界？从 20 世纪 30 年代至 70 年代，系统论、耗散结构论和混沌理论的创立者，就已经对这一科学难题从不同侧面进行了探索。然而，真正对自然界和人类社会中的复杂性展开全方位研究的热潮则起始于 80 年代，其中一个很重要的原因就是刚才提到的计算机实验的兴起，它成为研究复杂系统的主要方法和工具。

当代，人类越来越面对一些迫切需要解决的现实问题，比如气候变化、生态危机、癌症防治和金融危机等。这些问题都具有很大的复杂性，需要来自不同领域的科学家通力合作加以研究。正是在这一背景下，并依仗计算机实验方法，研究复杂系统的特征和规律的综合性学科——复杂性科学诞生了。在这方面，一个标志性的事件是 1987 年 2 月位于美国新墨西哥州的圣塔菲研究所的成立，时至今日，它依然是世界上最主要的复杂性研究中心。[①]

由于当代科学的研究越来越以解决重大的现实问题为导向，因此，除了需要像复杂性科学这样的综合性学科以外，更要求打破传统学科相互分隔的局面，实现不同层次的研究之间的贯通，特别是在生命现象的研究过程中。对此，我们也可以从每年颁发的诺贝尔奖中看出。例如，2017 年的诺贝尔化学奖主要颁发给了物理学家，而他们的获奖成果（冷冻电镜）则是用于溶液中生物分子结构的测定。另外，为了不同学科或领域的研究者之间可以相互理解和交流，迫切需要一种新的公共的科学语言。事实上，这种新语言已经出现，其基于信息-计算的思想而形成。

---

① 有兴趣的读者可访问 https://www.santafe.edu。

目前，在量子信息和计算、计算化学、计算生物学、生物信息学、计算神经科学乃至计算社会科学等新兴学科中，我们已经可以感受到这种语言开始流行的趋势。

从以上五个特征的概括性叙述中，读者应该可以明了：尽管科学（即使指的是纯科学）并非如霍根那本显得夸张的书名所声称的那样已经“终结”，但当代科学在诸多方面确实与以前不尽相同，所以，更客观和严格地说，是科学在当代发生了转变。

第 4 节　科学认知的新态势

一位有耐心看完前三节的读者，至此，也许忍不住要问：此前，花这么多笔墨来阐述科学发展的历程和当代科学的特征，究竟为的是什么？这里，我们就来点明本书的宗旨。

我们已经说过，关于科学究竟是什么，并没有一个公认的定义，不同的学者或学派存在不同的看法。比如，有些人认为科学是一种社会建构，科学知识是社会建构的产物，因而，知识的所谓真也是人与人之间协商的结果，这种观点叫作社会建构主义。不过，我们总体上拒绝这种社会建构主义。基本的理由是，虽然科学活动受到社会环境的影响，甚至有时受到意识形态的左右，但其本质上是一种认识世界的特殊的认知活动。这种活动的特殊性体现在所用的方法上，而如前所述，基本的科学方法就是经验（实验）与理性（假设演绎）的动态整合。正是由于科学方法在认知过程中的运用，所产生的科学知识便有了实证化和系统化这两个特点。

如此说来，笔者的基本主张为：科学是一种特殊的认知活动，相应的产物便是科学知识。这样，从认知的角度看，当考察近代科学的诞生、发展和当代科学的新态势时，我们实际上需要探究的是科学认知的特点和演变，尤其是，当代科学认知具有哪些新的特点，形成了什么样的新的认知结构。事实上，在我们描述当代科学的上述特征时，已经或明或暗地提及当代科学认知的一些新特点，例如，已有基本事实和基本理论的刚性约束实际上限定了研究者认知的空间，在具体研究中认识认知与实用认知日趋融合，计算机的介入不仅改变了获取和处理数据的方式，而且为学科的整合提供了一种新的认知语言，等等。所有这些，将是本书接下来试图探究的主题和内容的重要组成部分。

那么，这种探究该从哪里开始呢？让我们先注意一个基本的事实：认知是人类（也包括其他动物）适应环境的基本活动，而科学认识则是从人的自然或日常认知衍生而来的。由此看来，为了探究科学认知和当代科学认知的特点，我们首先应对“认知”有基本的理解，而且这种理解最好也是科学的。

历史往往对即将发生的事件做好了准备。就在科学整体上向“当代”转变时，其中萌生出了一门以理解认知为基本目的的交叉学科，那就是认知科学。从起源上看，认知科学是在反叛心理学中行为主义的背景下，基于信息论、现代语言学、计算机科学和技术（特别是人工智能）等多个学科的研究成果，而形成和发展起来的。其确立成为一门相对独立学科的一个标志是1977 年期刊《认知科学》的问世。

在科学的大版图上，以认知或心智作为研究对象的学科为数不少，主要包括（认知）心理学、语言学、人类学、人工智能和心智哲学等，而认知科学之所以能作为一门交叉学科而出现，皆在于其特殊的研究纲领。这个纲领的基本工作假设为：认知是信息处理（或加工）的过程，它能够用表征（目标、信念、知识和知觉等）和对这些表征实施操作的计算来解释。[①]这个工作假设就是通常所称的认知计算主义的基本主张，它不仅给研究者提供了共同的语言规范，而且规定了认知研究的基本任务是探究心智中发生的表征和计算的具体类型、机制与形式。

在认知计算主义研究纲领的指引下，认知科学得到了长足的发展。尽管对这一纲领的挑战从一开始就存在，甚至从 20 世纪 90 年代起，出现了所谓的“第二代认知科学”，主张认知在基本方面并非计算-表征的，但这种新主张迄今并没有成为主流。原因是，这一新主张的倡导者并没有一个明确的并可以指导具体研究的统一纲领，只是强调身体、行动和环境等因素在心智活动中所担当的角色。对此，认知计算主义者的回应是：这种新认知观显得

① 这个基本假设常常简化地表达为“认知即计算”，这里的“计算”等同于“信息处理或加工”。

言过其实，因为没有明显的理由可通过强调身体、行动和环境的作用而否定内在的表征和计算。因此，他们可以接纳这些因素在认知中的作用，但坚持“认知即计算”是解释核心的认知现象的最好框架。[①]

鉴于此，在以后的论述中，我们将仍然主要采纳认知计算主义的研究纲领和已取得的成果，并考虑身体、行动和环境等因素在认知过程中所起的作用，来系统地、深入地考察科学认知及其变迁，并着重探究科学认知在当代的特点、结构和机制。

基于这样一种基本立场，我们确定本书以后各章的安排如下。第 2 章在认知科学的视野下，分析科学认知与自然认知之间的关系，在此基础上，勾画出科学认知的基本架构。第 3 章到第 8 章分别阐述当代科学认知中各个要素、它们之间的联系以及所呈现的新特点和新内涵。第 3 章基于对认识认知和实用认知及两者之间关系的阐释，分析认识认知与实用认知在当代科学认知中相融合的表现、原因、条件和意义，揭示在这种融合中研究者的行动所扮演的角色。第 4 章基于对当代科学的前沿领域的考察，阐述科学认知的新进路——计算进路，探究其形成的原因、科学价值和哲学意蕴，并论证以信息-计算为核心的新语言对于整合当代科学的重要性。第 5 章阐述科学认知中数据的获取和表征的特点及类型，着重探究计算机等新工具的介入和大数据的出现给当代科学认知的过程、结果所带来的变化。第 6 章从剖析模型与表征之间的关系出发，确立当代科学认知中模型的中心地位，并在此基础上，分析人类从外化运行模型的能力到外化建构模型的能力的转变，特别关注这一转变对于人工智能发展可能产生的重大影响。第 7 章在对科学解释进行一般的梳理和分析的基础上，从认知的角度，探究当代科学中解释的特点、机制以及出现的新类型和新问题。第 8 章梳理科学预言与常识预言、科学解释之间的关系，分析科学认知中新颖预言产生的条件和成功的原因，并探究准确预言系统未来状态或行为的条件和限度。第 9 章探讨科学认知的分布性和分布结构，特别是考察由互联网所引发的认知方式的改变，由此认为：科学认知系统的演变是一个复杂性不断增强的过程。

---

① 可见 Rescorla M, “The Computational Theory of Mind”, https://plato.stanford.edu/entries/computational-mind[2016-12-31].

第 2 章

科学认知的刻画

我们说过，科学是人类认识实在世界的一类特殊活动。这类活动总是在一定的社会环境中展开，免不了受到经济、政治和文化等诸多方面的影响，但是，由于其旨在“认识世界”，所以，其本质上是一类关于世界的认知活动，而这里的“世界”既包括自然界也包括人类自身。既然是一类认知活动，就不妨将人类从事的科学活动称作“科学认知”。

至于强调特殊性，是想表明人类关于世界的认知活动是多种多样的，而科学认知只是其中具有自身特质的一类，且对人类而言是相对晚近的。那么，在人类进化过程中，为什么要(会)出现科学认知？其特质究竟体现在哪里？与人类的其他认知活动有何关系？其基本的架构又是怎样的？这些便是我们本章所要探究的几个主要问题。

第 1 节　认知与知识

既然科学认知是人类从事的一类具有特殊性的认知活动，那么，为了探究和理解科学认知，就有必要先对一般意义上的“认知”以及相关的概念做一阐释。

在日常生活中，当面对一个对象，比如自家房子窗外的一棵树，你对它进行观察（知觉），判断它有多高（这棵树两米高），回忆它大概是何时栽种的（三年前种的），推定它来年初春会长出新叶，想想它有什么用途（可以遮阳），等等，你就是在进行认知。在这个过程中，你动用了自己的心智能力（知觉、判断、回忆、推理和联想等），获得了关于对象的一些信息。如果这些信息确实是真的或可靠的，你通常认为自己学到了一些知识。

借助这个简单的例子，我们就可以刻画认知的基本含义和特征。首先，认知是关于某个或某些对象的（一棵树），这样的对象可叫作认知客体，而从事这种活动的就是认知主体或认知者（你），可见，从抽象的层面上说，认知是认知主体与认知客体之间的一种关系。在这里，作为认知客体的可以是具体的物质对象（如一棵树），也可以是思想的建构体（如数）；而充当认知者的是具有认知能力的有机体，包括动物甚至一些机器，不过，我们将只关注人作为认知主体的情形。其次，认知在于获得认知客体的信息，如这棵树有多高、树龄是多少等，这样的信息可以相当全面也可以只是部分，可以为真也可以为假；而获得信息是通过认知者的知觉、判断、记忆、推理和联想等具体的心智活动或过程来实现的。最后，为了确认获得的信息是否为真或可靠，也就是可否称为知识，认知主体需要展开行动进行检验，如测量树的实际高度、锯开树干数数树的年轮等，这样，在认知主体和认知客体之间就形成了信息互动的环路。

可以看出，在这里，我们实际上已经把认知理解为获取、存储和操作信息的过程。如果进而将“信息处理或加工”称作计算，那么，认知便是计算。显然，这就是第 1 章第 4 节中所说的认知计算主义纲领的基本假设。在以后的论述中，我们将对这一基本假设做进一步的阐述和展开。不过，现在得缓一缓，让我们先来看看，这里说的“信息”究竟意指什么。

当今，人们常说，人类正处于信息时代，社会是一个信息社会，个体是信息的生产者和消费者。确实，人们的工作和生活已经被各种各样的信息所包围、所左右，于是乎，“信息”也就成为一个常用词。然而，信息究竟是什么却是一个极难回答的问题。事实上，在不同的语境中，信息这一概念可从不同的维度来理解，或者说，可赋予其不同的含义。有时，信息作为日常语言的用词：当你在商店购物支付，听到自己携带的手机的铃声，接收到的可能是一条告诉你用支付宝花了多少钱的日常信息；有时，信息是技术的用法，当一位通信工程师在考虑某条光缆中可传输多少比特的信息时，他是在信息论的创始人香农（Claude Shannon，1916—2001）所规定的技术意义上来理解的；如果我明天要外出旅行，那么，手机上显示“明天要下雨”所传递的信息，对我来说，具有认识上的意义；而说“DNA 是个丰富的信息宝库”，则是从本体论上来理解信息。

那么，当我们说认知是信息处理时，该从哪个维度来理解和界定其中的“信息”呢？显然，我们并不是只想停留在日常或技术等方面的具体使用和理解，而是希望通过概括和抽象，来获得一个认识论意义上的信息概念。不过，说到认识论，就离不开一定的本体论承诺或预设，故实际上我们还得从本体论开始。

手机里显示的支付信息、天要下雨的信息、通信光缆中传输的信息，以及 DNA 中的信息，等等，都确确实实地存在。如果从这些具体事例出发，再做大胆的概括、抽象和猜想，我们就可以形成一个关于实在世界的本体论承诺：实在是信息的。至于这个承诺是否可信和有价值，则取决于其能否帮助人们更好地理解世界和展开有效的行动，也取决于其是否与当代科学技术相一致或者相容，当然，关键还在于如何界定其中的信息概念。那么，倘若要在如此广泛的意义上来使用信息概念，究竟该对其做何种理解呢？一个看似合理的选择是：把信息与差异联系起来，或者干脆相等同。这是因为，最少的信息（一个比特）也需要存在两种（或更多）可能。如果这个世界上只有一种可能，就没有差异，也就谈不上有什么信息，或者可以这么说，一个没有差异的世界，那就连一个比特的信息也不存在。因此，在最一般的本体论上，信息等同于差异，其可称作本体信息。当然，读者也许会觉得，这样一个本体论上的信息概念似乎因太宽泛而变得无足轻重了。不过，从宽泛的本体信息概念出发，通过逐步加上限制条件，我们可以获得刻画认知的信息概念。[①]

不论是谁，一旦来到这个世界上，总是处于一定的环境中。为了生存，每个个体便必须去获取来自环境的本体信息，以便更好地适应环境。然而，环境的信息通常丰富多变，而对单个个体来说，并不需要（实际上也不可能）掌握所有的环境信息，关键是：获得的信息要对其生存具有价值（或者通俗地说“有用”）。因此，个体需要对来自环境的信息进行选择，以一定的方式把所选择的信息加以变换（如编码）和保存，在新获得的信息与已保存的

① 若读者希望对于信息有更多的了解，可阅读詹姆斯·格雷克：《信息简史》,高博译，人民邮电出版社 2013 年版。

信息之间建立联系，进而，可以产生更新的、更有价值的信息。想必，读者立刻意识到了：这不是在说“认知”吗？是的，通常我们将上述描述，概括地称为认知或认知过程。不过，细心的读者也会发现：这里运用的“信息”与前面的本体信息有所不同，后者属于存在于环境中的对象，而前者则是由一定的媒介（如光）传递，并经认知者处理的关于对象的信息，或者说是表征对象的信息。所以，其是一种关于本体信息的二阶信息，我们不妨将其称为认识信息。[①]由于这种认识信息是关于认知对象的，因而具有意义，同时又是认知者选择、处理的产物，故可以是真的表征了认知对象的属性和过程（本体信息），也可能属于误表征，就是说它有真假。还有，认知对象的信息可以很丰富，而在认知过程中，所形成的认识信息则经过选择、过滤甚至重新加工和生发，这样，即使后者真的表征了前者，这种真也往往只是近似的。

基于这样的阐述和分析，我们就可以将认知理解为获取认识信息的过程。不过，“认识信息”这一概念似乎有些陌生和别扭，我们能否找到一个更为熟悉和自然的概念来表达其与认知之间的关系呢？答案是肯定的，那就是“知识”，不过要做进一步的限制。这是因为，认识信息可真可假，而一说到知识，我们似乎总是默认其为真或近似为真。但问题是，在认知过程中，我们又是如何确认某种认识信息为真的？通常的做法是：对这一信息进行检验，看看其是否与认知对象的信息之间存在相似的映射关系，试试运用这一信息去控制或改变对象是否成功，或者查查它与其他已经确认为真的信息之间是否相一致，等等，简言之，就是要对认识信息进行辩护或证成。这意味着，知识可看作一类获得辩护的认识信息，而辩护本身又是认知过程的构成部分，且认知的目的并非获得假信息。所以，更严格和明确地说，认知是获取知识的过程，反过来，知识便是认知的产物。

熟悉当代知识论的读者容易看出，这样的知识概念与传统知识论中的知识概念既有某种联系又不尽相同。确实如此。为了说明两者之间的异同，我们先要对日常的或传统的知识论中的知识概念做简单的梳理和分析。

究竟何谓知识？对此，古今中外的哲学家和思想家给出了各种不同的回答。哲人所理解的知识概念，与普通人在日常生活和工作中所使用的往往存

① 信息具有幂等性，即信息的信息还是信息。

在着较大的差异；另外，不同学科或领域中所使用的知识概念的含义也不一定相同。当然，我们这样说，并不意味着就不可能对知识概念做出具有相对普适性的刻画，前提是要表明，究竟是在哪种意义上和哪个语境中使用。

对于知识这一基本概念，揭示其含义的一个合适起点是，做点辞源学上的考察。我们先来看看构成“知识”的两个汉字：知、识。“知”字从矢从口，矢亦声。“矢”指“射箭”，“口”指“说”，合起来表示本义：像射箭那样说得准，即“识敏，故出于口者疾如矢也”①。在古代，“知”已经在不同含义上使用，如“知之为知之，不知为不知，是知也”②，前面四个“知”为“知道”，最后一个通“智”，而“草木有生而无知”中的“知”则指“知觉”。③“识”字，繁体作“識”，从言从戠，戠亦声。“戠”字的本义是形成和变换图形，故“识”字本指用语言描述图形，引申为知道、认得和辨别，如“识礼乐之文者能述”中的“识”就是“知道”的意思。④可以看出，“知”和“识”在含义上相重叠，共指“知道”，从词性上说为动词，对应于英文的 know。

不过，我们现在常用的“知识”一词，则属于名词，是英文 knowledge 的中译。这样看来，为了理解“知识”的含义，我们需要先看一看在西方文化中，它所意指的究竟是什么。在西方哲学的传统中，知识被定义为得到辩护的真信念，即“一个人知道某事 P，当且仅当（1）她相信它，（2）它是真的，并且（3）她的信念得到辩护”⑤。一般认为，这个定义最早是由古希腊哲学家柏拉图（Plato，公元前 427—前 347）给出的。根据这一定义，知识是一种信念，但不是所有的信念都可以叫作知识，只有那些得到了辩护的真信念才符合这一称呼。比如说，有人相信“珠穆朗玛峰的海拔超过 8800 米”，但这还不算是关于珠穆朗玛峰的海拔的知识。只有珠穆朗玛峰的海拔确实超过 8800 米（真的），而且是用标准的工具测量出来的，也排除了测

① 许慎撰、段玉裁注：《说文解字注》，上海古籍出版社 1988 年版，第 227 页。

②《论语·为政》。

③《荀子·王制》。

④《礼记·乐记》。

⑤ 约翰·波洛克、乔·克拉兹：《当代知识论》，陈真译，复旦大学出版社 2000 年版，第 16 页。

量时计算高度的不统一等因素（得到辩护），才可以认定“珠穆朗玛峰的海拔超过 8800 米”这一信念是知识。

西方哲学史上，关于知识的这一定义流传了 2000 多年，似乎很少有人提出质疑。而在当代知识论中，这个定义很大程度上已经被废弃。人们拒绝接受它的理由是多方面的。其中特别有影响力的是，美国哲学家盖梯尔（Edmund Gettie）在 1963 年发表的一篇简短论文中，提供了几个反例，表明满足上述三个条件的信念并不一定就是知识。[①]其实，常识也告诉我们，知道什么与相信什么之间存在着明显的区别：一个人可以知道某个信念，但并不相信它，反之亦然。因此，用信念来定义知识并不见得恰当。拒绝接受上述定义的另一个理由是，传统的定义只考虑了具有真假的命题知识，而将知识仅仅理解为命题知识显得过于狭隘。事实上，对于一个认知者或行动者来说，获取技能性知识同样必要甚至更为基本，而这些知识通常并不能转化为命题，也不能用语言显式地表达出来。而对于科学来说，该定义显然不合适，因为科学理论很难说是真的，最多也就是近似为真。如果坚持这一定义，那么，也就是意味着不能将科学理论叫作知识，这似乎难以让人接受。

鉴于运用信念和真等概念定义知识遇到的困难，以及单纯考虑命题知识的局限，我们有必要从新的角度来阐释知识这一概念。一条可行的进路就是我们在前面已给出的，即将知识与认知或知之过程联系起来加以考虑，因为动态地看，知识恰是认知过程的产物或结果。当我们知觉、思考、操作或评价某个对象时，我们就在从事认知活动。在活动中，我们获得关于对象的认识信息，只要这样的信息经受了证成，从而被指派真（或似真）的属性，就可称为知识。至于具体的形式，可以是命题的，也可以是非命题的（如身体或心理的图式）。以这种方式所理解的知识，既包括经验技能也包括理论假设，其评价的标准既可以是真假，也可为是否有效，从而更符合人们对知识的直觉，同时，亦可克服将知识仅看作命题信念的局限。

那么，在这种较宽泛的意义上看，知识又有哪些基本类型？鉴于知识是认知的产物，故有必要先介绍关于人类认知的一些科学发现。随着进化生物学、进化心理学等学科的兴起和快速发展，人类对于自身进化的认识不断拓

① Gettier E, “Is Justified true belief knowledge? ” *Analysis*, 1963,Vol.23, No.6, pp. 121-123.

展和深化。其中，一个具有极其重要的社会和文化意义的假设正越来越获得确认，即现今世界上生活着的不同种族和民族，不但拥有共同的祖先，而且，这个共同祖先距今不过只有 6 万年左右。[①]从生命起源和生物进化的历史长河看，这样一段时距其实相当短暂，也就意味着，人类社会中不同种族以及个体之间在基本的生理结构和认知结构等方面，不太可能存在质的或大的差异。文化人类学告诉我们：那种认定土著人或“野蛮人”天生缺乏逻辑推理能力和数学能力的观点，实质上是早期西方中心主义的偏见所致。[②]而认知的科学研究进一步证实：在基本认知方面，地球上不同的人群具有共同的核心结构，其中包括对物体和运动的辨别能力、对数和空间的认知能力等。[③]重要的是，这个认知的核心结构是人类在自然环境下长期进化的过程中形成的，就个体而言，则具有先天的继承性，而与后天所处的文化环境没有直接的关系。这些来自当代科学的研究成果，可以帮助我们辨认知识的基本类型。

由于知识是认识自然和认识社会的认知过程的产物，那么，既然人类个体的认知具有共同的核心结构，也就意味着，即使是在不同文化环境中所生成和传承的知识，也会有一些普适的或公共的特征，包括知识来源上具有的共性。

只要撇开关于终极来源的形而上学追问，立足于考察人的基本认知过程，就容易发现和确认，人类的知识具有相对独立的三个基本来源：第一，由感知过程所产生的知觉知识，大致相当于张载所说的“闻见之知”[④]。看到公园里的小草呈现绿色，听到屋檐下的麻雀发出“叽叽喳喳”的叫声，闻闻开着的兰花，发觉有一股清香，尝尝未熟的葡萄，觉得酸溜溜的，从中所获得的便是知觉知识。第二，由行动过程所产生的技能知识。练着太极拳，知道了如何表现各种姿势；骑着自行车，知道了如何保持平衡；玩着电子游

① Stix G, “Traces of a distant past”, *Scientific American*, 2008, Vol.299, No.1, pp.56-63.

② 见迈克尔·赫茨菲尔德：《人类学：文化和社会领域中的理论实践》，刘珩、石毅、李昌银译，华夏出版社 2009 年版，第 2-3 页。

③ 见 Kinzler K D, Spelke E S, “Core systems in human cognition”, *Progress in Brain Research*, 2007, Vol. 164 , pp.257-264.

④ 《正蒙·大心》。

戏，知道了如何摆弄各个按钮，等等，从中学到的便是技能知识。第三，由思索所产生的命题知识。π 是个无理数，宇宙中存在着黑洞，人的本质是社会关系的总和，等等，就属于这类知识。[①]

显然，知识来源的这种划分并不表明它们之间是彼此独立的。事实上，在大多数人类的认知活动中，这三种知识会同时出现或起作用，比如，当我们从事写作和做实验的时候。[②]而且，在生成知识的具体过程中，三者之间也往往相互联系、相互促进：概念知识能够指导或改进知觉经验和行动技能，反过来，许多概念知识的形成和辩护又有赖于知觉知识和技能知识。

倘若改变一下分类的根据，比如采用是否可用语言加以表达的标准，知识又可分为明述知识和默会知识。凡是可以通过语言明确表达的是明述知识，而默会知识则指无法用语言明确表达的那部分。从来源上看，由思索所生成的命题知识都属于明述知识，而在知觉知识和技能知识中，也有相当一部分能通过语言表达。例如，看到河边的柳叶呈现绿色，就可以形成“河边的柳叶是绿的”这一命题；知道如何骑自行车，也可形成“要领是保持平衡朝前看”这类命题知识。那么，在知觉知识和技能知识中，是否存在着一些知识，无法由语言明述？这是当代知识论中一个尚有争议的问题。不过，直觉上，在知觉某个对象时，除了可以用语言描述对象的一些性质和状态之外，似乎还存在着“只可意会，不可言传”的成分；当代神经认知科学的研究也表明，我们通过知觉所获得的所有信息，并不是都能用语言加以表达。[③]这部分不能用语言表达的知觉信息，经过辩护可以是真的或有用的，故也应该视作知识，被称为亲知。类似地，在技能知识中，那些与行动直接相关的知识往往也无法用语言进行明晰的表达。比如，一个人如果不亲身练习，即使知道了描述如何游泳的所有命题知识，也不能说学会或掌握了如何游

① 邦格曾做过这样的分类。Bunge M, *Treatise on Basic Philosophy, Vol.*5, Dordrecht: D. Reidel Publishing Company, 1983, p.72.

② 邦格认为，如果在这三个知识来源中，只认定一个而排斥其余两个，便出现了认识论史上的三种主义，即主张知觉是知识的唯一来源的经验主义，主张行动是知识唯一来源的实践或实用主义和主张思索是知识唯一来源的理性主义。

③ Kolak D, Hirstein W, Mandik P, et al. *Cognitive Science*, New York: Routledge, 2006, pp.146-149.

泳。这类只有通过行动而获得，同时无法用语言表达的知识，可以叫作能力之知。①

可以看出，大致上，明述知识就是命题知识，而默会知识又可分为能力之知和亲知。在以后的章节中，根据问题的性质和研究的目的，我们会或选择知识来源，或选择语言表达，对知识进行必要的分类。

笔者认为，不管是从来源还是从表达来划分，这些知识的基本类型都为人类所共有，也就是说它们具有普适性。只是在不同文明或文化的进化过程中，由于自然环境的具体条件和社会群体内部互动的具体方式不尽相同，因此，所形成的知识体系中，不同类型的权重和每种类型的具体内容等方面存在着差异。纵观人类文明发展的历史过程，尤其是将东西方文明进行比较，便不难发现：尽管不同文明体系中所包含的知觉知识和技能知识，在具体内容上呈现出地域特征，但一般来说，这两方面的知识均相当丰富。实际上，知觉知识和技能知识就是通常所说的经验知识，它对于任何一个民族或人群的生存都是必不可少的。

至于源于思索的命题知识，则情况有所不同。就人类的整个命题知识体系而言，存在着两个指称对象和辩护方式不同的子类：一是以实在世界作为认知对象的命题知识（自然的和社会的知识），其与知觉知识、技能知识之间存在着直接的关联，并且，也为所有文明体系所共有（尽管具体的内容和形式各有不同）；二是断定由纯粹思索（即不依赖于经验）所生成的观念（或理想对象）的实在性，比如完美的圆，并以此为对象所建构的数学、形式逻辑学以及形而上学等的超验知识。

整个世界的文明史已经告诉我们，第二个子类在不同的文明体系中，不仅并不都有丰富的内容，而且实际上在不少体系中并没有出现。比如，在中国传统文化中，属于第一个子类的知识颇为丰富，而属于第二个子类的观念和知识则相当缺乏，因为即使像“道”这样显得十分抽象的概念，其意义和使用也保持与实在世界相关联。事实是，第二个子类的知识主要出现在以古希腊文化为代表的传统中，而我们知道，这一传统又与近代科学的产生息息相关。

① 郁振华：《再论亲知：从罗素到凯农》，《华东师范大学学报（哲学社会科学版）》2010 年第 4 期，第 1-10 页。

第 2 节　从自然认知到科学认知

无疑，认知是人的最基本活动。就个体而言，不论是在成长过程中还是日常生活中，都需要不断地从自然环境和社会环境中亲身获取信息，加工成知识，或者间接地从他人和书本等渠道汲取、积累知识。如果这些知识不是通过科学研究或科学教育所获得，而仅仅是从日常活动中得到和积累，并用于指导日常的行动，以便适应或改变周围的环境，则我们通常将其称为日常知识（简称常识），而相应的认知活动就叫作自然认知。[①]显然，当我们在做这样的界定时，实际上已经预设了存在着两类有别的认知，即自然认知和科学认知。那么，这两者之间究竟有什么区别？又存在怎样的联系呢？

事实上，就认知而言，除了科学研究和运用科学知识求解问题的专门活动，人们主要从事的是自然认知，而获取和利用的知识也就是常识。在前一章中已经指出，严格意义上的科学或科学认知始于近代。不过，我们也清楚，在近代科学诞生之前，人类已经积累了大量的知识。就是说，这些知识基本上是自然认知的产物。那么，与科学认知相比，自然认知具有什么样的基本特征呢？

为了阐述科学认知与自然认知之间的差异，有必要先看看两者的共性和联系。而这样做之前，还需要对认知与心智这两个概念做些分疏。在科学和哲学的许多场合，人们常常将认知过程等同于心智过程。比如说，大脑中发生的形成概念的过程，有时说成是认知的，有时又说成是心智的（或心理的）。当然，在这种情况下没有什么问题，因为认知过程包括心智过程，或者说心智过程是认知过程，但反过来并不成立。事实上，正如我们在本章开头所指出的，认知过程是认知主体与认知客体之间形成的信息互动之环，因此，自然地包括作为认知主体的个体内所发生的心智过程。但其并不仅限于此，还可包括构成互动之环的媒介、工具和环境等，也就是说，认知过程的外延要

① 史密斯（Barry Smith）引入了“自然认知”的概念，意指日常知觉和行动中不含特殊（人工）手段或情境的认知状态和过程，见 Smith B, “Formal ontology, common sense and cognitive science”, *International Journal of Human-Computer Studies*, 1995, Vol.43 , p.641。这里，我们采纳他对“自然认知”的基本规定。

比心智过程来得广。只有谈到认知能力时，我们才可以默认其与心智能力相等同，也正因为如此，人们常常将对认知的研究理解为对心智的研究。

做了这些说明以后，我们就可以来分析自然认知与科学认知的共性，而这种共性主要体现在认知能力上。这里，认知能力是指人在履行认知过程中所具有的那些潜能，如知觉能力、推理能力、记忆能力、生成概念和假设的能力及决策的能力等。它们是有机体在长期的进化过程中形成的，其中，有些为人与其他动物所共享（如知觉能力和记忆能力），而有些则是人特有的（如生成概念和假设的能力）。认知科学和科学心理学的大量研究表明：就认知能力而言，自然认知与科学认知之间并没有实质性的差异，或者说两者之间是连续的。①这就是说，一个人在不同的时间段，既可以作为普通人进行自然认知和生活，也可以作为科学家从事科学认知活动，虽然在这两种情况下，认知能力的施展会存在差异，比如，推理的复杂性和精确性在科学认知中要求更高，但推理的能力并没有实质的不同。

那么，自然认知与科学认知的差别主要表现在哪里呢？我们知道，在自然认知中，或者在近代科学产生之前，人类在获取实在世界的信息时，所依仗的基本上就是作为生物体所具备的感觉器官和肢体。虽然有时会借助一些辅助工具（如古代天文观测中的浑天仪），但它们并不具备扩大信息来源和处理信息的功能，因而，知觉知识、技能知识的生成受限于来自周围的自然环境和社会环境的信息，也只能如此。与此相对照，科学认知则是常常借助于观察仪器和测量仪器等认知工具，如显微镜和质谱分析仪。这样，一方面人类获取实在世界信息的范围得以不断扩展，另一方面可以运用仪器和设备来展开真实的实验。在进行实验的过程中，认知对象和作为背景的环境信息都可以控制、选择，于是，既可以发现在自然认知中无法感知到的现象，又能够创造特定的、理想的条件来检验抽象的假设或理论。由此看来，自然认知是基于人的感官和肢体来获取并确认周围环境的信息的，而科学认知借助于认知工具实现了对前者的超越。

在自然认知中，人们基本上是运用自然语言或身体图式（如手势）来对

---

① Carruthers P, Stich S, Siegal M, *The Cognitive Basis of Science*, Cambridge: Cambridge University Press, 2002.

获取的信息进行表征和推理。[①]从功能上说，自然语言和身体图式都是保存或传递信息的媒介，故不妨将它们统称为自然媒介。对认知者而言，如果不借助于认知工具，自然媒介所表征的信息直接来自周围环境，因而，据此生成的知识是经验的，检验的方式也是直观的。在量化认知对象的属性和变化方面，自然媒介的作用非常有限，如看到一个人在跑步，运用感官和自然语言，我们只能说他跑得快、跑得慢等，而究竟他跑得多快，快慢如何变化，我们却无法给出量化的刻画。与此相对照，在科学认知中，认知者除了运用自然媒介，更多（或者说越来越多）地依仗于人工符号来表征知识；尤其是，通过系统地运用数学语言，不仅可以精确地表征科学知识，而且能实现基本假设与具体结论之间的形式推理。因此，可以认为，自然认知是运用自然媒介来表征知识，而科学认知借助数学语言等人工符号突破了这一限制。

从以上两个方面出发，我们可以发现自然认知与科学认知的第三个不同。在自然认知中，由于感知和加工的是直接来自周围环境的信息，这样，形成的概念一般指涉可知觉到的对象，命题表达的也是可知觉的属性或事件，因而，基本上囿于知觉经验的层面，抽象的程度不高。就拿前面用过的树的例子来说，“树”这一概念指涉窗外的那个具体对象，而“那棵树很高”或者“它正在长出新叶”，则是关于其可知觉的属性和事件的命题。而对科学认知来说，形成的概念和命题并不停留在知觉经验的范围，往往指涉不可观察的实体、属性或过程。比如，对于那棵树的认知，可以引入不可观察的基因概念和进化论，来解释它为何长成如此这般，结果，超越了自然认知的范围。实际上，那些由科学认知所产生的理论（如量子力学理论），在自然认知中既无法想象也不可能检验。在新概念和新假设的发明的科学认知过程中，认知者的抽象思维能力和想象能力得以充分展开，而由于数学语言和实验手段的引入，这些新概念和新假设可以在设定的条件下接受严格的检验。这表明，自然认知和科学认知在认识世界的深度、广度和精确性等方面存在显著的差异。

① 尽管文字作为外在表征的形式是人类的发明，但由于其在很大程度上是记录自然语言的工具（汉字有些特殊），因而，可将文字纳入自然语言一起考虑。

在第 1 章叙述近代科学诞生时，我们强调了以实验为代表的经验进路与以假设演绎为代表的理性进路的动态整合在其中所起的关键作用。可以看出，实验和假设演绎正是科学认知过程中两个最为重要的环节。只是对于这两种方法，还可以用更基本的认知要素进行阐释，例如，实验中信息的选择，基于已有理论的决策，假设的生成和数学表征，等等。在接下去探究科学认知的基本构架时，我们会进一步阐述和分析这些更基本的认知要素。现在，还是先来说说基于自然认知所生成的知识的特点，以便更好地理解科学知识。

我们说，在近代科学产生之前，除了曾出现过个别的例外，人类的认知基本上属于自然认知，也就是借助于自身的感官来获取周围世界的知识，并运用自然媒介来加以表征和推理。[①]基于这样的考虑，我们可以把以往人类所拥有的关于自然环境和自身社会的知识统称为传统知识。当然，这一规定的含义与目前人类学和知识产权等领域所定义的，表面上看略有差异。在后一情形中，传统知识一般是指一个民族或社群所长期积累的、具有地方性的经验知识。不过，如果我们对界定自然认知的几个特征做进一步展开和分析，则可以明了，两种规定其实是一致的。[②]

自然认知是人们仅借助于自身感官，对周围的自然和社会的环境进行感知，而人类本身又具有普遍的核心认知结构，这就意味着，不同文化中的传统知识，在基本类型或形式上必定存在着许多共性。例如，对于生物物种的分类，几乎所有的民族都有高度相似的分类原则；而几乎所有的民族都认为，诚实是一种美德。[③]然而，由于不同地区的自然和社会的环境不尽相同，而对于自然认知来说，周围环境是一种直接的约束条件，因此，所生成的传统知识的具体内容，甚至具体类型，也就会出现差异。这就是传统知识具有局域性或地方性的缘由。比如，在古代，几乎所有民族都利用植物来治疗疾病，这体现了自然认知的共性，但由于各地植物的种类和生长环境不同，所形成

① 在古代，阿基米德和托勒密等人曾经运用几何学和演绎推理来刻画关于力和天体运行的知识。

② 参见“Traditional_Knowledge”, http://en.wikipedia.org/wiki/Traditional_knowledge.

③ 参见 Medin D, Atran S, “The native mind: Biological categorization and reasoning in development and across cultures”, *Psychological Review,* 2004, Vol.111, No.4, pp.960-983.

的关于植物作为药物的传统知识就存在差异，因此，便形成了具有民族和地域特色的草药知识。当然，这种差异性不仅体现在与周围环境直接相关的经验上，而且也反映在基于经验而形成的关于世界的基本看法的自然观和宇宙观方面。正因为如此，我们可以发现，虽然在不同的文明体系中，都拥有包含自然观的传统知识，但具体的内容却呈现出多样性，并且不同类型的知识在其中所占的比例也彼此不同。

考虑到自然认知的第二个特征，我们就可以进一步理解不同文明体系中传统知识的多样性和差异性。如前所述，人类所获取的知识有三种基本类型，而这些不同类型的知识在表征方式上也存在差异。粗略地说，基于知觉和行动所生成的许多知识是以内隐或默会的方式表征于心智或身体的，而命题知识则是用语言来进行显式的表征和传达。从心智表征的角度看，这两类知识大体上对应于类比表征和命题表征。类比表征是关于视觉、听觉等的表象，其与所表征的对象具有结构上的类似性，特点是“非离散的，能内隐地指代事物，组合规则是松散并且具体的（在某种意义上这些表征指向特定感觉通道）”；而命题表征是“不考虑信息来源，只是抓住了心理的概念性内容”，特点则是“不连续的、外显的、抽象的，且是通过规则组织起来的”。[①]不过，在人的认知活动中，这两种心智表征并非彼此独立，而是相互影响的。就个体而言，为了自身的生存，两种以不同方式表征的知识都是必要的；但对于人类来说，个体之间通过自然媒介实现命题知识的表征和交流，才真正体现了人类的文化特性。

以上这些是人类社会中每个个体和群体所具备的共性。不过，自然认知所产生的知识是借助自然媒介，特别是自然语言，进行表征和传播的，而在人类社会的进化过程中，不同民族或群体所形成的自然媒介并不相同。认知心理学和认知语言学的研究已经表明，虽然语言对于思维并没有决定作用，但两者之间确实存在着密切的关联。[②]具体地说，不同的自然媒介在表征不

① M. W. 艾森克、M. T. 基恩：《认知心理学》，高定国、肖晓云译，华东师范大学出版社 2004 年版，第 366 页。

② M. W. 艾森克、M. T. 基恩：《认知心理学》，高定国、肖晓云译，华东师范大学出版社 2004 年版，第 589-593 页。

同类型的知识时，它们在表征能力和方式上并不等价，从而造成使用不同自然媒介的群体和民族在认知潜能的发挥方面存在着偏向。[①]显然，这样一种基本的认识，对于我们理解中西方传统知识的差异是至关重要的，因为两者的自然语言，尤其是书写系统，存在着明显的差异。

以下，笔者想特别对中国的传统知识做些分析，以期通过这样的分析，来揭示其在当代科学认知中可以具有的现实价值。

根据对传统知识的界定，近代科学引入之前，中国文化体系中所生成和传承的知识可统称为中国传统知识。于是，这里所指的传统知识，既包括数千年间我们的先辈在与周围环境互动的过程中所积累的自然知识，像天文、物候、物理、地理、农学和中医等，也包括关于人、社会和人与人之间关系的心理知识、社会知识，以及基于这些知识的自然观和社会观，还有就是各类用于生产的技术知识和手工艺技能。显而易见，我们的先辈所创造和积累的传统知识极其辉煌；在一定意义上，可以说是无与伦比的。[②]不过，所有这些知识均是自然认知的产物，而自然认知的局域性和依赖自然媒介的特性，决定了中国传统认知和知识的特点、优点以及局限。

我们说过，不同文明体系中都存在着三种基本的知识类型，但若将以古希腊为代表的西方知识体系作为参照，来审视中国传统的知识体系，则不难发现，后者的知识构成具有一个明显的特点。那就是，在中国传统知识中，基于知觉和行动而生成的知识十分丰富，而出于纯思的命题知识则相对不足，特别是，基本上没有产生与经验相分离的数学、形式逻辑学、形而上学和理性神学等方面的知识。

透过这个事实，我们便可以发现中国传统知识生成的认知取向。由于在自然认知的过程中，获取知识的基本目的是更好地适应或控制周围环境，获取知识的手段则依仗人自身的感官和肢体，因此，认知活动总是以人自身为中心展开的，而认知产生的结果也总要从是否有利于目的的实现来评价。这里，中国文化中认知与评价交融的特征得到了具体体现。不过，严格地说，

---

① Boroditsky L, “How language shapes thought”, *Scientific American*, 2011, Vol.304, No.2, pp.63-65.

② 这尤其体现在技术发明的成果对近代世界文明发展的贡献上。

这种交融的特征也并非中国传统知识的生成过程所独有。但是，在中国古代，由于基于知觉和行动的经验知识特别丰富，其与自然或社会环境之间又直接相关联，而超验的知识相对不足，故在中西方文化的比较中，认知与评价交融的性质便凸显出来。

在自然认知中，知识的存储、传播和传承需要借助于自然媒介来实现，这些媒介包括语言、图形符号和身体图式等。而自从文字发明以后，它就成为实现这些功能的基本手段。在分析传统知识的外在表征时，把握图形表征和文字表征的联系和差别是十分重要的，因为从历史的角度看，后者恰恰是从前者演化或蜕变而来的。虽然在近代科学诞生之前，人类关于外部和内心世界的绝大多数知识是通过自然语言来实现外在表征的，但由于汉字是从早期的图形符号演变而来的，并且在演变过程中并没有中断，所以，运用汉语和汉字作为表征的手段就会呈现出一些特点。关于这些特征以及它们所产生的影响，笔者将在第3章中专门论述。这里只想指出，一种语言和文字一旦形成，并成为具有规范性的表征和传递知识、思想的手段，反过来，就会对人的心智表征和思维过程产生定向的作用，比如影响推理形式和推理能力的发挥。

在借助文字得以传承的中国传统知识中，我们所能看到的主要是基于知觉和行动而积累的命题知识。这些命题知识当然也需经过思考的过程而产生，但通常是直觉、类比和归纳的结果，所以与环境中的对象有着密切的经验性关系。这一点在中国传统的自然知识和技术知识中表现得十分明显。即使是在《周易》这样一部比较难懂的经典中，关于自然观方面的知识，亦是运用周围环境中直观可见或可悟的天、地、雷、风、山、火、泽作为基本的概念，并运用隐喻和类比的方式来表征和扩展。[①]总体上，这种考察自然的视域是“以道观之”，因而，表现出整体性和统一性的特点，思维方式上则倾向于关联性和辩证性。

在中国传统自然观中，一个体现“以道观之”的基本理论框架便是阴阳五行学说。这种学说建立在阴阳和金、木、水、火、土等概念以及它们之间

① 参见周山主编：《中国传统类比推理系统研究》，上海辞书出版社2011年版，第1-39页。

的相生相克的关系之上。从自然认知的角度看，我们的祖先从经验中形成这些概念，并用它们来分类、解释自然现象或社会现象，其实是十分自然的，也没有什么神秘之处。实际上，倘若只考虑阴阳两极以及两者之间的关系，并以此来解释各种所发生的现象和变化，则是一个关于世界的最小模型。在这种自然观中，概念具有指涉外部世界中存在对象的指称，而确认这种指称，则是依赖自然认知所提供的经验证据，因此，由这些概念所构成的知识内容是与自然环境相关联的。

在中国传统的知识体系中，除了上述与经验相关联的概念以外，我们几乎没有看到将心智表征中的思想对象或观念实在化，并以此作为指称的知识子类。也就是说，我们的先辈并没有发展出与经验相分离的超验知识。与此相对照，在古希腊的知识体系中，却明显地存在着一个基于纯思而形成的理性传统。这个传统单纯地以建构的思想客体作为知识的对象，如毕达哥拉斯的数、巴门尼德的存在、柏拉图的理念等。借此，古希腊人发展出了以几何学为代表的初等数学、哲学中的形而上学，而这些又为日后理性神学的产生和发展提供了思想和理论资源。由于确立关于思想客体知识的真并不能诉诸经验，从一些自明的公理和公设方可得以确认，因而一种能够保证命题之间传递真值的工具就显得特别重要，这就要求强化演绎推理的功能，结果便促成了形式逻辑学的创立和发展。这样一来，在古希腊的命题知识体系中，就存在着两个彼此分离的子块：一是与经验相关的命题知识和自然观，二是关于思想客体的超验知识，它们各自形成了知识的经验传统和理性传统。①

显然，为了求得在自然和社会环境中的生存，借助知觉和行动而获得的经验知识以及与经验相关联的命题知识是必需的，所以，尽管具体内容和形式方面存在着很大的差异，但知识的经验传统则为全人类所共有。可以想见，如果仅仅从适应环境和个体的生存而言，有了这个经验的传统便自足了。从这个意义上说，由古希腊人所开创的知识的理性传统，因缺乏实用价值，故并非必需的。或许正因为如此，随着古希腊文明的衰落，这条寻求真知识的

① 关于中国传统知识的部分主要取自笔者的《中国传统知识生成和传承的认知取向》，《河北学刊》，2015 年第 3 期，第 8-14 页。

理性进路也随之式微。只有当近代科学将原本分离的两个知识传统加以整合，理性知识才得以成为推动社会变化的巨大力量。

这样，当我们以古希腊文明的知识生成进路作为参照，反观中国传统的命题知识体系，就可以清楚地看到，中国传统知识在生成过程中的认知取向。概括地说，这种偏向集中地表现在：我们的先辈在创造知识的过程中，更倾向于运用直接获取外部对象信息的心智表征和推理能力，以及偏向于图形符号的文字表征，而获得以思想客体为对象的知识的心智表征和形式推理的能力却未能得到发展或强化。这种认知取向的后果是，在中国传统知识体系中，基于经验的命题知识和技能知识占据了绝对主导的地位，同时，这些知识的不断创造和在实践中的成功运用，反过来又进一步强化了这种认知取向。结果，没有能够产生几何学和逻辑学等形式知识，这样我们也就可以理解，为什么近代科学没有在中国发生。

在人类的历史上，当源于古希腊的理性传统与以实验为代表的经验传统相整合，便萌生出既与自然认知具有一定的连续性又实现超越的科学认知。随着科学认知的不断展开，关于自然和社会的科学知识加速地积累或更新，而一旦这些知识转化为技术，便成为推进社会变革的巨大力量，将人类带进了现代社会。

100 多年来，特别是改革开放以后，古老的中国也在这种力量的推动下，迅速地赶上了这一现代化的进程。那么，在我们的祖先在自然认知过程中所积累的极其丰富的传统知识中，是否存在着这样一些元素，可与当代科学相融合，从而在新的条件下获得“新生”呢？答案是肯定的，基本的理由实际上已在第 1 章给出。这里，我们做些展开和补充。

在第 1 章第 4 节中，笔者指出，400 多年来，源于西方的近现代科学技术在认识和改造自然方面取得了极大成功，而如今，呈现出两个显著的特点：①重大基础理论创造的资源开始衰减，基于已有理论去探究具体机制并进而做出新发明成为主流；②研究重心越来越趋向于解决人类面临的实际问题，特别是生态环境、健康医疗、生活质量、教育文化和各种经济社会问题。与此相对照，中华民族虽然基本上缺席了对近代科学诞生和发展的直接贡献，但数千年来，在解决实际问题中所积累的经验知识和思想是一个极其丰富的智慧宝库，很有可能与当代科学相融合，生发出新的巨大力量。

事实上，中国科学家做出的一些世界顶级的成果正是这种融合的产物，如吴文俊在几何定理机器证明中创立的吴方法、屠呦呦等人发现青蒿素等。而在海外，不少科学家也认为，他们在其科学创造活动中，受到了中国古代哲人思想的启发，比如，当今著名的化学家、诺贝尔奖获得者夏普莱斯（Karl B. Sharpless）表示，老子的“故有之以为利，无之以为用”道出了其创立的点击化学的哲学真谛。[①]

在此，我们不妨举个例子，来说明中国传统知识或智慧怎样与当代科学思想相融合。2012 年以来，人工智能中的深度神经网络异常红火，那么是否有可能用中国传统的知识或智慧来直观地表达其中的基本思想、应用前景以及达到的目标呢？笔者认为是可以的，可用的资源是中国的成语，因为许多成语正是知识或智慧的结晶。事实上，目前的深度神经网络的基本工作方式是“按部就班”（算法的运行），通过数据训练“精益求精”，最终达到“无以复加”或“炉火纯青”的状态；两个主要的应用场景是医疗和教育，前者是要实现“对症下药”，而后者是想做到“因材施教”。而这样的人工智能尚不具备类人的或真正的智能，要实现像人一样的智能，就应该有“举一反三”和“随机应变”的能力，而这正是人工智能想达到的愿景。由此可见，至少，中国的成语可以帮助我们理解当代人工智能的一些基本思想和基本目标。[②]

第 3 节　科学认知的基本架构

我们说，科学认知是人类认知中晚近才出现的一个子类，与自然认知既有连续性也有自身的特点。那么，一个典型的科学认知活动或过程究竟包括哪些基本组元？这些组元之间又存在怎样的联系？在本节中，我们就来回答

① http://mini.eastday.com/a/190422173241277.html.

② 然而，迄今，由于对中国传统文化认知上的偏见和科学的强势，关于中国传统知识或智慧与当代科学相融合的可能性和实现条件等问题，国内外尚缺乏系统的、有价值的研究。无疑，这样的研究，对于中国科学乃至世界科学的新发展都具有非常重要的学术价值和应用价值。这里，我们只是将问题提出，希望能引起重视。

这两个问题。为了使阐述有些头绪，我们不妨先找一个经典而又简单的实例做些分析。

既然伽利略为“近代科学之父”，那就来看看他是如何发现自由落体定律的。一个物体（比如小球）在某个高处从空中下落，会越来越快，这是很容易观察到的日常现象，但下落的快慢（速度）究竟与什么相关？不同物体的下落速度是相同还是不同？这些问题则并非可由自然认知回答，因为下落的物体太快，凭人的肉眼无法精确地测量。在古希腊，亚里士多德（有些想当然地）认为，物体下落的速度精确地与其重量成正比，因而，相同体积而重量不同的物体下落的速度不同：重的落得快，轻的落得慢。这种看法在西方持续了近2000年，直至伽利略出现。

伽利略首先运用思想实验（逻辑推理）否定了亚里士多德的上述观点，认为在空中（忽略空气阻力的情况下）物体下落的速度与其重量无关。那么，到底跟什么有关呢？这就需要进行实验和测量。不过，在物体垂直下落的情况下，速度总是很快，伽利略需要找到减缓下落速度的办法。于是，他设计了“斜面实验”：在一块12码[①]长的木板中间刻出凹槽，垫上非常光滑的羊皮纸，让一个光滑的小球（黄铜球）从该斜板上滚下，测量它经过的距离和所花的时间。由于当时还没有精密的钟表，伽利略又发明了一个很精确的水时钟。通过反复实验和测量，他发现，小球下落的距离等于（非常近似）所用时间的平方，即$S_2/S_1 = T_2^2/T_1^2$，这里S表示距离，T表示时间。这表明小球在下落时速度会增加，也就是运动加速了。为此，他引入了“加速度”这一新概念。

那么，在物体（小球）下落过程中，其下落速度究竟是怎样增加的呢？为了解决这个问题，伽利略首先假定速度与下落距离成正比。但他运用思想实验发现，这一假设与所下落的时间之间存在矛盾。进而，他假定速度与下落时间成正比，这就克服了内在矛盾，并且可以与实验结果相吻合（速度与时间成正比，那么，距离就与时间的平方成正比）。之后，伽利略还做了自由落体的实验来检验和确证这一假设。[②]

---

① 1码=0.9144米。

② 弗·卡约里：《物理学史》，戴念祖译，内蒙古人民出版社1981年版，第38-39页。

我们知道，伽利略的这一发现，如今依然是每个中学生一开始学物理便要掌握的内容。当然，他所发现的物体自由落体运动定律也留下了需进一步探究的问题，如自由落体的加速度究竟有多大、它又是由什么引起的，这些还得等待牛顿来回答。

现在，让我们从这个实例出发，来勾画出科学认知的基本架构。毫无疑问，科学认知是认知者认识对象的有目的的活动，因此，基本架构是对认知者这种有目的活动而言的，不过，为了说明科学认知的过程和结构，认知者和目的可以作为预设而不在架构中明示。基于这样的考虑，我们来分析伽利略在发现自由落体定律时的认知架构。

首先，从这个实例中可以看出，一个具体的科学认知过程是围绕着提出和解决问题而展开的。这里，基本的问题是“下落物体的速度增加究竟与什么因素相关”，而这个问题并非凭空产生，它既由伽利略否定亚里士多德关于落体运动的观点所引发，也基于已有的背景知识，例如，下落物体的速度是增加的，下落的距离与时间的平方成正比（这些知识来自之前的观察和斜面实验），等等。

对问题的求解是一个提出假设的过程，而假设也是基于已有的背景知识，其中，描述变量之间比例关系的数学知识是基本的组成部分。第一个解，即“物体下落的速度与距离成正比”这一假设，利用了落体运动时速度会因为距离的长短而发生变化这一观察到的事实和数学的比例公式，但如果考虑到下落的时间，则这个解就会引起逻辑矛盾，因而被抛弃，这是对于解的逻辑检验过程。第二个解“物体下落的速度与时间成正比”，则是考虑到了落体的速度会因距离的长短发生变化，而距离也随时间的变化而变化，这是一个更为全面的观察事实。这个解通过了逻辑检验，而后又被进一步的实验所支持，故确立为描述自由落体运动的一个定律，成为这一认知过程中获得的知识。

基于对这一实例的剖析，笔者认为，科学认知的基本架构可以表示为如图 2.1 所示。

对于这一图示的基本认知架构，有几点需要做些说明：其一，这一架构是抽象的概括，只标示了六个组元（认知对象、认知工具、知识基、问题、解和检验）以及它们之间的联结（用箭头表示）。显然，这六个单元本身也

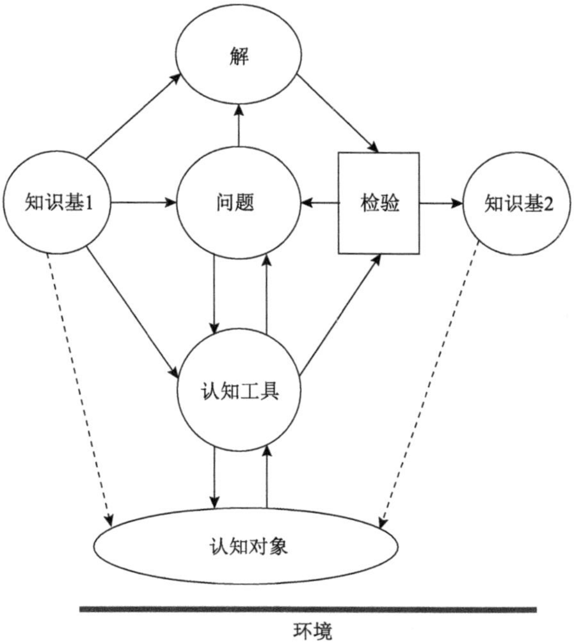

图 2.1　科学认知的基本架构

是复杂的子系统，如知识基中可包括与问题相关的形式语言（数学和逻辑）、哲学假设、一般背景知识和针对问题的专门知识等，在具体的认知中这些知识的比重和权重存在很大的差异（如运用的数学）。每个实线箭头所示意的是认知过程的动态展开，实质上是信息的流动和变换的过程（即计算），其中包含问题的提出、假设的生成，以及推理、解释、预言和决策等具体的认知环节，类似地，在具体的认知中，这些环节所担当的角色和所起的作用也各不相同。

其二，尽管这只是一个抽象的架构，但经过一定的诠释，可以帮助我们理解科学认知与自然认知的共性和差异。从基本的认知环节和过程来看，不论是科学认知还是自然认知，均包括基于一定的背景知识和关于对象的信息，提出问题和求解问题，并对所得的解进行检验，这样，凡是在这些环节和过程中所动用的认知能力（如记忆、联想、推理）并没有实质性的差别。所不同的是，在科学认知工具中，除了认知者的感官，还加入了扩大接收信息范围、精度和控制对象的物质工具，这一方面，使得认知域得以扩展，并实现研究的定量化；另一方面，也使得对于问题解的严格检验成为可能。[①]而知识基中数学等人工的符号和语言，又为形式推理、定量计算和分析提供了思维工具，从而超越自然语言在表征和推理等方面的局限。这些就是我们在前面所述的科学认知与自然认知的差异。

其三，在架构中，科学问题置于与其他所有单元相关联的中心地位，这体现了科学认知实质是提出和解决问题的过程，也就是说，没有科学问题便不构成科学认知或研究。不过，由于这些单元之间形成的是一个相互关联的网络（其中还存在一些循环的子网络），故对于某个认知者而言，具体的科学认知过程究竟从哪里开始，则一定程度上取决于他（或她）的选择。例如，一个认知者可能只从知识基中提出和表述问题，另一个认知者则只提供对这一问题的解，而其他人可能对解进行经验的检验。因此，这一架构通常并不是针对个体（当然，上面的例子仅是伽利略一人所为）的认知活动，而是一般性的概括。

其四，我们在架构的左边和右边分别标记了两个知识单元（知识基 1 和知识基 2），因为它们的内容并不相同。一旦在认知过程中形成的解（假设、模型和推论等）经过检验获得了确证，便被作为新知识添加到原有的知识基中，或者取代原有知识基中相对应的成分（如伽利略发现的自由落体运动定律取代了亚里士多德的落体定律），这样，如果把中间部分作为一个整体，那么，科学认知就是一个基于旧知识产生新知识的过程。而若考虑到由认知工具、问题、解和检验构成的中间部分，则可做出这样的理解：科学认知是基于已有知识和关于认知对象的信息，转换和生成为新知识的过程，其中，充当转换器和生成器的就是问题的求解者。需要注意的是，这里分别使用了（认识）信息和知识两个概念。本章第 1 节中，我们已经分析过两者之间的关系。不过，在以后的章节中，为了方便起见，我们常常会交替地使用这两个概念，但根据上下文，应该可以看出两者之间的区别。

其五，任何科学认知总是发生在一定的环境中，而图 2.1 中“环境”只用一条粗线笼统地表示，故有必要对其再做些说明。这里的环境，既包括自然环境也包括社会环境。就自然环境而言，在科学认知中，当对某个或某类

---

① 在本书中，认知工具指的是在认知过程中参与信息的接收、处理和发送的仪器与设备。

对象进行探究时，该对象总是处于某种物质环境中，而我们已经指出，科学认知的一个基本特征是可以对这种物质环境进行控制，因而，这里的环境往往是人工的，而所获得的关于对象的信息也是依赖于所选择的人工环境，如特定的实验环境。至于社会环境，由于每个认知者首先是生活在一定社会中的人，因而总会受到包括政治、经济和文化等诸多社会因素的影响。广义地说，科学是人类文化的一个重要部分，而且文化与认知之间存在着相互联系，因此，科学认知总是会受到其他类型的文化的影响。

可以理解，我们之所以运用伽利略发现自由落体定律作为揭示科学认知一般架构的实例，是因为，这一实例在很大程度上标志着科学认知的开始，也体现了科学的特征。我们认定，只要是从事典型的科学认知，就遵循这一基本的架构，否则，便不是科学认知，也就不是从事真正的科学活动。这一认定意味着，自从近代科学诞生至今，科学认知的基本架构保持不变。

然而，基本架构的不变，并不意味着其中每个基本单元的内涵、组元、结构和功能保持不变，也不意味着将各个单元连接起来的具体类型和方式保持不变。事实上，随着科学的成功演进，科学认知的具体内涵、方式和各个单元所发挥的功能相应地发生了不少变化，例如，自从电子计算机成为认知工具的非常重要的组成部分，科学认知中获取和处理关于对象信息的过程和方式就与以往有了很大的不同。

在第 1 章中，我们简要地描述和分析了自 20 世纪 80 年代以来，科学已经或正在发生的重要转变。承认这种转变的实际发生，也就承认了科学认知的过程和方式也在发生很大的转变，而这正是我们试图在本书中讲述的主要内容。基于这样的考虑，在以后各章中，我们将在科学认知的基本架构内，着重描述当代科学认知的结构和变化，并探究发生这些变化的原因以及对当代科学发展的影响。

第 3 章

科学认知的两个维度

在上一章中，我们概要地阐述了科学认知的基本特征并勾画了其基本的框架。对于科学而言，这些基本的特征及其框架在演进过程中具有不变性，因为它们体现了科学之所以为科学的理由。不过，特征和框架中的具体内容却会随着科学的发展而变化。由于本书的重点是描述和分析当代科学认知呈现的新特点和新内容，这就表明我们更关注其中变化的成分。从基本框架可以看出，科学认知的基本目标是增进知识。因此，我们先来看看当科学演进到当代，在获取、生成和利用知识的认知过程中，究竟发生了哪些重要的变化以及为什么会变化。

第 1 节　科学的目的、价值与认知类型

我们知道，自诞生之日起，科学的基本目的就是增进人类的知识并造福于人类，因而，科学是全人类公共的事业，具有普遍性和非营利性。从这一基本目的出发，我们可以领会科学的基本价值，其主要表现为两个方面，即认识价值和实用价值。

在当今社会，科学已经是一个家喻户晓的概念，而与科学紧密相连的技术也时刻改变着人类社会发展的轨迹。虽然任何一个接受过学校教育的人都或多或少学习过一些科学知识，但在实际生活中，解决问题通常依赖的是经验常识，偶尔也会用到一些相关的科学知识。而且，公众对于科学的理解还是非常有限的，特别是，对科学认知或知识的价值依然存在种种误解或偏见。

从认识上看，科学问题很可能起源于人类面对自然产生的迷惑和敬畏。不过，只有当利用自然认知所获得的经验知识不足以帮助人们理解和把握自然现象时，科学认知的必要性才会真正凸显出来。这样，虽然科学知识通常是以常识作为先导和前提条件，使得两者之间具有一定的连续性，但它也在一些重要方面超越于常识。

简单地说，这种超越主要体现在：由于科学认知可以借助仪器去研究人类感官所不能直接观察的现象，因而，科学知识包括许多常识中没有的研究对象，其中不少仅仅靠常识是根本无法想象的，如物理学中的电子和正电子；科学提出超越于常识的种种假设，并试图通过对常识所描述的现象做出解释，以达到更深、更系统的理解；科学依仗特殊的技术或通过控制研究对象所处的条件对假设进行严格的检验。不过，科学知识与常识之间的这些差异并不否定两者之间存在着共性。这种共性尤其表现在价值上：科学知识和常识均要求为真和具有客观性，并且，两者对于人们的行动而言可以是有用的。当然，在真和客观性的程度以及效用的大小方面，科学知识与常识之间往往存在显著的差别。

科学知识是科学认知的产物，而人类从事科学认知的基本目的就是理解自然和理解人类社会自身，这就决定了科学知识应当描述所认识的现象，能对发生的现象做出合理的解释，并尽可能做出准确的预言。而这样的描述、解释和预言能否成功，主要取决于作为科学知识核心的模型（包括理论）是否真的表征了认识对象的结构和过程，也就是说，取决于科学模型是否为真。因此，从认识上看，真是科学知识的内在价值。不过，一个模型或一个定律的真只有通过经验的检验才能确证或否证，而这样的检验一般来说是有条件的和有限的，所以，对于科学知识而言，所谓的真只是在一定程度上为真（或者叫作似真），而这也就意味着它是可错的。

由此可见，认识价值对于科学而言是内在的，体现在人们能够借助科学更好地理解所面对的实在世界，理解的方式便是运用真的科学知识去描述、解释和预言实在世界中所发生的各种现象。因此，求真是科学认知的基本活动，我们将这种活动称为认识认知。如第 1 章所述，科学发展的历史已经表明：科学的认识认知是非常成功的，为人类描述出了一幅关于实在世界构成和演化的可信图景，于是，科学的认识价值得到了充分的体现和肯定。

科学知识的另一个价值就是实用，而且是一种工具价值。对于科学知识来说，这种工具价值表现为两个方面：一个是有些知识服务于进一步的科学认知，如用于制作仪器去进行科学观察和测量，另一个就是为了实用的行动，尤其是作为技术活动的基础，这种价值对科学而言是外在的。不过，不管是用于设计仪器还是发明技术，科学知识的实用价值主要体现在相关的知识对目标的实现是否有效。在科学认知中，如果所追求的目标主要是为了实用，也就是为了实用的目标而去获得知识（当然这样的知识也应为真），那么，相应的认知活动就称为实用认知。

在人类的认知和实践活动中，真与实用是两个可以彼此分离的价值。我们知道，在科学知识体系中，许多知识是真的或可能为真的，但并没有实用的价值（至少没有直接的实用价值），如宇宙学中的大爆炸模型和基本粒子物理学中的夸克模型；与此相对照，在人们的行动中，大量有用的信念并不为真，甚至迷信和谎言对于目标的实现也可以有实用价值。不过，在与科学相关的技术活动中，科学知识的真与实用一般可以达到内在的统一，正是科学知识的真保证了基于它的技术可以有效地解决实际问题。

这里，我们只关注科学认知本身，因此，所要阐述和分析的是认识认知与实用认知以及两者之间的关系。从基本的目的而言，两类认知都是为了获取和增进知识，但由于价值取向上的差异，其在所要选取的认知对象和获取知识的内容、方式等方面便显得不尽相同。就认识认知而言，由于旨在获得或加深对于实在世界的理解，这就意味着需对自然现象或社会现象进行科学的解释，因此，必须超越于现象的描述，去发现实在世界中体现自然秩序的内在模式，并通过对模式进行一定的重构（如抽象），形成假设或规律陈述，进而建构系统化的理论。至于这样的理论是否真的表征了实在世界的结构和过程，则须接受经验和逻辑的严格检验，而经验数据则由科学实验（包括观察）来提供。由此看来，在认识认知中，获得可靠的经验知识和建构经得起检验的理论知识是基本的也是主要的任务，尤其是理论知识，因为其是我们统一地、深刻地解释实在世界中的现象的前提。

在当代科学中，通常将从事这种认识认知的活动叫作基础研究，相应的学科统称为基础科学，比如，物理学中的理论物理、基本粒子物理和天体物理等属于基础科学，它们的目标就是认识物质世界的基本构成和演化过程，其成果对人类的生产和生活而言，并没有直接的实用价值；如果主要是出于实用的目的（为了技术或工程）而从事的实用认知活动则叫作应用研究，相应的学科统称为应用科学。不过，“应用科学”这一名称具有歧义性，因为有时可以指将基础科学的理论应用到某个相对特定的领域，例如，应用物理学的理论于地球的研究，形成地球物理学，而地球物理学对于研究地质结构和运动而言应该仍然属于基础学科。有时又指对可能具有实用价值的问题或领域的研究，如材料科学和医学。这些学科的研究当然也依赖于基础科学，如材料科学依赖于物理学和化学，也是旨在获得新知识，但它们往往有自己的概念和理论，并不能自动地从基础科学中得到，而且所追求的新知识是为了解决实用的问题。一般来说，应用科学是指后一种情况。这里的讨论也是针对后者，这样就可以将应用科学与我们所界定的实用认知对应起来。

还有一点需要说明。当我们将科学认知分成认识认知和实用认知两种基本类型，并认为这种划分所对应的是基础研究（基础科学）和应用研究（应用科学）时，这只是一种粗略的分类。在实际的科学认知中，究竟什么算是认识认知（或基础研究），什么又是实用认知（或应用研究），则需要根据具体情况才能确定。而且，在当代科学认知的领域，认识认知与实用认知常常并存且相互关联，只是在某些具体场合，认识认知的成分多一些或更重要些，而在另外一些场合实用认知的成分多一些或更为重要。

这里，我们之所以要做出这样的区分，是想基于此阐明在科学推进的过程中认识认知和实用认知在科学研究中地位或权重的变化，以便更好地理解当代科学认知的特点和结构。

第 2 节　科学认知重心的迁移

我们说，科学知识具有认识和实用的价值，相应地，科学认知存在着认识认知和实用认知两种基本类型，这是从一般意义上考虑的。如果将两种基本类型视作两个维度并生成一个平面，则不难发现，实际上，在科学发展的不同阶段，科学认知的重心所处的位置并不相同；而动态地看，存在着一个从认识认知之维向实用认知之维靠近的轨迹和趋势。

在近代科学诞生之初，科学的任务就是认识和理解自然界。当时的不少科学探索者相信，神在创造世界之际制定了自然法则，这些法则隐藏在自然现象的背后，而科学的基本目的就是寻找自然法则，即我们现在所说的自然规律，并从中揭示神的存在或者领略神的伟大。[①]对伽利略而言，神是用数学的语言来撰写这些自然法则的；而对开普勒来说，神是一个创作宏伟的天体乐曲的音乐家。凭借这样的信念，伽利略提出了自由落体定律和惯性定律，且为日心说提供了天文和力学的证据，开普勒找到了行星运动的三大定律，而牛顿发现了第二、第三定律和万有引力定律，并站在这些巨人的肩膀上创立了经典力学，完成了科学的第一次大综合。

有趣的是，经典力学的成功首先体现在“天上”。牛顿运用自己创立的理论，成功地推演出开普勒的三大定律并解释了潮汐等天文现象；哈雷基于经典力学，成功地预言了哈雷彗星回归地球的时间；等等。显然，这些成功所体现的是人类对世界的认识和理解方面，而与技术以及人们的实际生活并没有直接的关联。

说到这，我们有必要对技术及其与科学的关系做一简要的阐释。如果将技术理解为人类有目的地改变环境和制作人工物的活动，那么，技术便与人类一样久远。当我们的祖先有意地改变石头或者树枝的形状，以用于获取食物或抵抗外敌时，最原始的技术就产生了。自从进入文明时代，人类发明和利用技术的能力不断提高，反过来，又进一步推进社会的发展。而我们知道，与技术相比，科学的历史还相当短暂，只有 400 余年，即使将古代自然哲学计算在内，也就三四千年。那么，之前的技术依仗什么而发展？答案即经验性的知识（即常识）。人类在自然环境中为了更好地生存，就需要获得关于环境的知识。我们在第 2 章已经指出，这样的知识是自然认知的产物，与周围环境提供的信息直接相关，故一般来说是经验的、直接的、不系统的和不精确的。当人们运用这些知识去发明器具或制定规则便是从事技术活动，而相应的产物叫作技术产品。因此，在与科学发生关联之前，技术的发明和创造是基于经验知识的，我们将这类技术叫作基于经验的技术，以有别于日后出现的基于科学的技术。

事实上，近代科学诞生之前，几乎所有的技术都是基于经验知识的。即

① 保罗·戴维斯：《神的心灵——理性世界的科学基础》，王祖哲译，山东人民出版社 2012 年版，第 48-49 页。

使在之后相当长的一个时期内，科学与技术以及人们的实际需要也基本上是分开的。在 18 世纪后期发生的第一次技术革命中，虽然关于力和大气压等的科学知识起到了一定的指导作用，但纺织机和蒸汽机等重大发明以及改进基本上由工匠所完成，而他们所依据的主要是经验知识和技能。只是随着这场革命引起的技术和工业的发展，其给科学提出了新的问题，特别是蒸汽机的工作效率和能量之间如何转换等问题，才触发了热力学的诞生和能量守恒定律的发现，于是，科学和技术之间的关系渐渐变得密切起来。

而到了 19 世纪中叶，随着关于电磁研究的一系列重大发现的产生和电磁学理论的建立，科学与技术之间的关系不仅变得密切，而且发生了一个重大的变化：人们开始意识到，出于认识自然的目的而获得的科学知识，实际上蕴藏着巨大的实用价值。当英国财政大臣参观法拉第的电磁发现成果，问这些发明虽然有趣但又有什么用时，法拉第做出了早已成为经典的回答："哦，阁下，也许过不了多久，你就会对它收税了。"确实，法拉第的预言不久便成真，而由电磁定律和电磁场理论所引发的第二次技术革命，显然不仅仅是增加税收或者发展经济，实际上是不可逆转地改变了人类社会演化的轨迹。不过，从这则轶事中也可以看出，即使到了 19 世纪 30 年代，认为科学具有实用价值的观念并没有普及，甚至还没有真正建立。

为了对这两次技术革命中科学的地位再做些比较和分析，我们不妨先来说说技术革命对人类的生存和发展的作用。如今，不少人文学者喜欢将当下社会称作"后现代"。不管这样的称呼是否恰当或者是否有意义，但有一点是肯定的，即"后现代"之前应是"现代"，而"现代"之前就该有"前现代"或者"古代"。那么，在人类社会进入文明之后，是否确实存在着这样一个分界点（更严格地说应该是一个时段），之前是前现代或旧世界，而之后则开始迈入现代或新世界？如果我们将自己设想成"宇航员"，来俯瞰人类文明进化这条长河，则答案是肯定的，而这个分界点就是第一次技术革命的起始，在 1780 年左右。关于人类社会在这个分界点前后的状态，荷兰科学史家科恩（H. Floris Cohen）在《世界的重新创造：近代科学是如何产生的》一书的开头，有这样一段生动的描绘：

亲爱的读者朋友，假如你生于两百年前，你很可能会很穷，甚至是穷困潦倒。你或许会终生在土地上劳作，很难有什么改变。你的很多孩子可能会先你而去，只有少数能够顽强地幸存下来。你会理所当然地认为自己的寿命可能不会超过 45 岁。到了冬天，你需要亲自找柴火为乡间茅屋取暖。如果条件不错，你可用攒下的几个铜板换些东西，使生活安逸一些。如果不考虑日常交谈、婴儿啼哭和小鸡的咯咯啼叫，你将被一片寂静所笼罩。偶尔会从远处传来滚滚的雷声、悠扬的歌声和军队出征的鼓乐声，孤寂的钟声不时在耳畔响起。你会坚信有鬼怪、神灵或上帝引领和决定着生命特别是死后的一切，而不会对传统的绝对真理性有丝毫怀疑。

简言之，你所生活的那个世界可以称为“旧”世界，它不同于我们现在所处的“新”世界。新世界会使我们越来越富有。在这个世界中，商品货物种类繁多，每个人都拥有很多东西，而且其中一些很快被更先进的东西取而代之。我们的寿命预期要长很多，导致死亡的往往是各种不同的疾病。我们周围充斥着各种噪声。子女的数量比过去要少得多。我们会悉心照料他们，为其正确接种疫苗。他们前景美好，可能比我们活得更长。定期做礼拜的人并不很多，而且并非每个人都相信念诵的文本具有字面的真理性。我们相信人生只有这一辈子，因为对于像彼岸世界那样的东西，即使我们带着最美好的意愿，也无法形成清晰的图像。如果想外出参加会议或度假，我们可以乘坐飞机、火车或汽车，几个小时便可到达目的地（这是以前无法设想的），而不用骑马或乘坐颠簸的轮船，几天、几周或几个月后才到达。①

从这段描述中，我们可以领略到新旧世界或现代与前现代之间的明显差异，并且我们也知道，造成这种差异的推动力很大程度上是出于技术的革命和进步。那么，现代技术何以拥有如此巨大的力量？其与科学之间究竟是如何关联的？对此，我们不妨运用隐喻的手法来加以回答。形象地说，在第一次和第二次技术革命中，人类有意无意地放出并利用了两个“魔鬼”，它们对人而言总体上偏向善良或友好，同时也带来了一些“邪恶”。这两个“魔

① H. 弗洛里斯·科恩：《世界的重新创造：近代科学是如何产生的》，张卜天译，湖南科学技术出版社 2012 年版，第 1-2 页。

鬼”，一个原本躺在地下，它就是煤（以及后来加入的石油），另一个则是无形的，也就是电（包括磁）。它们之所以拥有巨大的力量，就是因为两者实质上都是能量。在放出这两个“魔鬼”之前，人类所发明的技术，除了个别利用水能和风能之外，基本上依仗自身或一些动物（主要为牛、马和骆驼）的生物能，因而能够产生的动力受到了很大的限制，正负的效应也在自然的生态系统以内。在第一次技术革命中，一旦运用蒸汽机将煤所蕴藏的化学能释放出来，情形就发生了根本性的改变：一方面由此而产生的动力大大超越了原本十分有限的生物力，为机器工业的出现和发展提供了基础性的动力源；另一方面也对自然的生态环境造成了一些伤害。而在第二次技术革命中，当其他能量可以守恒地转化为电能，并发现后者具有更为广泛的用途时，化学能的威力得到了更大的发挥。

这里，对我们而言感兴趣的是，这两个“魔鬼”究竟是如何放出并为人所用的，或者说，打开两扇“魔门”的钥匙和利用“魔鬼”的指挥棒是什么？我们在前面已经提到，两次技术革命中的情形有所不同。在放出和利用第一个“魔鬼”时，所用的钥匙和指挥棒主要还是经验知识，因为不论是识别和挖掘地下煤，还是制造和使用纺织机、蒸汽机等机械装置，人们基本上可以利用自身的知觉和技能，去直接获取相关的知识或测量对象的大小和质量等属性。而对于电机的发明和利用，则单纯地或主要地依靠经验知识并不可行。这是因为，虽然电和磁会呈现出一些可以直接感知的现象，但要理解这些现象并加以利用，则必须依赖科学实验获取超越于现象的知识，特别是科学理论。事实上，电磁定律的发现几乎都是通过严格的科学实验来完成的，而电磁波的发现首先就是作为科学理论预言的结果才取得的。在 19 世纪 60 年代，麦克斯韦创立经典的电磁场理论，不仅实现了对于电磁现象和光的统一解释，而且根据变化的电场可以产生磁场，反过来又可以产生电场，预言了电磁波的存在。随后（1888 年），赫兹通过实验证实了电磁波的存在。人们早已习惯并离不开运用电磁波来传播信息或加工食物等，但如果没有当年麦克斯韦的理论预言和赫兹的实验验证，很难想象，仅仅依仗经验就能够发明各种无线电技术，从而革命性地改变人类的工作方式和生活方式。

历史地看，正是从 19 世纪上半叶开始，随着热力学、电磁学、无机化学、有机化学和生物学中细胞学说和进化论等的创立，科学与技术之间的关系开始密切起来：新的科学发现可以成为产生新技术的依据和导向，反过来，新发明的技术设备和仪器又可以进一步推进新的科学发现。不过，由于科学的基本目的是认识世界，而在整个19世纪和20世纪的大部分时间内，科学发现和重大理论创造的任务并没有接近完成，或者说，关于实在世界的构成和演化的基本图景还没有绘就，因此，大多数科学家的认知兴趣主要集中在认识认知方面。当然，我们这样说，并不是指科学家没有认识到科学对于技术所具有的实用价值，以及其可能对于人类所能产生的巨大影响。仅仅是原子弹研制的成功和投放，就足以说明科学知识所蕴含的威力。这里的意思是，当科学家从事研究时，他们更关注获得可以更好地认识和理解对象的规律性知识，而不是为了实用的目的过多地把精力用于寻求具体的知识。

在第1章，我们就已经通过简要的梳理和分析得出，到了20世纪后期，特别是80年代以后，认识认知与实用认知之间的关系开始变化，也就是认知的重心发生了从认识认知向实用认知的迁移。迁移的主要原因在于，经过400余年的科学发现，人类已经获得了一幅关于实在世界构成和演化的基本图景，其“在许多方面为真，大多数新知识将只是扩展和填充实在的当前版图，而不是被迫做激进的修改”[①]。这表明，单纯以认识和理解为基本目的的认知资源趋于衰减。与此同时，技术的变革和新技术的发明需要解决人类直接面临的生态环境、医疗健康、生活质量、教育文化和诸多社会领域中的实际问题，而求解这些问题需要科学探究能够提供更具有实用价值的知识。不过，由于几乎所有为了实用的目的而展开的科学研究，都是在已有的认识认知的成果上取得的或展开的，因此，这种从认识认知向实用认知的迁移所呈现的结果是，两个维度之间的夹角越来越小而日趋融合。

第3节 认识认知与实用认知的融合

我们说过，认识认知与实用认知之间的融合是当代科学的主要特征之

① Horgan J, *The End of Science: Facing the Limits of Knowledge in the Twilight of the Scientific Age*, New York: Basic Books, 2015, p.5.

一。不过，如果考虑到当代科学中的基础研究与应用研究之分，那么，仅仅简单地说两者的融合，显得有些含糊，甚至不足为道。

在应用研究中，虽然研究的主要目的是实用，但其同样是一个认识对象、获取知识的过程，因此，认识认知与实用认知总是处于统一状态。例如，在生物医学中，人们为了能够治疗和预防癌症而展开实用认知的研究活动，但研究的任务首先应是认识认知，也就是找到和弄清癌症的发病、扩散等机制，比方说，确定是哪个或哪些基因的突变引起了癌症。所以，对于应用研究而言，笼统地说认识认知与实用认识相融合，并没有什么新意。

重要的是，科学的认知活动中，存在着两类有所区别的认识认知，大致对应于基础研究和应用研究。在基础研究中，认识认知的基本任务是借助观察和实验获取对象的信息，发现实在世界的规律或共性，通过建构理论或模型来解释现象、做出可靠的预言。而在应用研究中，认识认知的任务与基础研究不同，其主要是寻找可以满足实用需要的具体或特定的知识，因此，通常是以基础研究的认识认知成果作为背景知识的。这样的背景知识既可指导寻找具体或特定知识的研究行动，也是对这种行动的约束。例如，在寻找生物大分子水平上癌症的发病机制时，研究人员一般是在分子生物学的框架内展开的，而构成这一框架的成果则是属于基础研究的认识认知的产物。

做了这样的说明以后，就可以明白，当我们说当代科学中认识认知与实用认知相融合时，其中的认识认知主要是相对于基础研究而言的。那么，在探讨科学认知时，为什么需要关注这种“融合”？其究竟有什么特点和意义？简言之，因为其正是当代科学认知的一个新的很重要特征。

在阐述当代科学的新景象时，我们已经说过，到了 20 世纪 80 年代，随着人类相当成功地绘就实在世界的基本构成和演化的图景，科学的关注点开始集中到从原子尺度至与人的躯体相称的尺度上，而在这一尺度范围，关于物质的基本组元和基本相互作用已经明了，且相应的基本理论也已相当完备。这意味着，至少在该尺度范围上，发现基本规律和建构重大理论的资源已经基本枯竭，因而，探寻物质的基本构成和创建普遍理论的认识认知的任务也趋于完成。比如，在原子-分子的层次上，量子力学和量子电动力学在描述物质组元和结构方面非常成功，而且原则上，能对几乎所有的现象做出科学的解释。

在这样的科学知识背景下，在该尺度上所从事的基础研究就与以往不同，需要从探究共性转向探究个性和具体的机制。这样，为了获得关于认知对象的更为详尽的信息，科学的主要任务便不再是提出更多抽象的概念和理论，而是需要发明新的工具和方法，以便能够观测或操作所研究的细小、复杂的对象。事实上，得益于当代技术的进步，发明新工具和新方法正是20世纪80年代以来科学的主要任务，并且取得了一系列重大的突破和成功，其中，扫描隧道显微镜、基于激光制冷技术的“光镊”、冷冻电镜、功能性磁共振成像装置和基于光遗传学技术的探测仪等是最具代表性的。这些新的科学仪器和设备极大地改变了当代科学认知的面貌：借助于它们，科学家可以更直接地观测原子、分子和细胞的具体组成和结构，甚至能够对微观对象直接进行操作或控制。例如，1989年，美国国际商用机器公司（IBM）的科学家艾格勒（Donald Mark Eigler）领导的团队用自制的扫描隧道显微镜操控35个氙原子，拼写出了“I、B、M”三个字母，在人类历史上，首先实现了对单个原子的控制和移动，开启了纳米科学和纳米技术的新纪元。[①]

这些新工具的问世和推广不仅使得认识认知与实用认知之间更为融合，而且具有深刻的认识论和方法论的意义。其一，一旦可以观测甚至操作一个认知对象，那么，关于对象实在性的信念便获得了经验的直接确认。在日常工作和生活中，人们之所以认定某个外在对象存在，就是通过自身的感官去看、听或触摸对象来加以确认的，这便是常识实在论形成的基础。也就是说，常识实在论之所以能成为人们关于实在世界的基本信念，正是在于认知对象具有直接可感知性。不过，在科学认知中，情况有所不同。我们知道，科学的基本任务除了描述现象，更是要对现象做出合理的解释，而如果作为解释前提的是理论，那其是对现象“背后”的实在的系统性假设。这样，包含在理论中的实体，或者是抽象的建构（如质点），并不直指实际的对象，或者暂时作为虚构，等待日后经验的确认，而在确认之前，通常并不认为其是真实存在的。历史上，早在19世纪初，意大利科学家阿伏伽德罗（Amedeo Avogadro，1776—1856）

① http://news.mydrivers.com/1/145/145750.htm.

就已经提出分子假设，尽管在以后的近一个世纪中，这一假设普遍地、成功地用来解释各种自然现象，但只有到了 20 世纪初，实验和新的理论提供了关于分子存在的确切证据后，分子的实在性才得到普遍的认同。

在 1953 年初，当沃森和克里克研究 DNA 的结构时，虽然已经有了由化学家富兰克林（Rosalind E. Franklin，1920—1958）拍摄到的 X 衍射照片作为经验证据，但并没有直接可以“看到”结构的仪器，所以，他们主要是通过建构模型来猜测 DNA 的具体结构的。因此，传统上，人们将沃森和克里克的发现称作“提出了 DNA 的双螺旋结构模型”。而如今，我们不仅可以看到 DNA 的结构，而且能够对其进行编辑、合成等，因此，这种双螺旋结构就不再是原来意义上的“模型”，而是活生生的事实了。实际上，在原子和分子的尺度，人类已经可以在实验条件下，做到对认知对象的组元、结构和变化的过程进行直接的、精确的观测甚至操作。因此，对待原子和分子的存在，我们变得像对待面前站立的一个人的存在那样习惯。

其二，一旦可以对原子和分子进行直接的观测和操作，那么，在该尺度上，传统上运用的建构理想模型（概念）和做思想实验的理想化方法就显得有些多余，或者至少是，它们的认识价值大大降低了。曾经，为了把握实在世界中支配纷繁复杂的自然现象的共性或普遍性，科学的探索者运用抽象方法和逻辑推理，将研究对象加以极度简化，形成了许多理想模型，建构了不少思想或理想实验，它们对发现自然界的一般规律和创立具有普遍性的理论起到了非常重要的作用。像人们熟悉的质点、刚体、理想气体和理想晶体都是对实在世界中的事物进行抽象所形成的模型，还有像电子、质子等首先也是作为理想概念而提出的。作为做思想实验的科学大师，爱因斯坦正是借着一系列思想实验提出了同时性的相对性原理和等效原理，创立了狭义相对论和广义相对论，还通过与他人合作提出了著名的爱因斯坦-波多尔斯基-罗森（EPR）思想实验，其初衷虽然是为了论证量子力学的不完备性，却有些意外地发现了微观世界中的特有现象——量子纠缠。

如今，当科学研究的重心转向关注物质系统的具体组成、结构和功能，并且能够运用新的工具观测组元的属性、组元之间的联系以及动态的变化时，科学家的主要任务就变成观察和测量认知对象的这些因素，并运用可视化的手段，获得直观的认识和理解。一旦能够做到这样，何必还要停留在理想模型或理想实验上呢？当然，这样的观测通常只有在精巧设计的、特定的实验条件下方可实现，因此，所观测的对象往往处于理想的环境之中，但这里的“理想”是一种简化的真实或实际的情形，与在进行科学抽象时人的心智中所设定的理想情景仍有区别。

不过，虽然原本用于创立理论概念和理论规律的理想化方法显得不那么重要或适合，但并不表明，在这种情况下不再需要建立科学模型；恰恰相反，模型的建构和作用显得更为重要。这是因为，正如我们之前已经指出的，在实在世界的分子层次上，物质系统的复杂性开始增加，产生了大量突现的现象。而对于复杂性和突现所带来的科学问题，像量子力学这样的一般理论，虽说原则上可以或有可能求解，但实际上无法做到，因而，只有将理论（加上具体条件）转化为针对特定对象的模型，才能与经验发生关联。至于实验，随着研究对象和环境的复杂性的增加，一方面实验设计、实施的困难和可重复性降低，另一方面实验数据的处理和诠释的难度也随之增加，因此，也需要相关模型的帮助。当然，这样的模型并不是以往那种理想模型，而是能够在普遍理论与具体对象之间建立联系的中介，并且程度不同地表征对象的结构、过程和功能，也就是说，模型本身具有一定的复杂性和真实性。但问题是，一旦要求模型更好地表征真实对象从而变得复杂，那么，对其的建构和随后的运行就很可能超出人类本身的认知能力。可喜的是，科学和技术的进步已经为我们准备好了建构和运行相对复杂的模型的新工具，那就是电子计算机。①

其三，一旦可对分子或原子进行操作，就能够将获得的认识认知成果用于设计或创造新的细小的物质系统，使得它们具备满足人类需要的实用功能，因而，知识的认识价值与实用价值便获得了统一。自 20 世纪 80 年代以来，随着在分子和原子水平上对于物质结构认识的深化，人们越来越意识到，可以设计和制造纳米级的元器件和新材料，于是，纳米科学和技术得以问世，并迅速成为当代科学技术中一个非常重要的前沿领域。就拿已经十分红火的量子计算机为例。1982 年，天才的物理学家费曼（Richard P. Feynman，1918—1988）前瞻性地注意到，随着计算机尺寸的不断缩小，摩尔定律终将

① 第4章会阐述计算机模拟方法；第6章将对科学模型的地位和作用进行较系统的探究。

失效，因为一旦达到原子尺度，量子效应就会显现，经典计算机便遇到极限。不过，费曼认为，“坏事”可以转化为“好事”，有一天，人们能够用量子现象来设计新型的计算机，也就是量子计算机。[①]目前来看，他的预言很可能在不远的将来就会实现。

由此看来，不仅在应用研究中，而且在基础研究中，认识认知与实用认知之间的界限也开始消失。针对基础领域的这一变化，如果激进一点，我们可以认为，在当代科学的主要版图中，传统意义上的基础研究正在减少甚至消失，取而代之的是应用研究，或者更确切说，是转变为应用性的基础研究。

以上，在阐述当代科学的两个认知维度时，我们仅仅关注了科学活动的认知方面，而事实上，不管是认识认知还是实用认知，与认知密切关联而又有所区别的还有行动（或实践）的维度。因此，理解科学认知，离不开对于行动的考察和分析。

第4节　行动导向的科学认知

直观地，不论是自然认知还是科学认知，面对认知对象，都离不开认知主体选择某种接收信息的方式或者施加某种作用，以便获取所需要的认识信息，而选择方式或施加作用实质上均是认知主体的行动。特别是，在科学认知中，由于认知工具的介入，主体的行动结构和过程就与自然认知不尽相同。

然而，当我们需要对行动在科学认知中所扮演的角色进一步探究时，首先遇到了两个更为基本的问题：第一，究竟什么是行动？第二，行动在一般的认知过程中扮演什么样的角色？这里，笔者想从认知科学和哲学的视角，先来分析并回答这两个基本问题。

我们知道，传统的认知科学基于这样一个核心假设，即认知是心智表征的计算，而表征的内容是关于对象的信息，计算则是对这些信息的加工。于

① Feynman R P, “Simulating physics with computers”, *International Journal of Theoretical Physics*, 1982, Vol. 21, No. 6/7, pp.467-488.

是，认知研究者的基本任务是探究人类（也包括某些高等动物）心智中发生的表征和计算的具体类型、方式和机制。这种以表征-计算为核心的认知计算主义自提出以来，虽然一直在认知科学内居于主流地位，并且在指导或规范实际的认知（尤其是高阶认知）研究中取得了丰硕的成果，但多年来亦受到里里外外的各种批评和挑战。

最近二十多年来，在认知科学和心智哲学等领域，一种以“4E”作为标志的新认知观已经形成并正在发展，它主张认知在基本方面并非表征-计算，而是具身性（embodied）、嵌入性（embedded）、延展性（extended）和生成性（enactive）（即 4E）。目前，在这种新认知观的旗号下，尽管尚缺乏统一的概念基础和理论框架，但有一个核心概念贯穿于绝大多数具体的主张（尤其是生成主义[①]和认知实用主义[②]）之中，那便是“行动”。虽然生成主义和认知实用主义在思想来源和表述上存在一些差异，但两者在基本观点方面是一致的，即均认为：认知不应被理解为有机体被动地获得世界模型并加以表征的能力或过程，而是在环境中通过行动生成世界的过程。更直接一点说，有机体在世界中有效的具身行动实际上构成其知觉，并进而成为认知的根基。鉴于此，以下将生成主义和认知实用主义统称为基于行动的认知观。

然而，不论是在这些主张还是常识乃至哲学中，行动却是一个多义和模

① 生成主义的思想主要出自现象学。在经典的现象学看来，身体是体验的各种可能性之基础，认知主体通过其身体在情景中的活动产生周围的世界。20 世纪 90 年代初，神经科学家和哲学家瓦莱拉（Francisco J. Varela，1946—2001）等人将现象学的观念引到对于生命和心智的理解中，并首先使用了“生成”这一概念，以期为认知科学的研究开辟出一条新进路——生成主义。生成主义者认为，认知主体并非被动地接收来自环境的信息，然后将这些信息转换成内在表征，而是通过行动实现与环境的互动，参与意义的发生，以至认知（或体验）是由他们如何行动所形成，或者说通过他们的行动创造自己的经验。由此可见，在生成主义的主张中，相对于认知，行动处于更为核心或根本的地位

② 认知实用主义则更为直接地提出认知的行动导向主张，口号式的表述为：认知基本上是行动的预期，或者行动是认知活动的核心。从思想来源上说，这种强调行动在认知中的居先和核心地位的观念，根植于经典实用主义者的学说中，因为他们主张思想的内容或意义取决于人们所采取的行动。所以，在当代认知科学中，以这种观念作为指导思想的研究进路称作“实用主义转向”。

糊的概念：有时指身体活动，有时指大脑中的感觉运动；有时指单纯的物理运动，有时又包含心智成分。

确实，虽然每个人几乎每天都在展开各种各样的行动，但要给“行动”概念一个恰当的界定或给出合适的阐释却很不容易。直觉上，行动不同于行为，后者更一般地是指身体或其部分在环境中的动作（输出），这种动作并不一定有意为之，而前者则指有意所做的事；也就是说，如果一个人所实施的动作是无意的，比如打个哈欠，通常并不被认定为是行动。困难在于，这里的“有意”具有很大的模糊性，在行动哲学和行动科学中至今仍是一个颇具争议的概念。

不过，撇开纠缠于某个概念的单独定义，行动一般指涉两个基本方面：一是行动的发生总是伴随着身体（整体或某个部分）的某种物理运动，也就是说，有行动就有身体的物理运动；二是行动意味着是有意的，或者说是由目的和预期驱动的，因而包含着心智（或心理）成分。基于这样的考虑，可以看出，对于行动概念，存在着三种相区分的界定和类别归属。其一，行动是指在环境中身体作为物理系统的运动。虽然表观上行动具有心智属性，但如果坚持彻底或取消的物理主义，这种心智因素可以消除，所以，归根结底，它是一个属于物理类的概念。其二，行动不同于物理运动，与后者相区分的正是“有意”和“预期”等心智属性，而这些属性并不能归为物理属性，物理运动仅仅是心智过程的实现。因此，行动实质上是一个属于心智类的概念。其三，行动既包含物理运动也包含心智因素，故它是一个具有复合结构的混合概念，或者说，其既属于物理类又属于心智类。

日常生活乃至哲学和科学中，人们倾向于对不同语境下的行动采取不同的理解。在一些生成主义者那里，所谓行动总强调其具身性，通常用“具身行动”来表达有机体的身体对环境的作用。[①]因此，他们的行动概念似乎更接近于上述第一种情况，只是因为“身体”概念的含糊性，物理运动这一因素被掩盖了。当代英美分析哲学中，不少哲学家认为，一个人的行动总是基于愿望和信念，或再加上意图。在这种阐释中，愿望、信念和意图属于心智

① Stewart J, Gapenne O, Di Paolo E A, *Enaction: Toward a New Paradigm for Cognitive Science*, Cambridge: The MIT Press, 2010.

类的概念，这样，就概念类别的一致性而言，相关的行动应当归属于第二种类别。在当代的行动科学中，一种较普遍的看法是：“行动能被看作是依赖于内外因素的身体运动并指向一个预期的目标状态。”[①]其中，“身体运动”指的是物理因素，而“预期的目标状态”则包含心智因素，因而，这里的行动是一个混合概念。

现在的问题为：当我们谈论与认知的关系时，所涉的“行动”概念究竟属于哪个类别？较为明显的是，如果把行动仅仅理解或归结为物理运动，则似乎与认知概念失去了语义上的联系，因为除非将认知也归结为物理概念，否则会造成范畴混淆。这样，我们首先将第一种类别排除。那么，余下的两种情况，我们究竟应该选择哪一种？

为了回答上述问题，我们有必要事先确定：当谈论认知现象时，其承担者究竟是指什么？也就是究竟谁能充当认知的拥有者？

这里，我们需要一个基本的出发点。这个出发点既包含本体论的承诺，又是一个方法论原则，那就是，假定只存在着一个实在世界，而对于它，概念化的方式可以多样。在人类认识世界的过程中，对于同一个存在物，特别是复杂的存在物，一般来说，采用多种概念化的方式既必要也有用。这样，对于一个实体及其行为，我们就可以采用多种认识策略。不同的概念化方式在粗粒度和价值（认知和实用）等方面通常不尽相同，而保证它们之间相关联的约束条件就是随附或实现。[②]例如，当我们面对一尊由泥团所塑成的塑像时，首先可认定有一个存在物，然后，既可将其看作物理系统（泥团），也可看作艺术品（塑像）。两者之间的关系则为：塑像随附于泥团，或者说塑像由泥团所实现。这是两种概念化实体的方式，而本体论上却只承诺一个存在物，故两种方式是对同一实在的不同刻画。

类似地，我们可以对“脑”采用不同的概念化方式。日常生活中，当我们问这个人的脑有多重时，实际上是将脑看作了一个物理系统；而当说他的

① Prinz W, Beisert M, Herwig A, *Action Science: Foundation of an Emerging Discipline*, Cambridge: The MIT Press, 2013, p.5.

② 随附是两类系统的属性之间的这样一种关系：如果没有 B 属性的不同，就不可能有 A 属性的不同，则 A 属性随附于 B 属性。而实现是随附的逆：A 属性随附于 B 属性，也就是 B 属性实现 A 属性。

脑在思考时，则预设了其为心智系统。这并不意味着这个人头上顶着两个不同的存在物，而是我们首先需要认定脑是一个存在物。在此基础上，既可将它看作一个物理系统，这样就能在物理科学的概念框架下来考察它的物理组成、属性和过程，也可将它看作一个心智系统，于是便可以运用认知科学的概念框架来考察它的心智组成、属性和过程。[①]至于心智系统与物理系统之间则是随附或实现的关系，即心智系统随附于物理系统或物理系统实现心智系统。

基于上述分析可以认定，就认知现象而言，它的承担者便是心智系统。这样，当我们试图探究认知现象时，存在着两个基本的视角。一个视角是从心智系统与物理系统之间的随附关系出发，去探寻认知现象的物理实现条件。[②]当代认知神经科学基于的正是这一视角，其基本任务是弄清认知现象与神经生理基质之间的关联（实现关系）。比如，人们可以研究：当一个人在知觉某个外部对象或思考某个数学问题时，他的神经（物理）系统中所对应的物理过程是什么。显然，从科学上看，这种研究具有十分重要的认知价值和实用价值，因为通过确定认知过程的物理实现，就有可能找到它们之间相对应的关联模式，并借助这种模式来认定、改变或控制某种认知过程。然而，随附并非还原，一旦将“脑”概念化为物理系统，我们就只能描述或谈论物理现象，而归于心智系统的认知现象在物理的概念系统中便不复存在。因此，要描述并还原地解释认知现象，尤其是认知的内容，沿着这个视角似乎走不通。

另一个视角是直接探索心智系统的属性和过程等认知现象。这样，我们先要阐明究竟一个什么样的系统可称为心智系统。对此，认知科学和哲学中均没有一个公认的规定。一般而言，心智系统是指处于环境中的这样一个存在物，它“在试图满足其目标的过程中运用信息”[③]。这表明，心智系统是一类特殊的信息系统，而信息是其基本的构成单元。在环境中，所有的高

---

① 显然，心智现象不仅仅与脑相关，但为方便起见，这里只用“脑”来指代涉及心智的存在物。

② 这里的“物理”是广义的，不仅在物理学意义上使用，也包括生物学意义上的神经生理。

③ Dietrich E, “Representation”, *In* Thagard P（Ed.）, *Philosophy of Psychology and Cognitive Science*, Amsterdam: North Holland, 2007, p.5.

等动物为了达到目标和生存运用环境提供的信息，故它们可以被看作心智系统（可简称心智）；而我们目前所使用的计算机虽然也是信息系统，但却由于不是为其本身的目标和生存而运用信息，故并不是心智系统。[①]基于这样的理解，描述和解释认知现象的任务就必须在关于心智系统的概念框架内展开。

那么，在具体认知研究中，我们究竟应该采用哪个概念化的视角？简单地说，这取决于我们研究的目的和提问的方式。例如，如果我们想知道什么是一个“信念”的物理实现（神经基质），则应选择第一个视角；但如果想理解该“信念”的内容或意义，则选择第二个视角是合适的。

回到我们关注的问题上来。如果我们是想理解行动与认知的关系，那就应选择第二个视角。这是因为，行动不仅包含“有意”成分，而且总是与愿望、信念等心智属性相连接，故并不是一个物理概念（运动是行动的物理实现）。一旦做了这样的选择，我们所谈论的行动就被纳入关于心智系统的概念框架中，也就能以此为出发点分析行动在认知过程中的角色。

从系统的角度看，心智系统的基本组元是信息，而构成系统的功能单位则是体现和加工信息的属性或过程，包括认知、非认知的心智（如情绪）和行动等。这样，一旦我们选择了第二个视角，也就是直接审视心智系统本身，便存在着研究认知的两条基本进路：一条是探索认知属性或过程、非认知的心智属性或过程和行动之间具有规律性的联系[②]；另一条是探索构成认知属性或过程、非认知的心智属性或过程和行动的更低层次的统一基础。需要注意的是，这两条进路所指涉的研究对象之间的关系并不是随附或实现，而是构成系统的整体与部分之间形成的层次关系，因而与前面区分两个视角的概念化方式不同。

可以看出，第一条进路中，我们能够探究认知与行动之间的关系，这样，基于行动导向的认知观也就定位于此。在分析哲学和经典认知科学内，行动是需要由认知过程或知识来解释的经验现象。前已提及，不少哲学家和认知科学家认为，一个人（自主体）的行动总是基于某种理由，而构成

① 特别地，人的心智系统是具有运用符号语言和具有意识等特性的信息系统。

② 严格地说，行动是一个特殊的非认知的心智概念，但为了便于讨论问题，这里将其单列出来。

理由的是两个基本要素，即愿望和信念，或加上意图。例如，当一个人产生想吃快餐的愿望，并且拥有不远的街角处有家实惠的快餐店的信念，这样就可以说明他去这家店的行动。在这种阐释中，认知和知识的概念并没有直接呈现，但愿望是以某些认知为基础的（如知道快餐可吃），信念在一定条件下（获得辩护）就是知识，故分析行动实际上依赖于认知和知识。因此，相对于行动而言，认知或知识显得更为根本。就基于行动的认知观而言，认知与行动的关系恰好倒转过来，行动才是解释和理解认知现象的基本要素。也就是说，相对于认知而言，行动才更为根本。这种根本性的含义为：不仅认知的目的是行动，而且认知的起点和过程都受到行动的左右。[①]

具体地说，对于一个心智系统，认知与行动之间可以形成具有双向作用的三种基本环路。一种是行动-知觉之环（图 3.1）。

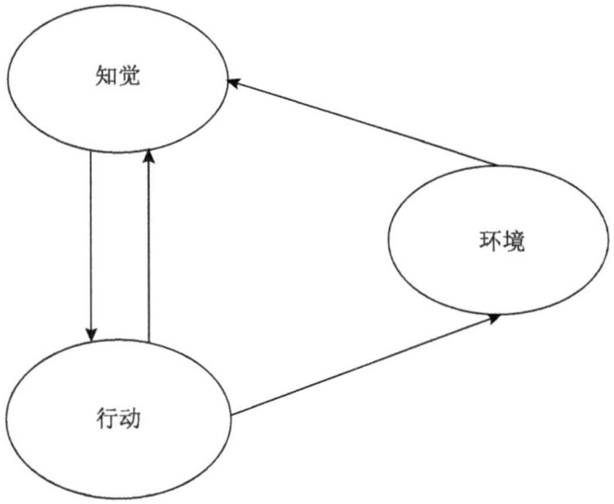

图 3.1　行动-知觉之环

① 在激进的生成主义者那里，这种左右并非一种因果关系而是构成关系，也就是说，离开了行动这一必要的构成性要素（constitutive ingredient），认知（尤其是知觉）过程便不会发生。至于认知与行动的关系究竟是因果的还是构成的，学术界发生了激烈的争论。目前，大多数人倾向于认为，除非对行动或构成这两个概念赋予特别的含义，不然的话，认知与行动的关系就是因果性的。根据这里我们对基于行动的认知观的定位，则可以清楚地看到，认知与行动发生在同一层次上，因此，两者之间的关系理当是因果关系，而不是构成关系。

当一个有机体对环境进行直接知觉时，其作为心智系统的行动，一方面可通过物理实现对环境产生作用，从而影响输入的感知信息，另一方面还可通过心智内部对知觉过程施加作用，影响知觉对内容的选择和加工，而这正是知觉知识和一些技能知识的来源。可以看出，在这一环路中，不仅行动影响知觉，而且知觉也会影响行动。但相对于知觉而言，行动往往起着积极主动的作用，因而强调行动在认知（知觉）过程中的核心地位或根本性具有合理性。

二是行动-思索-知觉之环（图 3.2）。

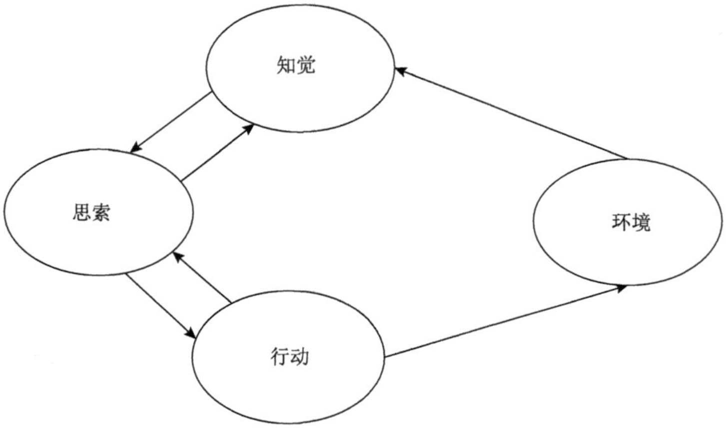

图 3.2 行动-思索-知觉之环

对于人而言，在许多情况下，对环境中对象的认知要比行动-知觉之环更为复杂。这种复杂性表现在：在行动与知觉之间存在着思索（cogitation）这一环节。这里的思索包括与知觉经验相关联的概念和命题的生成、推理、记忆等认知过程，是概念或命题知识的主要来源；同时，所生成的或通过学习获得的概念或命题知识，又能成为采取行动和怎样行动的理由。这样，虽然从个体发展的角度看，归根结底，行动在其中所起的作用或许更为根本，但在具体的过程中，究竟哪个环节更为重要或孰先孰后就难以断定。实际上，对于这样一个复杂的动态之环，做一种固定刻板的断定不见得有什么意义。

三是行动-思索之环（图 3.3）。

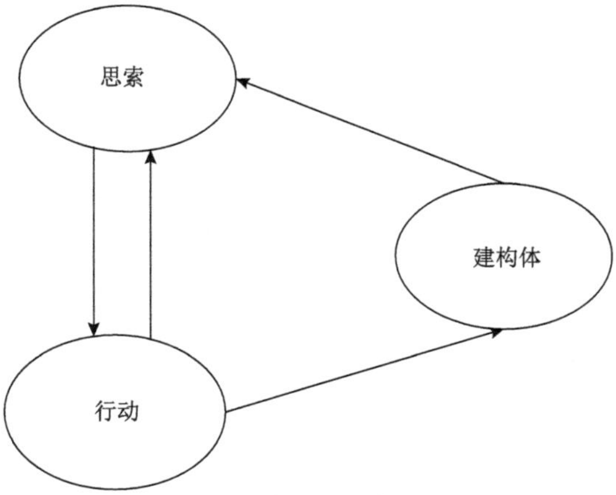

图 3.3　行动-思索之环

在这种情况下，认知的对象并非环境中的物理客体，而是在思索过程中生成的建构体（construct），如纯数学的对象。在人类的知识体系中，这是纯粹命题知识的来源，包括纯数学、逻辑学、部分哲学以及神学知识等。通常，这些知识的产生和辩护是纯粹思索的结果，而与知觉经验无关，于是，行动与思索形成了互动的关系。由此产生的问题是：这里的行动似乎与身体的物理实现和输出并没有直接的关联，因此，除非将抽象概念的建构也看作一种行动，否则，基于行动的认知观便无法说明这种情形下的认知过程。事实上，在当今主张行动导向的认知研究中，这种建构和辩护抽象知识的过程被认作一种特殊的行动，即心智行动（mental action）。

可以看出，将行动概念扩展到包括心智行动，固然能让基于行动的认知观显得自圆其说，但也从一个侧面印证了笔者的观点，即在探究认知与行动之间的关系时，行动是一个归属心智系统的概念。由此看来，如果基于行动的认知观要成为具有说服力和解释力的主张，就应将行动作为一个特殊的非认知的心智概念来对待。在此基础上，我们还可以对这一行动概念的成分做进一步分析。比如说，对于一个心智系统而言，构成行动的要素包括预期、探索性的推理和建构体的生成等心智要素。这样，对于主张基于行动的认知观的人来说，一个基本的任务是要用经验和理论来论证，这些构成行动的要素对于认知来说是根本性的。

这里，值得指出的是，基于第二条进路，我们也可为认知计算主义做出恰当的定位。对认知计算主义者而言，认知现象、非认知的心智现象和行动等的低层基础是信息和信息加工（即计算），因而能够给予这些现象统一的解释。例如，在行动-思索-知觉之环中，知觉是对来自环境的本体信息进行识别的过程，思索是加工和辩护信息的过程，而行动则是信息的控制和输出，这样，就实现了用计算的观点统一地对认知和行动加以解释。特别是，运用信息或计算观可以理解为什么行动对于认知是根本的。这是因为，在所述的三个环路中，信息的控制（即行动）对于信息的识别、操作和记录具有决定性的作用。由此可见，由于基于行动的认知观和认知计算主义是在不同的层次上探究和理解认知现象，故两者实质上是相容的。也就是说，主张行动导向的认知，并不见得就要否定或抛弃认知计算主义。事实上，在当代认知科学中，共享编码理论就提供了这样一个体现相容性的具体范例。[①]

在对行动以及行动与认知的关系做了一般性的阐述后，我们就可以来分析在当代科学认知中行动所扮演的角色。容易明白，在上述三种环路中，行动-知觉之环是有机体为了生存而认知周围环境的最基本活动，同样，对于人的日常认知来说亦是如此，但并不是科学认知的基本类型。行动-思索之环是人特有的认知活动，但由于其对象由人的心智所建构，故这种类型的认知活动主要出现在数学等形式科学以及神学等抽象的领域，与我们在本书中所探讨的事实（自然和社会）科学虽然相关（尤其是数学），但属于不同的类型。由此可见，要刻画当代科学认知中行动的地位，我们的出发点是第二种类型，即行动-思索-知觉之环。

首先，在上述的行动-思索-知觉之环（其他两种情况也同样）的图式中，我们并没有将知识作为一个成分独立地标示。但如果需要理解当代科学中行动与认知之间的关系，有必要将知识成分加以明示，因为正如我们在第 1 章所说的，已有的知识（科学发现和科学理论）对于行动和认知形成了刚性的约束。其次，在科学认知的情况下，行动与环境之间、知觉与环境之间添加了一个新的环节，即认知工具。在行动与环境之间所介入的工具，主要是对认知对象及其环境施加控制性的信息，从而使得对象处于受控的状态，这在真实实验中尤为明显；而在知觉与环境之间所介入的工具，则主要起到对来

---

① 关于行动的内容主要取自笔者的《认知研究中的行动概念》，《自然辩证法通讯》，2019 年第 1 期，第 33-39 页。

自环境的信息进行扩大、放大和选择等作用。基于这样的分析，我们可以将行动-思索-知觉之环扩展为如图 3.4 所示。

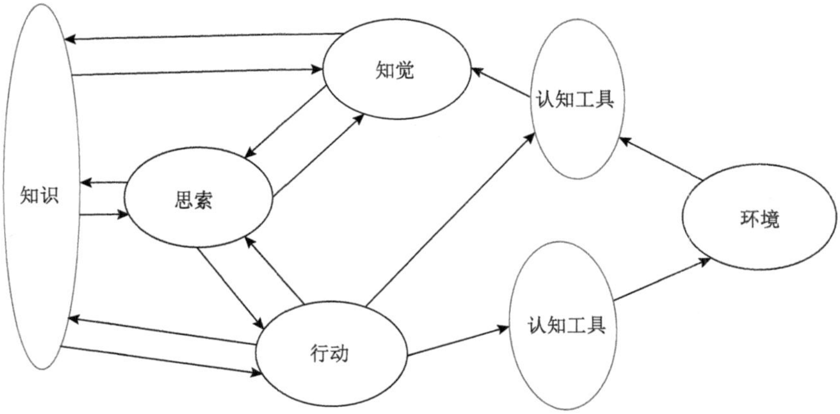

图 3.4 扩展的行动-思索-知觉之环

基于图 3.4，结合以上关于认识认知与实用认知之间关系的分析，我们就可以来说明行动在当代科学认知中的地位和作用。从图 3.4 可以看出，在当代科学认知中，伴有身体的物理实现或输出的行动（而不仅仅是心智行动）的地位比以往任何时候更为突出。这是因为，一方面，由于已有科学发现的事实和科学理论地位（构成了科学背景知识）的稳固，加之新的重大理论创造资源的衰减，在行动-思索-知觉之环中，原本承担着创造新理论任务的思索环节的重要性也相应地下降，其功能更多地转向了利用已知事实和已有理论于新的认知工具的设计、制造或改进，也就是说，思索的环节变成更多地服务于行动的环节；另一方面，由于两个认知工具环节的介入[①]，发明（包括设计和制造等）这些工具的付出在科学认知中就大大增加，而这种付出实质上就是基于已有知识展开行动的创造性过程。

我们在前面已经说过，在当代科学认知中，新发明的科学探测仪器对于认知或操控微观对象或复杂对象起到了关键的作用。例如，在当今的脑科学中，发明新的更有效地探测大脑的结构和动态过程的仪器是最为重要的，因

① 这里，我们从功能的角度将认知工具环节分成“控制信息”和“接收信息”两个环节。不过，在科学实验和观测中，这两个环节通常由同一套工具来实现。

为有了这样的仪器，就有可能弄清大脑的工作原理，从而为理解认知机制、意识现象和防治疾病提供坚实的科学基础。而这些仪器的发明，正是在已有科学理论的定向指导和约束下，不断地将设计的原理和构思等外化于具体的物质载体的行动过程。因此，对于发明仪器的科学家而言，他们在科学研究中，实际上担当着具有高超动手能力的工程师的角色，其中行动和行动的物理实现是主要的工作；而对于仪器的使用者来说，如何有效地运用仪器去研究认知对象，同样需要强大的动手（行动）能力。

正是从这种意义上说，当代的科学认知，很大一部分可以看作是行动导向的认知。当然，我们这样说，并不是否认或贬低思索的能力和过程在科学认知中的作用。事实上，如前所述，由于行动-知觉-思索形成了一个动态的、互动的环路，因此，很难说，行动与认知谁处于更为根本的地位。只是在当代科学认知中，由于认知工具环节的介入和重要性的凸显，行动在这一环路中所担当的角色才变得更为重要。这种重要性的增加，也给了我们这样的启示，在当代科学所关注的实在世界的尺度上，一个优秀的科学探索者，不仅需要掌握前人已经积累起的相关的科学知识，而且应当是一个优秀的科学仪器的设计者，因为只有这样，才能真正走在科学的最前列，去发现物质系统的新现象和具体机制，继而将这种认知成果运用于技术的发明和更新之中。

第　4　章

科学认知的新进路

在第 1 章中，我们已经指出，自 20 世纪 80 年代以来，一方面出于科学自身的原因，另一方面在于信息技术持续增强的影响，科学的发展呈现出一个新景象：诞生了众多冠以“计算”一词的新兴学科，同时，在一些前沿领域，计算（包括信息）开始成为融通物理、生命、心智和社会等研究的“新语言”。这一新景象的特点是运用计算的观点和方法来研究自然和社会现象，从而开创了当代科学认知的第三条进路，即除了实验、理论以外的计算进路。[①]近年来，在大数据和人工智能技术的强力推进下，这一新进路正被越来越多的科学研究者所实践，成为推动当代科学发展的重要力量。本章中，笔者试图在当代科学发展的背景下，着重探究这一新进路的成因、内涵以及对于科学的多重价值，揭示其所蕴含的哲学思想和意义，并在此基础上指出它所面临的问题和挑战。

第 1 节　计算进路的兴起

为了便于阅读和理解，我们简要地复述一下第 1 章中的相关内容。自近代科学诞生以来，科学取得了前所未有的成功。从认知的角度看，科学的成功在于系统地运用了认识世界的两种基本进路或方式，即实验和理论，并在

① 第 1 章中，我们使用了经验进路和理性进路的说法。为了与目前科学界的较普遍用法相一致，本章采用实验和理论的说法，分别对应于经验进路和理性进路。

认知过程中将两者加以整合。在400余年的时光中，科学的探索者一方面通过发明仪器设备去从事实验和测量，不断地获取关于自然现象的经验数据，另一方面通过创造理论来统一地解释和预言自然现象。并且，既依靠理论的指导来设计和实施实验，又用实验数据对理论进行严格的检验，这样，通过两者之间的正向互动，实现了科学的成功演进。

然而，到了20世纪80年代，科学的发展进入了一个需要发生转变的时期。在理论方面，稍前，物理学中关于基本粒子的标准模型得以建立，三种基本力（强力、弱力和电磁力）成功地获得了统一处理，从而奠定了理解从微观到宏观的物质系统的最底层基石；而差不多同时，以DNA和蛋白质为构件的分子生物学“大厦”也基本结顶。结果，重大理论创造的资源趋于衰减，而运用已有理论建构具体模型和通过多学科交叉去认识复杂对象的重要性开始凸显。在经验方面，人类对于认识自然和社会中的复杂现象（如气候变化、生态危机和金融市场）的需求日益增长，而这些复杂对象却难以或无法进行真实的实验；至于实验本身，由于所操控的对象、过程和数据的复杂化，也迫切需要新的获取和处理数据的工具。这些均表明，单凭传统的理论进路和实验进路，已经无法有效地提出和求解科学认知所面临的诸多新问题。

然而，正可谓“山重水复疑无路，柳暗花明又一村”。就在科学的发展遇到瓶颈的时候，一条突破瓶颈并导致科学发生转变的新的认知进路（或方式）出现了，这就是计算进路。这一新进路不仅以计算机为研究的新工具，而且包括认识世界的新观念、新方法和新思维，于是，不仅可弥补理论和实验的不足，同时也能为两者功能的发挥插上“翅膀”，促成认识认知与实用认知的融合。事实上，电子计算机一问世，它就立刻成为科学研究的有力工具。20世纪80年代计算机的迅速发展和广泛使用，进一步提升了计算进路对科学研究的影响。当时，最有代表性的是，诺贝尔物理学奖获得者威尔逊（Kenneth G. Wilson，1936—2013）基于他本人创立的重正化群变换理论，建构了计算模型，并利用计算机成功地发现了材料的相变，于是，他宣告：“除了理论和实验，计算是做科学（doing science）的第三种方式（way）。”[①]

① Wilson K G, “Grand challenges to computational science”, *Future Generation Computer Systems*, 1989, Vol.5, No.2-3, pp.171-189.

那么，计算进路究竟为当代科学带来了什么新气象？其一，它为认识实在世界，特别是研究复杂现象，提供了全新的方法——计算机模拟。简单地说，计算机模拟就是把表征物质系统的模型在电子计算机上运行，以期通过对这种运行过程和结果的研究，来达到对该系统的认识和理解。尽管在计算机中运行的模型实质上履行的是符号操作的计算过程，但它们却十分类似于真实的实验，因为能展示出稳定的输出结果、具有可复制性和对错误过程的可修改性。鉴于在当代科学认知中，大量所要研究的复杂系统难以或无法在实验室中对它们加以控制或复制，因而，通过在科学理论的指导下模型化系统，并在计算机上实现，已成为探索复杂现象的基本要求。事实上，几乎每个科学领域都存在着复杂现象，因此，计算机模拟不仅促成了跨学科的复杂性科学的兴起，而且催生了冠以“计算”一词的数十门新兴学科，如计算物理学、计算化学、计算生物学、计算神经科学和计算社会科学等，从而开辟了科学研究的新疆域。

其二，计算进路为收集和处理大数据并发现数据中的模式提供了新的手段。当科学认知的重心转向对于复杂的物质系统的结构和功能的具体研究时，如对于蛋白质的结构分析，不仅要有能够探寻和测量对象的尖端仪器，而且需有对获得的海量数据进行处理的能力，但作为认知主体的人，实际上并不具备这种能力。因此，不论是在科学实验还是科学观察中，计算技术和方法实际上变得必不可少。特别是一些大科学问题，只有在计算机和计算方法的帮助下才能展开和完成。例如，从 1884 年开始至 2016 年完成的引力波探测项目，倘若离开了计算机和基于算法的数据分析，是根本不可能成功的。

值得注意的是，近年来，在科学研究中快速应用的大数据和机器学习技术，不仅为数据收集、处理和分析提供了更有力的手段，而且已经或正在改变科学发现的方式。例如，2018 年，美国谷歌公司旗下深智（Deepmind）的研究人员，将开发的深度神经网络学习系统用于预测蛋白质的结构，结果大大地提高了准确度和效率。[①]

其三，更为重要的是，计算进路正在为多学科的整合或不同科学家之间的学术交流创建一种新语言。由于科学的各门学科所产生的背景和历史各不

① https://deepmind.com/blog/alphafold/.

相同，于是，形成了属于各自学科的特定语言（或概念）。然而，随着以问题为导向的跨学科研究成为当代科学认知的主要方式之一，迫切需要一种不同领域的研究者可以相互理解和交流的语言。可喜的是，一种贯通科学前沿主要学科的共同的科学语言正在形成，它就是基于信息-计算思想的新语言。根据对 5 期《科学》杂志上发表的研究论文（包括评论）的统计，共计 115 篇文章中，出现“信息”一词的有 79 篇，出现“计算”一词的有 43 篇，两者同时出现的有 34 篇，主要分布在量子物理、凝聚态物理、生物学和生态学、医学、神经科学、化学、计算社会科学和复杂性科学等学科中。[①]由此可见，在量子信息和计算、计算化学、计算生物学、生物信息学、计算神经科学乃至计算社会科学等新兴学科中，这种新的语言实际上已经变得流行。

其四，计算进路在当代科学认知中越来越广泛地运用，自然要求科学教育做出相应的调整和改变。2006 年，著名华裔计算机科学家周以真率先提出了“计算思维”，主张在中学和大学的科学教育中要培养学生运用计算思想和方法解决问题的技能。[②]2018 年 10 月 5 日，美国麻省理工学院做出了自 1950 年以来的第一次重大的院系调整，决定增设一个新的学院——计算学院（college of computing），其宗旨是要让学生掌握计算思想和方法（包括数据技术和人工智能），并运用于几乎所有学科，去解决人类面临的科学、技术和工程问题。[③]

总之，可以认为，经过几十年的发展，计算已经成为当代科学认知的第三条基本进路，正在并将继续发挥越来越大的作用。

第 2 节　为什么是计算

那么，究竟是什么原因导致计算进路在当代科学认知中崛起，且发挥越来越大的作用？当然，这得益于电子计算机的问世以及在 20 世纪 80 年代的

① 这部分的写作是在 2018 年底进行的，故选取当时最新的几期作为分析对象。

② Wing J M, “Computational thinking”, *Communications of the ACM*, 2006, Vol. 49, No. 3, pp.33-35.

③ http://news.mit.edu/school/mit-schwarzman-college-computing.

广泛应用，但这对于科学而言只是外部原因或条件。而事实上，之所以计算能够成为与理论、实验相平行的科学认知的第三条进路，还有深刻的内部原因。接下来，我们就对此做些分析。

首先，计算进路的崛起是科学发展的内在需要。对此，其实我们在前面已经阐述过。简单地说，经过数百年的成功演进，到了20世纪80年代，科学前进的“脚步”已经放缓甚至有些蹒跚。正是在这样的背景下，才有霍根的“科学终结论”。我们分析过，除了少数例外，科学认知的重心和热点越来越集中于从原子（包括原子核和电子）尺度到与人的躯体相称的尺度上。而在该尺度范围，科学认知出现了一些与以往不同的新特征。一个明显的特征就是重大的科学发现和理论创造的工作已近完成。因此，科学认知的任务不再是创立具有普遍性的理论，而是转变为在基本理论的指导下去探索物质系统的具体结构、性能和过程。我们知道，正是在从分子开始的尺度上，物质系统的新属性和新机理才大量突现，从而形成各种各样复杂的自然现象。由于复杂系统在结构和功能等方面具有很强的个性，因此，体现共性的基本规律或理论虽然成为科学认知的指导规范和约束条件，但对于认识和解决实际问题的作用却是间接的，而具体的机制研究和基于特定对象的建模就显得更为重要和有效。这样，为了适应科学发展的这一变化，迫切需要将普遍理论具体化，从而在理论与具体对象之间建立联系的中介，而运用科学模型和计算机模拟恰好能够满足这一要求。因此可以说，计算进路的崛起正逢其时。

其次，学科之间交叉、协同和整合也需要计算进路的推进。当代，人类正面临一些迫切需要解决的重大现实问题，比如气候变化、生态危机、病毒传播和各种社会经济问题。这些问题都是复杂度很高的综合性问题，需要来自不同领域的科学家通力合作加以研究。正是在这样的背景下，一个交叉的、综合的学科应运而生，这便是复杂性科学。从20世纪80年代开始，来自物理学、化学、生物学、生态学、经济学和计算机科学等领域的科学家打破学科界限，走到了一起，共同探究人类面对的复杂问题。而且，在当代科学的前沿领域，研究的展开越来越以问题为导向，因此，除了像复杂性科学这样主要是提供方法论的学科外，更多的是需要打破在这一尺度上原本以层次作为划分标准形成的学科壁垒，实现不同尺度上的研究整合或贯通。这在生命科学的研究中表现得尤为明显。一方面，生命现象在更基本的层次就是化学反应的结果，而化学反应的机制又受到量子物理规律的支配；另一方面，生命的特征体现在细胞层次，而细胞形成个体，个体又形成生态系统。因此，对生命现象的研究就需要由物理、化学、生物和生态等学科整合地研究，方能得到客观和全面的理解，其中离不开计算进路的运用。

令人惊奇也非常有意义的是，正当计算机模拟在科学研究中得到越来越广泛的应用时，一些活跃在科学前沿的科学家开始意识到：我们关于实在世界的一些最基本的理论其实是信息-计算的，因而可以用计算的观点和思想来描绘实在世界的图景。这在对量子计算的研究和量子力学的新诠释方面，表现得十分明显。自从 1982 年天才的物理学家费曼首次提出有可能建造利用量子法则的计算机后，对量子计算或量子信息处理、量子计算机的研究就成为信息科学和技术的前沿领域。随着理论研究和实验探索越深入，人们就越意识到需要从计算或信息的观点来思考实在的本质。当今量子信息和计算机研究的代表人物之一劳埃德（Seth Lloyd）就认为，宇宙是一台计算机，它所做的实质上就是进行计算或处理信息。[①]对量子通信和量子计算的研究做出了杰出贡献的奥地利物理学家塞林格（Anton Zeilinger）在 20 世纪 90 年代后期提出了一种量子力学的新诠释，根据他的观点，量子实在就是信息，因此，量子力学所描述的也就是实在的信息态和信息变换。[②]近年来，当人们发现可以从信息-计算的角度来理解神秘的量子纠缠现象时，这种实在的信息-计算观得到了进一步强化。

实际上，在生命科学中，信息-计算的语言和思想出现得更早。自 1953 年沃森和克里克等科学家提出 DNA 双螺旋结构模型，从而揭示基因的分子结构之谜以后，原本还多少限于技术学科的信息-计算的语言就开始在分子生物学家中间流行起来。代码、编码、复制、表达、操作和转录等，成了当代生物学期刊中的常用词汇。而到了 20 世纪 80 年代，随着人工生命等学科的兴起和发展，生命的计算本质进一步揭示出来了：基因本身是数字式的信息，而对这些信息的操作便是计算。

① Lloyd S, "Ultimate physical limits to computation", *Nature*, 2000, Vol.406, pp.1047-1054.

② Zeilinger A, "A foundational principle for quantum mechanics", *Foundations of Physics*, 1999, Vol.29, No.4, pp.631-642.

进而，随着 20 世纪 90 年代初人类基因组等计划的实施和深入，生物的信息特性越来越得以显现，信息积累也出现了前所未有的飞跃，结果，计算生物学和生物信息学这两门子学科应运而生。其实，两者之间并没有严格的分界线，因为其均以计算机作为主要工具对生物信息进行研究和处理。有所区别的是：计算生物学侧重于运用大规模高效的理论模型和数值计算来研究生物大分子的结构、功能以及动力学特征，而生物信息学则主要包括生物数据的获取、处理、存储、分析和解释等方面，以期阐明和理解大量数据所包含的生物学意义。重要的是，这些子学科的研究日益表明：自然生物的生命过程可以看作是生物大分子以分子算法为组织原则，进行信息的存储、复制和变换的过程；或者说，自然生物的信息处理过程是基于 DNA 等生物大分子所实现的计算。因此，生命本质上可认为是一种计算。正因为如此，诺贝尔生理学或医学奖得主巴尔的摩（David Baltimore）宣称："现代生物学是一门信息科学。"[①]

一旦发现像量子力学和分子生物学这样的理论均可以从信息-计算的观点加以诠释，就可以更好、更自然地明白，为什么计算能够成为当代科学认知的新进路。如果实在世界中物理的、生命的、心智的乃至社会的过程都可以看成是信息-计算的，那就表明：我们基于信息-计算的思想，可以为各个不同的学科之间的交流或融合建立共同的概念框架，同时，也可为运用计算机模拟研究自然现象和社会现象提供有力的本体论依据。

第 3 节　基于信息-计算的"新语言"

在科学认知中，一旦运用信息-计算的观点来看待对象，并运用计算方法加以研究，就要求启用一套新的语言或概念框架。那么，与我们已经习惯使用的物理学的或生物学的语言相比，这套计算语言有什么特点和内容？它与其他语言之间又存在什么样的关系？为了回答这些问题，首先要对人类认

① Baltimore D, "How biology became an information science", *In* Denning P (Ed.), *The Invisible Future*, New York: McGraw-Hill, 2001, pp.43-56.

识世界中的概念化方式做些说明。

为此，正如上一章第 4 节中所指出的，我们首先需有一个基本的出发点，即断定只存在着一个实在世界，而对于它，概念化的方式可以多样。这样，当我们面对一台计算机时，首先可断定有一个存在物，然后，既可将其看作物理系统（硬件），也可将其看作计算系统（软件）。如果将其看作一个物理系统，那么，就选定了是在物理科学的概念框架下，来考察它的物理组成、属性和过程；不过，也可将其看作一个计算系统，则可以运用信息-计算的概念框架来考察它的计算组成、属性和过程。比如说，当有人问“这台计算机有多重”时，是将其看作物理系统，而如果问“这台计算机使用什么浏览器”，则是将其看作了计算系统。至于计算系统（的属性）与物理系统（的属性）之间则是随附或实现的关系，即计算系统随附于物理系统或物理系统实现计算系统。这是两种概念化认知对象的方式，而本体论上却只承诺一个存在物，故两种方式是对同一实在的不同刻画。

有意义且重要的是，一旦选择了某种概念化的方式，就可以在选定的概念系统中提出问题和解决问题，并与所实现的基质（如果有）处于相对独立的地位。对我们而言，这意味着，一旦采用信息-计算的观点和方法来考察某个对象，就可以将其看作计算系统进行研究，而不一定要考虑其具体的物理实现，同时也表明，计算系统的物理实现具有多重性，也就是说，可以由不同的物理基质来实现。也正因为如此，我们知道，一个软件可以在不同的硬件中实现。如果将这一理念运用于对自然的存在物的考察，则可以明了为什么信息-计算的语言可以在不同层次的物质系统中通用，因为以另一种方式看，这些系统均为计算系统。

这样，如果我们采用信息-计算的方式来研究一个对象，那么就选定或预设了是在基于信息-计算的概念框架内对其加以认知。那么，构成这一框架的基本概念和基本原理是什么？当然，基本的概念是信息和计算。如前所述，在当代科学认知中，计算和信息均是作为本体论的概念加以使用的，而计算就是信息处理或变换。可以看出，在这里，计算和信息组成了一个互补的概念对，每一概念的意义内在地隐含在另一个概念之中，因而，我们应当从分析它们之间的互补关系和相互关联的动态过程来把握它们各自的含义。也就是说，我们可以把计算理解为信息处理，而实际上，信息作为处理的对象所体现的正是计算，因为信息的表示或识别等并不能与处理信息的过程（即计算）相分离。需要说明的是，这种运用概念对的方法来揭示基本概念的含义并不导致无意义的同义反复，因为两个基本概念在指称上并不同一，而且，把它们认定为基本概念的视角也不同。[①]这样，从静态的视角看，我们可以把信息作为构成实在的基元；而从动态的角度看，则这种基元就变成了计算，也就是说，“信息是静态的，而计算则是动态的。计算变换信息”[②]。

一旦认定计算就是信息处理或变换，我们就能以此作为基点，来阐述和说明相关的或派生的概念。首先，运用信息-计算的观点，可以对科学认知中所涉的一些本体论概念进行新的阐释。通常，在认识世界的过程中，我们总是假定实在世界中的事件之间存在着相互关联的因果之网，而科学认知的基本任务之一就是去揭示这张因果之网。从信息-计算的观点来说，因果联系的实质是刻画系统状态的信息之间的转移和修改（也就是计算），这样，当我们探寻一个系统的组元之间或系统与系统之间发生的因果联系时，实际上是需要确定组元或系统状态的信息以及这些信息如何传递、保存和修改

① 事实上，这种把一些基本概念作为概念对加以分析的方法一直在科学和哲学的许多领域中运用。在经典力学中，力与惯性参照系之间也是通过相互规定来揭示各自的意义的：力作为产生加速度的原因，两者之间的关系服从牛顿第二定律，而这只是相对于惯性参照系才成立；反过来，惯性参照系的概念又得依赖于物体在没有受到外力作用时保持静止或匀速直线运动才能确定，故又用到了力的概念。在生态科学等学科中，我们如今时常讨论动物（包括人）与环境之间的关系，而动物和环境这两个概念的含义却是互相包含的，即两者形成一个不可分割的概念对：动物如果没有环绕其周围的环境就不能生存，因而我们考虑动物概念的含义时就不能撇开环境因素；相应地，环境意味着有些（至少有一个）动物被其包围着，否则环境这一概念就失去了意义。在社会科学中，人（作为个体）与社会这两个概念的含义也必须放在考察它们之间的关系中才能规定：社会是由人组成的系统，而离开了社会，个体作为人的本质属性就会失却，这样就不再是人了。在哲学中，运用概念对分析法来规定具有紧密关联性的范畴之间的含义也相当普遍：当考虑实体概念时，我们总是会导入属性概念，因为撇开一个，另一个就难以把握；类似地，关于实在世界的存在和演化概念的含义，我们也只有通过对它们相互参照才能把握——演化意味着有某些“东西”，而存在又总是处于“变动”之中。

② Rucker R, *The Lifebox, the Seashell and the Soul*, New York: Thunder’s Mouth Press, 2005, p.5.

（表现为事件）的计算过程。事实上，在当代的量子计算、量子信息和生物学的研究中，科学家正是以这样的方式来理解因果联系的，比如，由 DNA 控制蛋白质的合成过程，就是一个信息传递和变换的过程。

在实在世界中，系统内部或系统之间的因果联系，导致系统状态的变化，而这种变化并不是完全无序或杂乱无章的，也就是说，存在着相对稳定和具有一定普遍性的模式，不然的话，实在世界就将变得不可理喻。这样的模式我们通常叫作自然规律，而科学认知就是去描述自然现象并探寻其中的规律。现在，如果我们运用信息-计算的观点，就可以更好地理解自然规律的本性。由于自然规律是对因果联系中模式的刻画，而因果联系的实质在于信息的传递和变换，因此，前者刻画的是信息传递和变换中的模式。如果在物质系统中存在着这种模式，那就表明，当我们要描述这个系统的状态和变化时，其中的信息是可以压缩的，也就是说，可以找到一个刻画实际发生的过程的模式去刻画系统的状态和变化。例如，在经典力学中，当想知道一个小球从斜面上滚落，经过一段时间的状态（位置和速度）时，我们只要知道它初始的状态，就可以根据牛顿第二定律直接算出结果，而不必计算中间经过的每一个状态，这表明描述中间状态的信息是可压缩的。之所以如此，正是因为存在牛顿第二定律这一规律。

因此，从信息-计算的观点看，可以认为，所谓自然规律就是带有普遍性的算法，其描述实在世界的因果联系中相对稳定的模式，而模式的存在就在于其中的信息具有可压缩性。事实上，已经有不少科学家从这个角度来理解自然规律和人类的认知。比如，著名的天体物理学家、科学作家巴罗（John D. Barrow，1952—2020）就认为："自然规律是我们感觉到的各种数据的压缩形式，而包罗万象的理论可以看做是对信息的最终压缩形式。此外，对信息进行压缩是否成功取决于事物的两个明显特性：其一是我们观察到的客观世界具有极大的可压缩性，其二是人类的大脑对客观事物具有极强的压缩能力。在一个不可压缩的世界里，科学家是不可能存在的。"[①]

结合以上关于自然律的阐释，我们能够分析基于信息-计算的概念框架

---

① 约翰·巴罗：《天空中的圆周率——计数、思维及存在》，苗华建译，中国对外翻译出版公司 2000 年版，第 202 页。

中一个很重要的概念——突现。如前所述，计算进路的兴起和发展很大程度上是出于认识实在世界中各种复杂系统的需要，而复杂性的实质在于系统演化过程中的属性、结构、功能和模式的突现。那么，究竟什么是突现？对此，多年来，科学家和哲学家从不同的角度做了不同的界定或刻画。例如，哲学家汉弗莱斯（Paul Humphreys）曾罗列出新颖性、新类的质、新规律的出现、突现属性源于构成属性的相互作用和突现的整体性等标准。[①]然而，这种做法并没有获得普遍认同，主要原因在于罗列的标准并没能揭示突现的实质，相反，它们本身似乎需要进一步澄清和界定。

事实上，如果分析以往给出的关于突现概念的种种刻画，则不难发现，人们所采用的视角并不相同：有些是本体论上的，有些是认识论上的，有些兼有两者；有些考虑到时间因素（历时），有些则不考虑（或做共时处理）。[②]笔者认为，在刻画复杂系统的突现现象时，这一概念是在本体论的意义上使用的，同时需要考虑到时间维度（因为涉及过程）。这样，突现就可以界定为：如果系统 X 在时刻 t 之前具有一类组元和微观结构而在时刻 t 之后具有另一类性质不同的组元和微观结构，那么发生的过程就是一个突现的过程，而宏观上则表现为 X 具有突现属性或模式。[③]

然而，当我们这样界定突现时，实际上包含着一个基本预设，即从系统的初始状态到出现新的突现属性持续了一段时间（即历时性：$t'-t=\Delta t>0$）。如果没有这一预设，除非一个系统在演化过程中存在着处于某一时刻 t 的突变，否则，本体论上的突现概念就会失去意义。[④]要透彻地理解这一点，我们不妨将突现与还原结合起来考虑。通常认为，突现意味着不可还原，但从本体论上说，所谓不可还原就是无法从一个系统原初的组元和结构生成新质

① Humphreys P, "Emergence, not supervenience", *Philosophy of Science*, 1997, Vol. 64, pp.337-345.

② 关于突现的内容主要取自笔者的《分析突现的两个维度》，《哲学研究》，2010 年第 9 期，第 88-94 页。

③ 此处遇到的一个问题是，如果用一个性质类型上有别的属性来刻画一个系统，则一旦某时刻后突现出新颖属性，那么此后的系统就可能不是此前的系统，比如一个鸡蛋孵化成一只小鸡这样的情况。但我们关注的是一个对象的演化过程，因此可笼统地用 X 表示发生突现的系统。

④ 但如果认为可以存在处于某一时刻 t 的突变，那这种突现就是无法理解的。

的组元和结构（显现为系统的突现属性或模式）。但这种不可还原性也只有在历时的意义上才能成立。因此，不管是谈论突现还是不可还原，只有相对于一个持续过程的两个不连续的状态才有意义，就是说，历时的突现必定是相对的，即依赖于选取的时间间隔。①不过，对时间间隔的依赖性只是突现产生的条件。重要的是，如果一个系统演化的中间过程是可以压缩的，或者说它的末态可由初始的状态和规律直接决定，那么所生成的属性或模式就不是突现的。因此，突现体现的是一个系统演化过程中的组元和结构的改变，而这种改变的实质在于系统所生成的新颖属性或模式不仅与它的初始状态信息相联系，而且与演化的中间状态密不可分。这里，与“中间状态密不可分”的含义是，一个系统自始态演化至某一状态，则该状态与每个中间状态之间存在因果的信息关联，也就是说，不存在可以压缩中间步骤的信息的规律。由此看来，突现的实质是系统演化过程的信息不可压缩性。

基于这样的理解，我们可以认为，如果将实在世界的系统看作信息-计算系统，那么，自然规律所刻画的是系统的结构或演化过程中信息可压缩的方面，或者是通过这样的压缩（对信息的粗粒化）依然得以保持的不变性。对于一个简单系统，运用压缩的信息（比如只依赖某个状态的信息）和这种不变性（自然规律），我们通常能够有效地描述或控制它。然而，对于一个复杂系统，由于产生突现现象的状态和过程的信息具有不可压缩性，那么，尽管有可能发现一些确定因果信息的不变关系（自然规律或算法），我们也不能只运用某个状态的信息和自然规律来完美地解释和准确地预言系统的演化状态或过程。

因此，在对复杂系统的认识中，仅仅运用科学理论（规律）和实验[不仅将系统简化，而且只关注起始状态和最终状态（结果）]的进路是不够的，因为两者以及它们的整合并不足以刻画系统的突现现象。而运用计算进路，则可以通过建构计算模型并在计算机上运行，以模拟的方式展现复杂系统的演化过程和现象的突现。那么，从信息-计算的角度看，采用计算进路，特别是运用计算机模拟，又受到哪些基本原理的支撑或约束呢？这是一个尚需

① 由于系统演化起始的微观现象加之中间步骤决定随后的微观现象，而这随后的微观现象又构成整体的突现现象，故严格地说这里的“时间间隔”应为“时空间隔”。

进一步探索的科学基础问题。但就目前已知的知识而言，至少存在三个基本原理可以用于这里的讨论。

第一个基本原理来自计算理论。1936 年，当借助图灵机给出了能行可计算的形式定义后，天才的数学家和计算机科学家图灵（Alan M. Turing，1912—1954）继而证明了一个非常重要的定理，即可以构造这样的普适图灵机，它能够模拟任何其他特定的图灵机。也就是说，给定任何一个图灵机，存在着一个普适图灵机，一旦其带子上包含着关于该图灵机的指令和数据的完全描述并把对该图灵机的输入作为输入，就能机械地复制（即模拟）前者。普适图灵机的这一性质导致逻辑学家丘奇（Alonzo Church，1903—1995）做出假定：任何能行（或有效）可计算的函数都是普适图灵机可计算的。这个著名的假说就是丘奇-图灵论题。[①]

20 世纪上半叶技术和工程的发展表明，人类能够建造满足普适图灵机的物理装置，那就是目前广泛使用的常规的电子计算机。于是，当我们试图用计算机去模拟任一实际的物质系统时，问题就转换为：该物质系统是否具有可计算性。1985 年，英国牛津大学的理论物理学家多伊奇（David Deutsch）指出，上述关于计算的丘奇-图灵论题断定了一个新的物理原理。他认为，虽然丘奇-图灵论题对什么是可计算的限制，并不取决于设计计算机的技巧，也不取决于为计算所建构的模型，但确实难以想象，一个函数能行地（或自然地）可计算而不能在自然中加以计算；反之亦然。多伊奇建议，把丘奇-图灵论题中的“能行可计算的函数”重新解释为原则上能由一个真实的物质系统加以计算。基于此，他提出了一个物理的丘奇-图灵原理：“每个有限可实现的物质系统都能由一个普适（模型）计算机以有限方式的操作来完美地模拟。”[②]这里“有限方式的操作”是指在任一步骤中只有有限的子系统的运动且运动依赖于有限的态和规则；“完美地模拟”是指对于一个物质系统 S，如果存在程序 P 把一台普适计算机 C 转换成一个“黑箱”而使得 C

---

① Sipser M, *Introduction to the Theory of Computation*, Boston：PWS Publishing, 1997.

② Deutsch D, “Quantum theory, the Church-Turing principle and the universal quantum computer”, *Proceedings of theRoyalSociety, London*, 1985, Vol.400, pp.97-98。这是最早探讨量子计算机的论文之一。

在给定的输入和输出标记下与 S 在功能上无法区分。[①]

不过，若采用信息-计算的观点，笔者认为，将“物理的丘奇-图灵原理”称作“计算的丘奇-图灵原理”（或简称丘奇-图灵原理）显得更为恰当。这是因为，在本体论上的计算主义的框架内，原理中的“物质系统”就可更明确地理解为“计算系统”。由于一台普适计算机实际上也是一个计算系统，因此，丘奇-图灵原理告诉我们，一个普适的计算系统能够完美地模拟（更合适地可以称为再现）任何一个有限的可实现的计算系统。

丘奇-图灵原理具有十分重要的科学意义。只要这一原理是正确的，那么，任何有限可实现的计算系统原则上都可被完美地模拟，这就为运用计算机模拟研究包括复杂现象在内的系统提供了充分的保证。实际上，凡是断定人工的智能、人工的生命和虚拟实在（或现实）可以实现的人，都自觉不自觉地预设了这一原理的正确性。特别是，像人脑这样的智能系统显然是有限且已自然实现的，这就为完美地模拟它而实现类人智能提供了存在证明。

另外两个原理由理论物理学家和计算机科学家沃尔弗拉姆（Stephen Wolfram）首先明确阐述。作为元胞自动机理论的主要创立者和 Mathematica 的发明者，沃尔弗拉姆经过近 20 年的潜心研究，于 2002 年，出版了题为《一类新科学》（*A New Kind of Science*）的巨著，其中提出了一个基于计算主义研究科学的新的系统的框架。沃尔弗拉姆运用简单的元胞自动机做了大量的计算机实验和理论分析，以期表明宇宙中的一切都可以看作是计算，而运用基于方程的传统数学对自然界的计算过程的把握具有很大的局限性，因而需要以更一般的计算规则来创建科学的新类型。他发现，一个系统在确定的规则支配下可以演化出四种不同类型的模式：①在几乎所有的初始条件下达到均一的定态；②在几乎所有的初始条件下达到周期的或嵌套的状态；③在几乎所有的初始条件下达到看上去随机的状态；④在几乎所有的初始条件下达

① 多伊奇进一步指出，物理的丘奇-图灵原理是一个经验命题，但它不可能在经验上直接被证伪，因为对于一个普适计算机来说，可以实现的程序数量原则上是无限的，所以没有实验能够证明它们当中没有一个能模拟一个物质系统。迄今，没有任何有力的科学证据能否定这一原理。

到既有随机的方面又包含以随机方式相互作用所形成的局部结构的状态，也就是介于②和③两类之间的状态。[①]一般认为，如果一个演化着的系统是处于③④这两种类型，则它就是复杂的。更有意义的是，他还发现，即使是在很简单的规则的支配下，一个系统的行为也能够呈现出属于类型④的复杂特性。基于这些发现和大量的理论分析，沃尔弗拉姆提出了两个关于计算的基本原理。

第一个是计算等价原理："几乎所有并非明显简单的过程都能看作是具有等价复杂度的计算。"[②]这里，"并非明显简单的过程"可以理解为是指类型③和④的情形，而所谓的"等价复杂度"，沃尔弗拉姆的意思是它们在计算的复杂性方面都是普适的，即达到了计算能力的上限。由此看来，如果接受他的这种解释，人的心智运作过程与一个气候系统发生的过程似乎具有等价的计算复杂度。

第二个叫作计算的不可归约（或不可还原）原理。对此，沃尔弗拉姆本人并没有直接地做出陈述，但从他关于许多系统的演化（作为计算）结果无法用另一个更短的计算来预先得知的论述出发，我们可以将这一原理概括为：一个系统的非明显简单的演化过程在计算上是不可归约的。[③] 这里所说的计算上不可归约是指：这个演化过程（计算）的每一中间步骤都不能缩减，即所产生的结果取决于每一步计算执行的累计。

那么，沃尔弗拉姆提出的两个原理的正确性如何？2012 年，也就是《一类新科学》问世十周年时，举行了一次主要讨论沃尔弗拉姆科学思想（尤其是两个原理）的国际性学术会议。从出版的会议论文集看，这两个原理已经经受住了时间的考验，其正确性获得了广泛的认同，并且，基于两个原理的科学研究也取得了丰富的成果。[④]

---

① Wolfram S, *A New Kind of Science*, Champaign: Wolfram Media, 2002, pp.105-107.

② Wolfram S, *A New Kind of Science*, Champaign: Wolfram Media, 2002, pp.716-717.

③ Wolfram S, *A New Kind of Science*, Champaign: Wolfram Media, 2002, pp. 737-741.

④ Zenil H, *Irreducibility and Computational Equivalence: 10 Years After Wolfram's a New Kind of Science*. Heidelberg: Springer,2013.

第4节 计算进路的科学价值

我们已经指出，计算进路在当代科学认知中的出现和越来越广泛的运用，既得益于以计算机为标志的信息技术的迅速发展，更在于科学自身演进和实现转变的需要。正是在满足这种需要的过程中，计算进路展现出对于科学认知和科学的实际应用的巨大价值。那么，这种价值究竟体现在哪些方面？

我们先看分析计算进路的认知价值。在科学认知的过程中，针对需要求解的科学问题，一方面，提出试探性的理论（或假设），再运用数学等手段进行演绎推理，获得可以接受经验检验的结论；另一方面，通过设计和实施实验来获取关于认知对象的信息，将这样的信息转化成可与演绎所得的结论进行比较，并根据比较的结果，或修正理论与实验之间互动过程的环节，或转向研究新的问题。这就是我们在本书开头描述过的近代科学方法的要旨。毫无疑问，凭借这一科学方法，人类在认识世界方面取得了极大的成功。

然而，运用理论、实验以及两者的整合去认识世界也存在着内在的局限。就理论而言，每个理论都是由基本的概念和规律所构成的，而概念和规律又是科学抽象的产物，因而，它们一方面具有普遍性和抽象性，另一方面与实际事物之间的关系是间接的、迂回的和粗粒化的。因此，除非所面对的实际对象相当简单（如力学中的单摆），否则，从理论的规律（加上辅助条件）并不能推演出可以解释或预言具体对象的属性或过程的结论。对于实验来说，虽然我们通常可以对实验对象进行控制或变革，或者创造简化、纯化或强化的相对理想的环境，以便发现在特定条件下对象的属性或变化的模式，但一旦这样做，我们所获得的认识就不一定反映自然条件下实际系统的真相。特别是，当一个系统具有复杂性时，不但难以进行受控实验，而且即使可行，所获得的结果也很可能是失真的。还有，科学认知越来越面向探究多组元（或多粒子）系统的结构、功能和变化过程，不仅要求发展更加精准、有效的探测工具，而且需要具有处理和分析大量数据的手段，也就是说，仅仅依靠人力的或简单的数理统计方法变得远远不够。

计算进路的认知价值首先体现在，它能够克服或突破传统上的理论进路和实验进路的局限，并成为两者在当代科学认知中发挥更大作用的有力推进器。理论方面，通过在已有理论的指导或约束下建立具体的计算模型，并运用计算机对模型进行操作，就能够在理论与经验之间架构起可以通达的桥梁。需要指出的是，在探索较为复杂的物质系统的过程中，虽然普遍的、抽象的理论原则上可为模型的建构提供基础或指导，但实际上，由于机制的复杂性和突现现象的存在，在具体的科学研究中，如何建构一个可用于解释或预言实际系统的结构、功能和过程的模型仍然是一个高度创造性的工作，因为理论所设定的可探索空间往往很大。例如，前面已经指出，在原子至分子的物质层次上，量子力学是描述粒子行为和相互作用的普遍理论，原则上说，可以对各种现象进行充分的解释，而实际上，除了极个别的情况，运用量子力学的方程和原理去直接求解并不可行。不仅如此，倘若想要研究多粒子系统的突现属性和行为，必须发明新的概念和更为具体的理论。这在当代凝聚态物理中表现得十分明显，如近年来成为研究热点的拓扑绝缘体和用于解释其机制的霍尔丹（Haldane）理论模型。[①]近几十年来，运用模型和计算机模拟在将理论具体化为能够与经验相关联方面取得了巨大的成功，有力地推进了对于复杂的物质系统的机制和功能的研究，已经充分地表明计算进路对于理论的价值。

在实验方面，为了更直观、更客观地探究原子、分子和细胞等的内在机制，自 20 世纪 80 年代开始，科学家发明或完善了多种探测和操作细小物质客体的新技术和新工具，如激光冷却及俘获原子技术、冷冻电镜技术和荧光蛋白技术等。依仗这些新技术和新工具，科学家能观测、追踪甚至操控从细胞到原子的几乎所有自然客体。而这些新技术和新工具的发明，以及对于所获得的数据的处理和分析，都离不开计算机技术和软件工具。也就是说，正是因为计算进路的介入，当代的许多大型实验、精密实验和复杂的观察（如探测引力波）才得以成行。事实上，我们在目前几乎所有的科学探测和测量仪器中，都可以发现计算机和计算技术在其中扮演着不可或缺的重要角色。

除了推动理论和实验朝新的方向或新的高度发展以外，计算进路本身也

① 拓扑绝缘体是一种内部绝缘而界面允许电荷移动的材料。美国物理学家霍尔丹因提出这一理论模型而荣获 2016 年诺贝尔物理学奖。

已经成为科学地认知世界的有力手段。这主要体现在两个方面。一是计算机成为探索世界（尤其是复杂世界）的新工具。一个具体的应用是将宇宙作为元胞自动机来思考，其中最有代表性的就是沃尔弗拉姆和他的《一类新科学》。他认为，近代科学的兴起有赖于这样一个观念的出现，即基于数学方程的规则能用于描述自然。然而，尽管依仗这一观念，人们在认识和控制自然方面取得了极大的成功，但却没有理由断定：我们在自然中所看到的系统只该遵循这些传统数学的规则。在更早的岁月，对于我们人类本身而言，想象更为一般类型的规则是什么可能非常困难。但如今，情况发生了根本性的变化，电子计算机已经成为我们的"亲密伙伴"，而它的程序在效果上就是实现大量的规则。因此，借助于计算机，我们就能对更为一般的规则进行探索，从而在描述自然上实现由基于方程的传统数学向基于新类型的规则的转变：开创"一类新科学"。基于这样的思考，沃尔弗拉姆选择了一种由非常简单的规则所构成的元胞自动机作为研究对象。方法是运用计算机实验："我采用一个简单的程序，然后让其系统地运行，看看它的行为如何。"[①]结果出人意料。通常认为，如果一个程序的规则是简单的，那就意味着它的行为也将是简单的。然而，沃尔弗拉姆所做的大量计算机实验表明：即使规则是非常简单的，运行的程序的行为也并不一定简单，甚至某些最简单的程序也能产生与任何其他东西一样复杂的行为。这一发现具有非常重要的科学和哲学意义，"因为除了打开了广阔的探索新领域，它也意味着需要重新思考自然过程是如何运作的"[②]。

二是运用大数据和人工智能（特别是已成为热点的深度神经网络）等计算技术，不仅可以帮助人类（甚至相对独立地）去发现隐藏在大量数据中的模式或经验规律，而且使得模型在科学认知中的地位得到了进一步提升。目前，在生命科学和社会科学等产生大量数据的学科中，运用计算技术挖掘数据中的模式正在变得越来越普遍。而更为重要的是，由于重大理论创造资源的衰减，原本起着基本和主要作用的理论进路在科学研究中变得不像以往那

① Wolfram S, *A New Kind of Science*, Champaign: Wolfram Media, 2002, p.2.

② Wolfram S, *A New Kind of Science*, Champaign: Wolfram Media, 2002, p.2.

样常用，从而其重要性也有所下降[①]；取而代之的是，在已有基本理论的指导和约束下进行计算模型的建构，并将模型在计算机上实现，以获得可以与经验数据相比较的结果，或者运用模型对现象进行解释和预言。这表明，在当代科学认知中，建构和运行计算模型正变得越来越重要。[②]

计算进路是科学知识向实用应用转化的推进器。在第3章中，我们已经说过，随着科学重心的转移，当代科学越来越关注跟人的生存和发展密切相关的领域，因而，认识认知和实用认知开始融合，并与科学知识的实际应用之间的关系变得更加密切。事实是，在基本事实和基本规律已经探明的情况下，人们之所以依然花费巨大的精力来研究各种自然客体的结构和行为，不仅仅是为了加深理解，更重要的还在于，希望在理解的基础上利用这些客体的结构和行为，发明和制造可服务于人类的生产和生活的技术产品。一旦我们能够运用技术的手段弄清一种自然客体的组元、结构和实现功能的具体机制，就有可能根据事先设想的目标来合成新的物质客体或生成新的物态，从而导致新的技术发明。

而在由实用认知转向实际应用的过程中，计算进路能够发挥十分重要甚至独特的作用。近年来，在材料科学和生物医学等领域，这种实用认知与实际应用相统一的趋势显得尤为明显。材料科学中，人类已经能利用原子的特性来设计和制造新型材料或者纳米级的元器件。之所以能这样做，很大程度上得益于计算进路在设计中的应用，因为人们可以根据设定的目标，先借助计算机进行建模，找出表征可能的物质的结构或机制的数据和算法，再运用特定的物质载体加以实现。比如，目前，在麻省理工学院的比特与原子研究中心，科学家正以这样的方式探寻新的材料和纳米器件。[③]在生物医学中，我们可以合成生物学为例进行说明。合成生物学是近年来兴起和快速发展的

---

① 2008年，针对大数据的出现和越来越广泛的应用，《连线》杂志原主编安德森（Chris Anderson）夸张地宣布：大数据可带来理论的终结和传统科学方法的过时。见 Anderson C, "The end of theory: the data deluge makes the scientific method obsolete", *Wired*, 2008, Vol.16, pp.33-38. 对此已引发许多讨论和批评。但不可否认的是，随着大数据和人工智能技术的快速发展和应用，传统意义上的理论进路的作用正在弱化。

② 在第6章中，我们将进一步对此做探讨。

③ https://www.media.mit.edu/graduate-program/center-for-bits-and-atoms.

一门新的交叉学科，其基本目标是创造新的人工生物，并探索用这些新的生物研制药物、治疗疾病等，而所用的基本手段则是先在计算机上生成 DNA 的数字代码，然后，将这些代码在某种自然的或人工的生物体中实现，从而创造出地球上原本没有的新生命。

还有，计算进路不仅在科学认知和实际应用中发挥越来越重要的作用，而且在科学、技术和工程教育中凸显其自身的价值。由于计算机在人们的工作和生活中变得几乎无处不在，为了适应这一变化，就要求从中小学开始，教会学生能够熟练地掌握计算机等方面的操作技能，更需要学生能够运用计算进路和人机结合的方法去解决日后所遇到的实际问题。正是在这一背景下，如前所提，周以真提出了“计算思维”的概念，强调在科学、技术、工程和数学（STEM）教育中培养学生计算思维的技能的重要性。虽然目前对于计算思维的规定尚存在一些争议，但人们对其基本的内涵还是具有相当的共识。就是指以下这样的技能：在学习如何解决问题的过程中，要运用计算的观念和方法，将问题分解到可以处理为止，然后寻找可以求解问题（或子问题）的算法，将算法编程以期在计算机上实现，并对所获得的解进行验证和检验。如今，计算思维的教育已经或正在全球范围内展开。

这里，特别需要指出的是，这种计算进路并不属于任何一个特定的科学学科，却可以应用于几乎每个科学领域，因而能够将不同学科加以整合，或者用统一的方法求解不同学科共同面临的问题。这样，计算思维和计算方法在大学教育中显得越发重要，因此，要求在教育机构和课程设置等方面做出相应的变革。正是在这样的背景下，麻省理工学院等世界著名的高校开始成立以“计算”为核心理念的学院或系科，其基本目标就是培养新一代科学家和工程师：他们具备运用计算进路、整合不同学科的知识，去解决各自科学、技术或工程领域碰到的复杂问题的能力。可以预见，在不久的将来，这一变革将被越来越多的大学所效仿。

第 5 节 计算进路的哲学意蕴

计算作为当代科学认知的新进路，不仅在追求的目标、求解的问题和使用的具体方法等方面与理论和实验不尽相同，而且在关于世界的基本预设和可理解性等方面也自有主张。

回到近代科学起始，正是因为伽利略等人相信大自然是用数学的语言写成的，理论才得以在数学的强力支撑下成为认识世界的基本进路，类似地，也是因为培根等人主张只有对自然进行“拷问”，其方能“吐出”真相，实验才成为获得关于自然现象的信息的基本进路。可以看出，这两条科学认知的基本进路，均对实在世界做了本体论意义上的预设。

那么，计算进路关于实在世界的基本预设是什么呢？从以上的阐述和分析中，我们可以看出，其基本的预设与当年伽利略的主张极为相似，只是把其中的“数学”改成了“计算”，同时将对象扩展到包括人在内的实在世界，也就是“实在世界是用计算的语言写成的”。如今，我们通常将这一本体论主张叫作（广义）计算主义。[①]

尽管目前对于计算主义尚缺乏公认和统一的表述，但在最一般的意义上，其核心主张可以概括为：实在世界本质上是计算的，或者说，实在的本质为计算。在当代科学的一些前沿领域，从物理科学到生命科学乃至社会科学，这种计算主义的思想已经形成并正在进一步发展。例如，在引力量子理论和量子力学基础的研究中，越来越多的物理学家倾向于认为，宇宙是一个计算或信息流的过程。正如当代理论物理学家斯莫林（Lee Smolin）所说：“这个世界不是由物质组成，而是由发生事情的过程所组成的。基本粒子不是仅仅停在那里的静态物体，而是在它们相互作用的事件之间携带少量信息，并引发新过程的过程。这更像是一个基本的计算机操作，而不是传统的永恒原子的图像。”[②]在生命科学中，事实上，认为生命实质上是一个复杂性不断增加的计算过程，已经成为从事生物信息学和合成生物学等研究的工作者的基本信念。而在 21 世纪才兴起并正在快速发展的计算社会科学中，关于社会实在的基本假定就是：人类社会是一张动态的信息-计算之网；将这张网络连接起来的是信息流（计算过程），而个体（作为自主体）又是构

① 与狭义的认知计算主义不同，这里的计算主义是一种关于实在世界的本体论主张。

② 李·斯莫林，《通向量子引力的三条途径》，李新洲、翟向华、刘道军译，上海科学技术出版社 2003 年版，第 41 页。

成社会之网的基本的信息节点，承担着接收、处理、生产和输出信息的角色。

实在的本质为计算虽是一个本体论命题，却得到了现当代科学和技术的强有力支持。首先，作为其他自然科学的基础，物理学的基本目标就是描绘、解释和预言实在世界。不过，当代物理学所提供的并不是一个由各种实体堆砌而成的“积木”世界，而是一幅由符号所表示的信息-计算的图景。近几十年来，随着量子计算和量子信息的发展，一些物理学家对量子力学提出了新的诠释，在此基础上，形成了关于物理实在的新看法，正如著名物理学家惠勒（John A. Wheeler，1911—2008）所主张的那样——万物源于比特（It from bit）。[①]事实上，基于量子力学和信息论，一种关于实在的新观点已经形成。这种观点认为，任何“外在”（out there）实在的属性只能基于我们所接收的信息，因为没有这样的信息，就无法对它们做出任何有意义的陈述。这意味着，我们不可能在实在与信息之间做出有意义的区别：如果我们探究了信息的基本单元，也就自动地探究了实在世界的基本单元。其次，计算机模拟技术、虚拟实在技术等领域中人们每天进行着的成功实践清楚地表明：通过抽象出物质系统的计算过程并在计算机中以程序的形式加以实现，从而达到对物质系统本身的认识是可行的。这意味着物质可视作程序化了的实在，对计算的认识也就是对实在的把握。

在前面所述的丘奇-图灵原理中，实际上蕴含着一个实在世界的基本属性。如果任何有限可实现的系统皆可完美地模拟，那么，利用计算机的普适性，我们就能模拟（至少是近似的）宇宙的基本结构和演化过程。这表明实在具有一种自反射的属性：宇宙的整体可由它的某个部分来再现。当然，这种再现只有在信息的层面上才有意义，因为如果从具有广延性的实物角度看，以为广袤的星系可“塞进”小小的电脑，则显得颇为荒谬。由此看来，计算主义是从某一角度或层面（计算或信息）对实在的本质做出允诺，这不一定排斥其他本体论从另外的角度采用不同的假设，就是说，概念化世界的方式可以是多样的。当然，在不同的本体论允诺之间进行比较、评价和选择

① 这一主张是由惠勒在20世纪90年代初提出的。对该主张的讨论，可以参见为祝贺他九十岁生日所出版的论文集：Barrow J D, Davies P C W, Harper C L, *Science and Ultimate Reality*, Cambridge: Cambridge University Press, 2004。

也是可能的和必要的，关键就看，究竟哪种允诺能使人类对宇宙和自身有更好、更深刻的认识。

采用计算主义的基本主张，那么，实在世界的可理解性就显得自然和可理解了。一方面，我们知道，关于世界所做的本体论允诺常常与对世界的认识紧密相关。一旦认定实在的本质为计算，那么世界的可知性就获得了一个有力的保证。根据计算主义的允诺，宇宙中每一个物质系统均可以看作特定的计算系统（形象地说就是专用计算机）。这样，理解任何自然的系统等价于找出某个或某些用于解释其态以及态变化的算法。可见，科学家所做的工作恰好与计算机工程师相反，前者是要发现感兴趣的系统所运行的算法，并弄清它们是如何执行的，而后者需做的是发明算法并在计算机上实现。另一方面，顺应于自然进化过程的展现，在地球上出现了人这一具有高级心智能力的物种，而之所以有这种能力，主要在于人拥有了一颗具有普适性的大脑。因此，为了理解人的大脑为什么能表征和认识外在的世界，就需要明了一台普适计算机是如何表征其他系统的，其中所涉的核心概念是虚拟机。在计算机科学中，我们知道，普适计算机是以程序化方式运作的：它先被赋予关于另一机器的计算描述，然后根据输入运行所描述的机器。当一台普适计算机运行另一台被描述的机器时，后者相对于基本的计算机而言叫作虚拟机。[①]这样，只要某个应用软件（APP）被执行，一台虚拟机便存在。任何实用的普适计算机是一个多层的虚拟机系统，基于类比，我们可以假定：人的心智也具有类似的结构。这样，认识世界的过程实质上就是在大脑中建构能表征外在世界计算结构和过程的虚拟机。[②]由于计算具有幂等性，即对计算的计算仍然是计算，而创造是实现理解的最好方式，故一旦在大脑中运行某台由我们自身所建构的虚拟机，也就在一定程度上达到了对它

---

① 从本质上看，一台虚拟机是由物理机器或其他虚拟机所实现的计算系统。之所以称为机器，是因为它们一般是有结构的复杂系统，这种结构与相互作用组元的种类和数量一起决定整个系统的功能；之所以是虚拟的，是因为它们虽然与物理机器一样真实，但不是后者，其结构和功能需由包括物理机器在内的更低层次的机器来实现。

② 在第 6 章中，我们将讨论模型和模型的建构。实际上，从计算的角度看，每个心智所建构的模型就是一台虚拟机。

所表征事物的认识。[①]因此，在信息-计算的层面上看，认知的过程就是在所认知对象的信息-计算结构与大脑所建构的虚拟机结构之间建立起对应关系，而两者均为信息-计算过程这一特性，为建立这种对应提供了本体论上的依据。这就表明，由进化所产生的人脑自然地能达到对世界的理解，因为这体现了实在的基本性质。当然，承认实在世界的可知性和可理解性，并不表明人类对它的认识一定是完备的。

从方法论上看，计算主义这一本体论允诺以及对于世界可知性的辩护，显然，已经为在科学认知中运用计算进路提供了合理的本体论和认识论的依据。如今，正如前面所述，不论是在自然科学领域还是社会科学领域，人们已经越来越多地倾向于运用计算机模拟和人工的计算系统（如基于深度神经网络的机器学习系统）来探索实际的复杂系统所呈现的现象和规律。然而，计算机模拟是把表征实际系统的计算模型在普适计算机上进行运行，以期通过对这种运行过程和结果的研究来认识实际的系统，而人工的计算系统则是要对来自对象的信息进行建模和处理。显然，这样做的有效性均是基于计算主义的基本允诺和世界的可知性，否则，就没有一个合理的本体论和认识论的依据。经过几十年的实践，计算机模拟和机器学习系统已在几乎所有科学（甚至哲学）领域取得了巨大的成功，而机器学习系统在科学发现等领域也已经展现出很大的应用潜力；反过来，这又为当代计算主义的确立提供了科学方面的支持性证据。[②]

第6节　面临的问题和挑战

作为人类科学地认知世界的第三条基本进路，尽管从20世纪80年代产生以来，计算进路已经得到越来越广泛的应用，并且取得了极大的成功，但依然面临着不少尚需求解的问题。在此，我们不妨将这些问题呈现出来，也

---

① 在第6章中，将会对“创造是实现理解的最好方式”做出论证。

② 这一节的部分内容，取自笔者的《用计算的观点看世界》第2章。郦全民：《用计算的观点看世界》，广西师范大学出版社2016年版。

希望有兴趣的读者能一起进行探索。

其一，在传统的理论和实验中加入计算的进路，自然会产生这样的问题：三者在具体的科学认知和实践中究竟处于什么样的关系？如何才能更好地将它们加以整合来推进科学的发展？例如，在像物理学这样具有数学化理论的领域，当运用计算进路建构模型时，模型究竟是理论的具体实现，还是仅仅作为理论的近似应用？抑或其可以看作独立于理论的知识成分？在那些并不存在数学化理论的领域，如大多数生命科学的学科中，模型的建构又由什么来指导或约束？模型在计算机上运行的输出结果，与真实实验的数据之间又存在什么样的关系？在什么情况和条件下，我们需要三种进路的协同，方能推进科学研究？目前，在科学认识论和方法论中，虽然对某些问题已有一定的探索，但系统深入的研究尚十分缺乏。

其二，虽然目前在许多学科的前沿领域，特别是在量子计算与量子信息、生命科学、认知科学和计算社会科学中，计算、信息以及以此为基础的语言已经变得越来越流行，然而，不同领域所使用的这些语词，实际上所承载的含义并不相同。就拿“信息”来说，物理学家通常将其作为描述物质系统状态或行为的本体论语词，如用信息描述一个电子的自旋态，而态的转换就是计算；当生物学家在理解 DNA 的信息时，不仅仅指其碱基排列的状态，也意指用于控制某种蛋白质的合成，就是说，这种信息是关于另一个对象的；而在认知科学中，信息则指由认知主体所识别、具有意义或内容的“东西”。这样，当人们在应用计算进路于不同领域的研究时，就会碰到如何理解这些领域各自使用的“方言”问题。进一步，如果我们试图运用信息-计算的语言去实现不同学科或领域的整合，就得首先建立一种在基本意义上可以达到普适的语言，或者建立可以实现在不同方言之间进行“翻译”的规则。目前，这种普适的语言和翻译规则尚没有形成。

其三，在前面的阐述中，我们指出，存在着三条与计算相关的原理，即丘奇-图灵原理、计算等价原理和计算的不可归约原理，它们能指导计算进路在科学认知中作用的发挥，也施加了限度。需要进一步探索的是：这三条原理究竟在什么程度或范围上是真的？或者它们的适用范围是什么？除了这三条原理，是否还存在着其他涉及计算的基本原理或规律，也对计算进路的运用具有指导和约束作用？还有，这些计算原理与具体科学领域中的原理或规律之间存在着什么样的关系或联结？是否有可能运用信息-计算的语言来表达或翻译已经在不同学科中存在的理论或规律，以达到科学的整合或统一？

其四，在科学认知和实践中，计算进路的兴起和运用对于传统的科学、技术和工程的教育提出了新的挑战。就高等教育而言，如何通过体制改革、教学更新等措施培养既掌握理论知识和实验技能，又能够运用计算方法和思维求解问题的人才，也将是未来高等教育面临的一个重大的挑战。

第　5　章

科学数据的获取和表征

如前所述，科学认知的基本目的是增进关于实在世界的知识，并运用知识造福于人类。那么，增进知识的途径究竟有哪些？从最基本的层面上说，答案有二：一是基于实在世界中获取的信息或数据形成新知识；二是从已有的知识产生新知识。在本章，我们着重阐述前一条途径中的基本问题，即人类如何获得和处理关于实在世界的信息或数据。

第 1 节　实在、信息与数据

为了阐述如何获得和处理关于实在世界（或简称实在）的信息，我们理应对“实在世界”做些说明，这自然涉及科学中的哲学预设问题。在前面的章节中，我们忙于考察科学的转变，以及科学认知的基本架构、不同维度和研究进路，还没有来得及对其中所引入的一些基本哲学预设和基本概念做些梳理、分析。

我们常说，科学认知描绘出了一幅“实在世界的图景”，这里，便心照不宣地预设了存在着一个独立于认知主体的外在世界，并且假定这个世界是可知的；然而，在中外哲学中，对于究竟是否存在这样一个实在的或物质的世界，科学认知是否需要这一预设，以及这个世界是否真的可知，从古至今充满着争议。我们说，从原子到与人的躯体相称的尺度上，物理学研究原子以及亚原子的属性和现象，化学研究原子-分子的属性和现象，生物学研究生命现象，就预设了自然界是分层次的，且每个层次的物质系统又有自身的属性或现象；不过，哲学家可能会质疑，自然界或实在世界真的具有层次结构吗？如果是，不同层次之间又有怎样的关系？我们说，科学的探索者要寻找自然界的现象背后的规律，就预设了存在着这样的自然规律；但哲学的问题也由此而生——什么算是自然规律？它们真的存在吗？难道科学的任务不能仅仅是描述现象？等等。

由此可见，在科学认知中，实际上存在着一些基本的哲学预设，只不过科学的从业者通常对其视而不见，或者加以默认。然而，对于确立科学研究的方向、问题和对世界的理解而言，这些预设并非可有可无，因而不需要追问。比如，如果虽承认自然界具有层次性，但又认定高层次的属性和规律由低层次的属性和规律所充分确定，那么，就秉持了一种还原论的立场。于是，生命现象可还原为化学现象，后者又可还原为物理现象，这样，终极的科学统一（还原）之梦就能实现；反之，就得承认建立在不同层次上的学科具有相对独立的自主性，科学园地中的花朵应该是多彩多样的。

在此，我们关注的是如何获取和处理关于实在世界的信息，因此，我们将只分析实在世界以及与其相关的本体论问题和概念，也就是上面提到的第一点。在科学认知中，我们首先要做出这样的预设：在我们的心智（认知主体）之外，存在着一个独立且自主的实在世界，它不因人类的出现而产生，也不会因我们的离去而消失。之所以需要允诺这样一个本体实在论的信念，基本的理由在于：当一个科学家进行观察或实验等经验操作时，一开始就必须假定被观察或被实验的对象自主地存在，并将自己与对象加以区分，否则，也就无所谓进行观察和实验了；当提出一个解释或预言某种事实的科学假设时，实际上，便预设这样的事实是真实的（现实的或可能的），否则，就变成“无的放矢”的徒劳行为了；当科学假设需要进行经验检验时，就必须假定存在着不属于认知者的心智的外部对象，其能够提供支持或反驳假设的证据，否则，也就没有所谓的经验检验了。

有一种观点认为，量子力学已经否定了这种实在论的信念，因为对于量子客体，我们只有通过测量来加以认识，而由测量所记录的仅仅是现象，所以，假定有一个“在那里”的实在世界似乎变得没有意义了。于是乎，根据哥本哈根诠释，量子力学就只是帮助我们把可观测的现象关联起来的一种工具，或更具体地，一种有用的解释和预言的工具。可事实上，在运用量子力学时，人们常常谈论“处于定态的原子”和“穿越真空的电子或光子”，等等，显然，其中就预设了不受测量的微观粒子的存在。其实，在玻尔的名句“物理学不告诉我们世界是什么，而是告诉我们关于世界我们能够谈论什么”[①]中，已经假定了一个“世界”的存在，也就是说，存在着一个外在或居先于认知者的实在世界是做出哥本哈根诠释的前提。当然，这是一种本体论上的弱实在论，因为并没有对这个世界具体是什么做出肯定的允诺。

在本体论上，我们将首先信奉这样一种弱实在论。不过，为了更明确一点，这里需要对实在世界中的“实在”概念再做一些说明。究竟什么是实在？作为一个基本的哲学范畴，实在与哲学中大多数最基本的问题紧密相关，例如，存在的东西究竟是物质的还是精神的？数以及其他的抽象客体存在吗？等等。回答这些问题的困难常常是很难对问题做出明晰的阐述，而缺乏这种明晰性往往是由于对实在概念没有语义上明确的规定。通常，哲学上的实在概念是从两个方面来理解的：一是把实在等同于“客观的”或“事实的”东西，二是把实在等同于“非还原的”或“最基本的”东西。依照后一种看法，实在是某种不可再还原的存在物，而其他的事物皆由其构成或派生。沿着这条思路，我们遇到的就是关于实在的终极的形而上学概念，故是形而上学家所要追问的。由于我们的目的并非想通过思辨建立一种形而上学的终极实在观，而是希望为当代科学认知提供一个合理的哲学预设，故采用第一种用法。

一旦认定存在一个实在世界，接下来便可以问，这个实在世界究竟是什么。对此，不同的哲学学说有不同的回答，比如，有人认为这个世界是由实体所构成，也有人认为它的实质是精神。应该注意，所有这些关于实在的允诺并不告诉我们实在本身是什么，而是我们看待实在的方式，这是因为，对于实在本身，我们仅能在“有”（存在）和“无”（不存在）之间做出选择和断定。另外需要说明的是，尽管人们能以“是什么”的命题来对实在做出本体论的种种允诺，但这并不意味着，这样的允诺具有随意性，也不表明，这种种洞察实在的方式具有同等的本体论地位和认识论的价值。更好地认识实在世界和人类在这个世界中所处的地位，要求人们选择能够更好地达到这

① 转引自戴维斯、布朗：《原子中的幽灵》，易心洁译，湖南科学技术出版社 1992 年版，第 10 页。

一目标的洞察方式。至于衡量一种洞察方式优劣的基本标准，就是看其给人类理解实在所能提供的信息的多少和准确的程度。[①]

在科学认知中，人们除了首先信奉一种弱的实在论以外，通常也要对实在世界是什么做出进一步的允诺，以便能为科学的经验操作和建构科学理论提供一个基本的概念框架。我们知道，传统上，就自然科学和社会科学而言，对实在世界的基本本体论允诺为：这是一个由具体事物构成的世界，而具体事物又以系统的方式存在并发生变化。从这个基本允诺出发，可以获得刻画实在世界中事物或系统的概念框架，而其便是科学认知的本体论基础。

如果将事物看作物体或实体，那么，属性、状态、事件、过程以及时间和空间等就是基本的概念。一个物体具有某个或多个属性，这些属性不仅规定了其之所以为某物，如电子具有电荷、自旋和质量等属性，这些属性或属性量值规定了其为电子，而且确定了物体处于某种状态。一个物体状态的变化构成事件，而事件的系列又可规定为过程。所有的物体处于时间和空间之中，而时间和空间又是由物体之间的关系所构成，也就是说，两者是相互规定的。此外，一个物体可以对另一个物体施加作用，或者两个物体之间发生相互作用，比如在公路上，一辆汽车可以与另一辆汽车发生碰撞。实在世界中存在的物体之间的各种作用和相互作用，构成了一张复杂动态的因果网络，而因果网络中又存在一些相对稳定的模式或规律。

如果将一个事物看作物质系统，那么，组元、结构、功能、环境等便是基本概念。一个系统处于一定的环境中，由某些组元所组成，这些组元之间的联系（包括相互作用）形成一定的结构，且整体上呈现新颖的功能。在实在世界中，也许除了基本粒子和那些整体上缺乏新颖功能的堆积物，其他的物体都可以看成系统。而且，在自然界中，通常一个系统的组元本身也是一个（子）系统，例如，真核细胞是一个系统，其由细胞核、细胞质和细胞膜等组元所组成，这些组元是系统，由更为基本的生物大分子所组成，而生物大分子本身也可以看作系统，如此等等。另外，一个物质系统也可以与其他物质系统相互作用，也总是处于一定的状态并且发生变化，因此，状态、事件、过程、时间、空间和因果联系也是刻画系统的基本概念。

① 这种处理方式见笔者的《用计算的观点看世界》第 2 章。

在具体的科学认知中，究竟将一个对象视作物体还是系统，则取决于所追求的目标和要解决的问题。如果旨在研究一个对象整体的情况（状态和变化）或者与其他对象之间的相互作用，而无须考虑其内部结构，则将其视作一个物体通常更为简单和方便，比如在经典力学中，主要是刻画对象的运动和运动改变的原因（相互作用），故使用物体或对物体进行抽象而成的概念（如质点和刚体）。倘若旨在研究一个对象的组成、结构及其为何呈现出新颖的功能，那么，显然需要将其视作一个系统，比如对一个细胞的研究。当然，这两个视角并不排斥，而且如上所述，其中不少基本概念是共享的。鉴于此，在以后的论述中，我们有时会交替使用事物、物体和系统这样的概念，并不刻意追求它们之间的区分。

在科学认知中，人们还常常使用两个基本的本体论概念，即事实和现象。一个从事科学观察或实验的研究者，会心照不宣地假定他的任务是发现事实。不过，“事实”这一概念在普通语言和科学语言中使用时都显得有些含糊或多义。在普通语言中，事实有时指实际存在或发生的东西，有时又指对感知到的东西的陈述。比如，人们常说“事实胜于雄辩”，这里的事实其实是关于事实的陈述，不然也就无法与“雄辩”做比较。在科学语言中，情况相类似。为了明确起见，在以后的论述中，我们对事实概念做本体论的理解和使用，而将对事实的陈述称为数据。这样，事实就可理解为是对实在世界中存在和发生的东西的统称，也就是说，一个物体的属性或一个物质系统的组元、结构、功能以及状态、事件和过程等均为事实。

在日常和科学语言中，“现象”同样是一个经常使用但含义不明的概念。一个科学家说要去观察某种自然现象，他心目中的“现象”很可能指的就是“事实”。也是出于明晰的需要，我们将把现象规定为知觉到的事实。该规定一方面表明现象是真实的，另一方面隐含着一个假定，即实在世界中的事实除了现象之外，还存在未被知觉或无法知觉的事实。这个假定会引发一场哲学史上已经旷日持久的争论，即现象论与实在论之争。我们在本章的最后一节将回到这个问题上来。

好了，因为我们在这里并不试图建构关于实在世界的一种科学本体论，故以上阐述只是简化和粗略的描述，主要是想说明科学认知需要有一个本体论的概念框架。一旦有这样的框架，我们就可以讨论，在一个科学认知过程中，获得关于对象的信息意味着什么。其一，这意味着存在一个需要认知的对象，根据我们已经阐述的概念框架，这个或这类对象是实在世界中的具体的物体或系统，具有某些属性或结构，处于某种的状态，发生一定的变化而形成事件和过程，等等。因此，关于它的信息就是指其具有什么属性或结构，处于何种状态，发生什么样的变化，等等。我们在第 2 章中已经说过，信息是一个在不同意义上使用的概念，既可以是本体论的也可以是认识论的。如果在本体论意义上使用，则信息的最基本含义就是差异或不同。这样，当我们说一个物体带电（具有电的属性），就与不带电或那些不带电的物体区分开来，由此看来，具有某种属性也就是具有某种信息；类似地，如果说某个系统具有某种结构（比如晶体结构），其便与没有这种结构或有其他结构的系统相区分，也就是具有结构方面的信息。

实际上，对于结构和信息，我们可以说得更多。在物理学和信息论中，信息被认定为负熵，而熵是一个刻画系统无序的量。一个完全无序的系统也就没有结构，这时熵为最大，而刻画结构的信息（不是算法信息）最小，处于这种状态的系统也就缺乏科学上的认识价值。由此看来，既然一个物体或系统具有的属性、结构和状态等也可理解为（本体）信息，而状态的变化、事件和过程便是信息的变换，即计算，那么，我们就可以用信息-计算的观点来看待物质系统的方方面面。我们在上一章中已经论述，以这样一种方式来看待实在世界，正是在当代科学中变得流行的计算主义。由此可见，对于实在世界中所要认知的对象，我们可以运用信息-计算的概念框架。当然，也可以运用传统上使用的由组元、属性、结构等构成的概念框架。事实上，当代科学认知中，这两种概念框架常常交替或混合使用，因为在许多方面它们是等价的。但是，如果需要讨论获取关于实在世界的信息，那么，运用基于信息-计算的概念框架会更加自然和有效，为什么？

其二，我们就来回答这个“为什么”。之所以运用信息-计算更为自然和有效，关键在于信息有个基本性质，即可以借助一定的载体或媒介而传递，且可以与实现传递的载体相分离而独立地接收、记录和操作，因而，我们可以自然地谈论对象的信息和这些信息的传递与变换。例如，在日常认知中，当你在早春的某日，沐浴着阳光，注视河边的一棵垂柳，发现柳枝在风中摇动，已经长出新叶，等等，你就获得了关于柳树状态的信息，而这些信息其实是通过光传递给你的，或者说，柳树状态的信息以光作为载体传递给了你的知觉系统。当然，在传递过程中，信息不一定保真，也就是有可能丢失或被歪曲。但在正常的条件下，总有一些对象的信息有效地实现传递，不然，一棵柳树就可能忽然间变成桃树了。在科学认知中，情况相类似，只是人类除了利用信息传递的自然媒介（信道），还发明了各种各样的人工媒介，大大地扩展了获取认知对象的信息的范围，且可以提高信息传输的准确性，这就是我们马上要阐述的科学观察和科学实验中所发生的情形。

其三，也可以说是回答这个“为什么”，依据的是信息的另一个基本性质，即其可由一个或多个信宿或终端所接收、记录和操作，且可与作为信宿的具体物理基质相分离。比如，一个发生在环境中的某个事件，通过光的传输，既可以在我们的视觉系统中成像，也可以在一架照相机中成像。在科学认知中，当关于某个对象的信息被一个信宿所接受并记录时，通常就认为获得了关于该对象的原始数据（raw data）。如果这种原始数据在作为认知主体的人的心智中再进行处理（通常还会融入主体心智中已有的数据或知识），或者经过人工的信息系统（如人工的智能系统）与人的心智的协同作用，就可以转化为经验数据。如果这样的经验数据获得进一步的辩护和评价，通常被称为经验知识。

至此，我们可以认为，获取关于实在世界的信息是指这样一个过程：属于实在世界中认知对象的信息，通过一定的信道传递到信宿（自然的或人工的）加以登录，并最终经由认知主体加工为经验知识。在这个过程的描述中，信息是最基本概念，登录了的信息叫作原始数据，经过处理的原始数据称作经验数据，而得到辩护和评价的经验数据便是经验知识。在科学认知中，为了方便（有时因为含糊），人们常常将原始数据和经验数据（甚至经验知识）统称为科学数据。

第 2 节　科学观察

众所周知，获得科学数据的基本方法是科学观察。以上讨论获得关于实在世界的信息，我们是顺着从对象到认知主体的路线来展开的；而当需要阐述和分析科学观察时，顺序看来得倒过来，因为观察是观察者的认知活动，故应该从观察者（认知主体）出发。

在科学认知中，观察是人们有目的、有计划和有选择地去感知认知对象，以获取关于对象的信息。这表明，观察与单纯地看看或听听不同，其是出于某种目的而进行的感知活动，这里的目的通常与所要研究的问题相关。比如，一位儿童心理学家到某个幼儿园对小朋友做观察，事先总得考虑为了什么。如果是为了研究幼儿教师与儿童之间的互动，就需要重点观察教师的行为如何影响儿童的行为以及教师对儿童行为的反应；而如果是为了了解儿童之间的模仿，则可以特别观察儿童在游戏过程中扮演的角色和行为。可见，所研究的问题不同，进行的观察也会不同。

科学观察总是有计划的和有选择的。根据目的和所要研究的问题，事先需要确定究竟选择哪个或哪类对象进行观察，采用哪些观察工具，如何安排观察的步骤，对观察的结果用什么形式加以记录和处理，等等。有时候，如果没有合适的工具，还需要发明新的观察工具，这在当代科学前沿的研究中是很常见的。例如，为了观察和测量引力波的存在，科学家正是在发明了新的工具后，才取得了成功。①

科学观察具有不同的类型。根据认知对象所处的条件不同，观察可以分为自然观察和介入观察。所谓自然观察，就是被观察的对象及其所处的环境并不受观察者和观察工具的干扰（即使有，也是非常微弱，以至可以忽略），因而优点是，获得的数据表征的是对象的本真的或自然的状态。在天文学、地质学、气象学和对动植物的野外研究中，所实施的观察基本上属于这种类型；日常认知中，人们对自然现象或他人的行为进行观察，许多情况下也是如此。不过，自然观察的缺点跟其优点一样明显：由于对象为自然发生，不仅观察者是被动的，往往只能“守株待兔”，而且如果环境复杂，就难以辨认和获取关于对象的信息。为了克服这些缺点，在科学认知中，人们更多地采用介入观察。

顾名思义，介入观察就是对被观察的对象及其所处的环境进行干扰或控制，以获取对象在受控状态下的信息。我们知道，在真实的科学实验中，人

---

① 通过发明和运用激光干涉引力波探测仪，科学家在 2015 年直接观测到了引力波。

们总是有目的、有计划地运用仪器和设备，对认知对象实施控制或变革，因此，实验中进行的观察便是介入观察；另外，在社会认知中，当一个研究者对一组人的行为进行观察或调查，而这组人又知道这位研究者是想了解他们的行为或思想，则他们的行为和思想就会发生改变，这也属于介入观察。在介入观察的情形中，认知主体可以发挥主观能动性，去设计特定的环境或隔离不相关的因素，通过“拷问”对象，让其“吐出”隐藏的信息，因而，不仅可以克服自然观察的缺点，而且能够扩展认知对象的范围。正因为如此，实验才成为获取实在世界中事物的信息的最基本和最有力的方法。不过，介入观察也有自身的缺点和局限。最明显的是，因对象和环境被控制，故所获得的信息并不一定能反映对象处于自然状态的实情，这样，观察的客观性就会受到影响。另外，所使用的观察仪器可能设计上有错，就会导致获得的数据出现系统性的偏差甚至歪曲；仪器本身也有适用的范围，如因衍射的存在，普通的光学显微镜就无法观测很细小的对象。

根据是否使用仪器，传统上，观察也分为直接观察和间接观察。前者就是用认知主体的感官直接观察对象的属性和变化，而后者则是借助于人工的仪器，因而观察对象与主体感官之间的关系是间接的。不过，这种划分似乎不那么明确，因为有些仪器只是起到放大对象的作用（如普通的光学显微镜），有些亦是记录直接来自对象的现象信息（如照相机），而有些仪器（如水银温度计）则是间接地提供测量的数据，其中依据的是某种属性或状态与现象之间的合规律关系（如在常温下，水银柱上升的高度与周围的温度成正比）。当我们用望远镜观看远处的一个物体时，虽然其中插入了望远镜这个仪器，但我们所观察到的对象的现象应该还是直接的；这不同于在云室中，物理学家看到一串电离了的气泡（这是现象），就断定观察到了某种行进的粒子（这是间接的）。由此看来，关于直接和间接，我们还可以有一种不同于传统的理解。

在以下的讨论中，我们将选择这种不同于传统的理解，即不论是否使用仪器，直接观察指认知主体（或加上仪器）所获得的是属于对象的现象信息，而间接观察则是利用与对象的现象之间合规律的关系，对那些非现象的属性或状态的测定。这种划分的好处是可将利用仪器成像以获取数据的观测视作直接的，因为这类仪器（如光学望远镜）本质上是将我们的感官功能放大或延伸，于是，更符合我们对观察的直观理解。这里还有一点值得说明。通常，我们说观察依赖于理论，这不仅指观察仪器的设计需要理论指导，还指观察数据的处理和分析也离不开理论。不过，由上可以看出，在直接观察和间接观察中，情况有所不同，因为后者需要假定非现象的属性与现象之间具有合规律的关系，因此，更依赖于理论。当然，这并不意味着直接观察一定比间接观察更客观，只要间接观察中假定的合规律关系在仪器使用的范围内确实成立，其客观性同样能得到保证。

大多数情况下，科学观察是借助仪器展开的。运用仪器不但可以扩大和深化可观察对象的范围，而且能够对观察对象的许多属性和变化过程进行量的测定。不仅如此，从认知上说，运用仪器对于坚持观察的客观性尤为重要。当人们运用自身的感官去观察对象或以人体作为基准进行测量，由于会受到感官或身体本身的特性（如视觉残像）和已有观念等的影响，观察的结果常常会包含主观的成分，而利用仪器可以减少这样的主观性。另外，由仪器记录的结果可由具有能力的每个人所分享，这种公共可达性是客观性的一个基本方面。例如，对于气温，不同的个体可能感觉不同，有人觉得热，有人也许不觉得；运用温度计进行测量，就可避免主观成分，获得一个公共可达的结果。

如果说，科学观察是认知主体通向实在世界的唯一窗口，那么，在科学发展的不同时期，这个窗口的大小和“装饰”并不相同，因而，所观察到的世界场景始终处于变化过程中，总体上说，则是越来越宽，越来越深，越来越精细。得益于技术的进步和理论的完善，在当代科学认知中，除了进一步扩大和深化了观察的范围，科学观察还呈现一些新的特点。大致说来，表现在以下几个方面：首先，得益于新的显微成像技术的发明和不断改进，科学观察发生了从间接向直接的转变。之前，我们已经反复地指出，当代科学主流已经集中在从原子到与人的躯体相称的尺度上，而如今，在这个尺度上，几乎所有物质系统的组元、结构和变化过程都可以“看到”，因而，获取的科学数据显得更加直观和确定。其次，在科学观察中，定量的观察即测量一直是基本的和主要的方面，而如今，“量”的含义已经发生了改变。自近代科学诞生以后的相当长的时期内，说到测量，人们通常指的就是对某个属性或变元的数量的测定，比如，测量物体运动的速度和电子的质量。在当代科学认知中，除了依然需要进行数值的测量，更需要对物质系统中组元的排列顺序或具体结构进行测定，显然，后一种测定更为困难。随着显微成像技术和计算技术的快速发展，人类终于能够对一些与自身直接相关的系统的结构进行测量。迄今，影响最大的无疑是对人类基因的成功测序。再次，大量使用仪器，特别是计算机化的测量仪器，导致从原始数据到经过处理的经验数据（呈现在人们的感官面前的）之链日益复杂，从而模糊了数据与从数据中得出结论之间的界限。尤其是，在当代的科学论文中，大量使用经过数字技术增强的图片，就有可能出现研究者想要获得的结果，增加了观察的偏见。如今，在一些领域，如生命科学、心理学和社会科学中，研究的对象趋于特殊和复杂，加之可以利用计算机化的仪器对数据进行处理，不仅使得实验过程中获得的数据难以重复，而且也为数据造假提供了方便。事实上，步入 21 世纪以来，因实验不能重复或数据造假而撤销的科学论文数量不断增加。最后，由于大量观测仪器和记录数据设备的使用，在生命科学、社会科学的研究以及对人们日常行为的观察中，产生了比往前任何时期多得多的数据，于是，近十几年来，出现了所谓的“大数据”热。在这股热潮中，数据的收集和处理常常是出于实用目的，但其中所进行的观察，与科学观察在性质以及面临的问题等方面相同或极为相似，而且大数据也对科学认知提出了新的问题和挑战，故对此值得另辟一节专门做些探讨。

第 3 节　观察与大数据

如果有人问，当下哪些技术性的概念最博人眼球？答案恐怕莫过于大数据和人工智能了。这里，我们就来说说与观察紧密相关的大数据。由于计算机、互联网和手机等技术工具的强力推进，如今，在人类社会中，人与人之间出现了一种以数字化的、实时的方式进行信息交往或互动的新形态，而这样的信息又以数据的形式传输、处理和记录，于是，便产生了比以往任何时候大得多、复杂得多的数据。正是在这样的技术和社会背景下，“大数据”概念应运而生。

那么，究竟什么是大数据？首先，需要区分的是，大数据不是大的数据。

虽然数据大对于大数据来说是必要的，但仅有这一特征还不足以称为大数据，不然的话，大数据一个世纪以前就存在了，那时一些大国的人口统计就涉及很大的数据。其实，迄今对于大数据并没有严格的定义或公认的看法。不过，通常认为，大数据是指无法在一定时间内用常规软件工具对其内容进行获取、管理和处理的数据集合。从特征上说，与原有规模小、结构化、种类相对单一的数据相比，大数据具有体量巨大、流动和处理速度快、类型繁多（特别是包括各种非结构化类型）、价值密度低和真实性等特点。这五个特点就是由国际商用机器公司给出的 5V，即数据集的规模（volume）、数据类型（variety）的多少、数据流动和处理的速度（velocity）、数据价值（value）的大小和真实性（veracity）的程度。其中，volume 指数据的体量大，不过，没有具体的数值界定，量大只是相对而言的；variety 指数据类型具有多样性，不仅包括了结构化数据，同时包括了半结构化和非结构化数据；velocity 是指流动和处理速度快，正因为量大、产生速度快和格式多样，故对处理速度的要求非常高，要求实时或接近实时地去实现；value 则指价值密度低，由于量大且结构化程度低，故数据内含的价值密度通常较低，只有依靠相关的处理技术，才能对数据的价值进行有效的挖掘和分析；veracity 指数据的内容与真实世界中所发生的息息相关。①如今，大数据以及相关信息技术正在迅猛发展，广泛应用于企业、商业、医疗、军事、政府部门、教育和科学研究等领域，因而，注定将对人类社会的发展产生深刻的影响，并且很有可能极大地改变人类进化的轨迹。

在此，我们并不想拘泥于定义和特征的分析，故权宜地采用上述说法。对我们而言，感兴趣的是，虽然当今人们热衷于大数据，是因为看到了其在经济、政治、军事等方面具有的巨大的实用或商业价值，但是，任何关于实际对象的数据，也都可以成为科学认知的基本材料。因此，我们主要从科学认知的视角，对大数据中存在的一些基本问题做些探讨。

其一，我们来看看大数据所指涉的认知对象。在人类有可能利用新的工具和技术收集、处理大数据之前，科学研究主要将认知的对象限定在相对简

---

① IBM Corporation. “What is big data? — Bringing big data to the enterprise”, https://www.ibm.com/blogs/watson-health/the-5-vs-of-big-data [2013-08-26].

单的系统，或采用抽样的方式或通过人工的手段将复杂系统加以简化，从而，将获取数据控制到可以收集和处理的程度。我们知道，基于这样的科学数据，一代又一代的科学家凭借理性思维的力量，通过创建科学理论，在认识实在世界的普遍规律或共性方面取得了极大的成功。然而，这种成功是在无视实在世界的复杂性或将复杂性加以简化的基础上达到的。问题是，在实在世界中存在着大量的复杂系统，对于它们，仅有普遍规律或共性是远远不够的，也就是说，为了理解和控制复杂系统，需要对它们的具体结构、机制或个性进行更全面和细致的认知，因此，获取更大和更多样的数据是必要的。由此可以想见，大数据所指涉的认知对象应是复杂系统。而对当代科学认知来说，正如我们此前反复强调的，所要认识和理解的复杂系统主要就是生物系统和社会系统。事实也确实如此，目前大数据的来源基本上集中于生命科学和社会科学领域。例如，在医疗健康领域，通过对各种生物和疾病数据的收集和处理，就不仅能够发现在复杂的生命现象中隐含的模式，而且能够为诊断和治疗疾病提供更个性化和精准的服务。

其二，就科学方法论而言，大数据及其技术能够更好地实现科学观察的基本原则。在科学观察中，不仅要求遵循观察的客观性原则，也要求观察的全面性、反复性和持久性，并对观察的结果进行翔实的记录。事实上，大数据的收集和处理就在于新的观测工具的发明和使用。可以说，传感器和记录器等数据收集工具对科学认知而言，犹如当年伽利略发明的望远镜对于近代科学诞生的作用。[①]得益于望远镜和显微镜，人类不仅感知到了一个更广、更深、更丰富的自然界，而且所获得的数据为建构和检验科学假设提供了基础，进而实现了科学的客观性和科学的进步。如今，越来越多的监控器、传感器和记录器等工具正在共同构成一个超级的“显微镜”，其能将生物系统和人类社会中自主体（个体或群体）的行为和他们之间的互动以数据的形式呈现出来，而云计算和机器学习技术又为快速处理这些数据提供了工具。结果，关于生命现象和社会现象，我们可以获得比以往任何时候更丰富、更全面和更实时的信息。不仅如此，由于测量、记录数据的仪器等工具是公共可

① 例如佩特兰（Alex Pentland），见 Pentland A, *Social Physics*, New York: The Penguin Press, 2014, p.10.

达的，因而所获得的数据可由研究者所分享而满足主体间性，同时也可成为检验和确证假设的经验依据。这样，观察的客观性就能够得到更好的遵守和保证。

其三，在大数据的生成过程中，科学观察的方式也出现了新的特点，特别是当对人的日常行为数据进行收集和记录时。之前，依据是否对认知对象施加影响，我们将观察分为自然观察和介入观察，这样的一般性分类对于涉及大数据的观察过程也适用。但如果观察的对象是人的行为，则出现了新的情况。与对自然现象的观察不同，当对人的行为进行观察时，如果观察者与被观察者发生互动，而后者又知道自己正处于被观察之中，其行为就可能发生改变。对此，传统社会科学方法论中已有大量研究。通常，当一个认知主体对他人的行为进行观察时，可以出现四种不同的情况：一种属于自然观察，另外三种则是介入观察。在自然观察的情况下，观察者并不对被观察者施加作用，而后者也不知道自己正在被观察，因此，认知主体是单纯的观察者。至于介入观察，则有这样三种情况：①被观察者知道自己正处于被观察状态，但观察者并不参与被观察者的活动；②被观察者知道自己正处于被观察状态，且观察者参与被观察者的活动；③被观察者不知道自己正处于被观察状态，而观察者参与被观察者的活动。现实中，新闻记者通常作为①的角色而充当观察者，一些为了深入生活而挂职的作家可以充当角色②，而充当角色③的就是间谍、卧底或私访官等。在这三种介入观察中，所获得的数据的客观性和可靠性并不相同：①和②的情况下，数据受到观察者的影响而可能发生改变；而在③的情况下，由于被观察者并不知道自己正处于被观察中，故与自然观察相类似，数据更能反映真相，但这当中似乎有个伦理问题，即观察者是在欺骗被观察者。

那么，在运用新的观察工具对人的行为进行观测并生成大数据的过程中，究竟出现了什么样的新情况？由于在各种社会环境和状态下，获取关于人的行为的大数据均是通过观测工具“被动”地收集和记录而实施的，通常并没有认知主体的直接参与，因此，在大数据中发生的观测似乎属于自然观察，所获得的数据应该不受作为观察者的认知主体的干扰。可事实上，情况并非如此简单或单一。虽然在现实社会中，所获取的许多关于人的行为的数据是自然观察的结果，但也有不少情况，被观察者是知道自己的行为处于被观察之中的。最平常的情况就是，当你在马路上行走时，你看到监控的探头正对着你，于是，你的行走行为可能受到探头的影响。问题是，在当今的互联网或现实社会中，我们明明知道自己的行为数据正在被收集，而又不得不采取各种各样的行为；我们的行为可能依然为自然发生，但也可能因处于被观察而改变，那么，这时发生的观察究竟属于自然观察还是介入观察？一种可能的回答是，虽然人们整体上知道自己的行为很可能或事实上处于被观察状态，但在日常工作和生活中，通常仍将根据自身的意愿和选择展开行动，在这样的情况下，所进行的观察可以称为准自然观察。当今社会中，许多大数据正是这种准自然观察的结果。

其四，在科学认知中，大数据应具有公共可达性。我们知道，不论是自然观察还是介入观察，如果关于对象信息的获取是科学发现的一个环节，那么，所收集和处理的数据便应该具有公共性和共享性。这既是科学是人类发现和积累知识的普遍的、公共的活动的体现，也是科学必须接受严格的经验和逻辑检验的内在要求。然而，当大数据不仅具有科学价值，而且可以在商业等实际应用中获利时，这种数据的公共可达性就会受到挑战或限制。例如，在对人类基因进行测序这一科学项目中，当时出现了两个团队：一个是由 6 个国家的政府资金所支持的科学家团队，另一个是由商业公司所支持的科学家团队。[①]两个团队几乎同时完成了对人类基因的测序，而商业公司则试图对测序数据申请专利或获取商业利益。虽然最后的结果是在政府和大量科学家的支持下，捍卫了人类基因数据的公共可达性，但也表明，科学数据的公共可达性已经开始受到挑战。

而如今，体现人的行为信息的大数据实际上已经被许多商业公司所收集和利用，并且失去了公共可达性。这就产生了一系列问题：如果这些大数据用于研究人类社会和人的行为的科学研究，那么，它们就应该具有公共可达性，亦即可由任何从事相关研究的人员所共享；如果仅仅是为了商业的用途

---

① 一个是由美国、英国、法国、德国、日本和中国的科学家组成的人类基因组计划，受政府经费资助；另一个是由生物学家文特尔（John C. Venter）领衔的团队，受美国的塞莱拉（Celera）公司资助。2001 年 2 月 12 日，人类基因组计划和塞莱拉公司分别在《自然》和《科学》杂志上公布了人类基因组精细图谱及其初步分析结果。

而收集和处理这种数据，那么，这样的公司是否具有这样的权利？被观察者是否应该是数据的真正拥有者？他们的个人权利应该如何得到保护？目前，这些问题已经摆在人们面前，但还没有令人满意的解决方案。由此可见，大数据不仅与科学认知相关，而且可能涉及法律和伦理等领域。由于系统地对此进行研究并不是本节的目的，故就简单地谈到这里。

第 4 节 科学数据的表征

在科学观察中，通常借助于仪器和相关的设备，我们才能获得关于认知对象的信息，而这些信息又以数据的形式得以记录和处理。于是，就产生了数据与对象之间究竟存在何种关系的问题，而这便是科学数据的表征。

在当代认知科学中，表征是一个基本的概念，也是引起许多哲学争论的核心话题，如人的心智本质上是不是表征的。这里，我们不准备详细考察和分析围绕表征的哲学争论。不过，鉴于科学数据的表征是科学表征的子类，而科学表征又是表征中的重要内容，故有必要对表征的基本含义及其类型做些介绍。

在认知科学和认知心理学中，所谓表征，就是指用某种符号或符号集指代一个对象。也就是说，当这一对象缺席时，符合或符号集代表该对象，而所表征的对象既可以是外部世界的事物及其特征，也可以是我们所构想的心理对象。根据符号实现的载体所处地位的不同，表征一般可以区分为外在表征和内在表征。外在表征是由环境中的某种物质载体的构型所实现的符号或符号系统，如地图、图画、雕塑和书面语等，基本的表现形式是图形表征和文字表征，而其中所包含的信息能够借助于知觉进行获取和加工。与此相对照，内在表征是在心智系统的记忆模块（子系统）中所实现的符号或符号集，如关于视觉和听觉等的表象、具有类语言特征的命题等，基本的表现形式是类比表征和命题表征，而其中的信息主要通过心智活动从记忆中提取并处理。[①]

---

① 这里关于表征和表征类型的区分主要是依据认知心理学的教科书，见 M. W. 艾森克、M. T. 基恩：《认知心理学》，高定国、肖晓云译，华东师范大学出版社 2004 年版，第 362-364 页。

就外在表征与内在表征的关系而言，在一定条件下，外在表征可以通过我们的心智运作转化为内在表征，而内在表征也可以借助于某些物质载体而转化为外在表征。不过，从进化的角度看，外在表征的出现和扩展是人从自然界中提升出来的决定性步骤。我们知道，心智的运作发生在个体层面，即只有在一个个具体的大脑（更确切地说在神经系统）中，各种心智功能和意识活动才能实现。然而，如果每个人不将心智运作的结果外化，仅仅通过行为与自然环境或他人发生作用，则与其他高等动物就没有实质的差别。只有当个体接受来自环境的信息，在心智中加以表征和处理，然后，将结果以某种方式记录到自身以外的载体上，即形成外在表征，才引起了进化史上的突变：一个由外化的知识或思想所构筑的亚世界（即文化世界）出现了。

当然，外在表征并不仅仅作为传播和获取信息的媒介。事实上，在求解较为复杂的认知问题或进行系统性的思维活动时，往往外在表征与内在表征动态地整合在一起，例如，在进行较复杂的数学定理的证明时，纸和笔等实现外在表征的工具几乎是不可或缺的。由于外在表征只有通过知觉和解释方能参与具体的认知过程，因而，关于表征在认知过程中所起作用的研究，传统上，人们习惯于注重内在表征，而把外在表征仅仅作为内在心智活动的输入和刺激。不过，最近 20 余年来，认知科学的大量研究表明，在面对众多的认知问题时，人们可以直接利用外在表征的信息，而并不一定需要通过记忆和推理等加以求解；特别是，在许多情况下，外在表征并不单纯地起助记忆的作用，而是展开思维、求解认知问题的必要和基本的组成部分。对此，诺曼（Donald A. Norman）和张家杰（Jiajie Zhang）等人已经做了一系列出色的理论和实证研究。①

根据张家杰的分析，虽然外在表征最明显的功能是作为扩展工作记忆、形成持久的卷宗和允许记忆分享的工具，但真正显得其极其重要的却不是作为记忆助手，因为在许多任务中，外在表征是内在的组成部分，没有了它，

① Zhang J J, Norman D A, "Representations in distributed cognitive tasks", *Cognitive Science*, 1994, Vol.18, No.1, pp.87-122.

或者任务不复存在，或者任务的性质完全改变。[①]为此，张家杰等概括了助记忆外的其他 8 个功能属性，包括："①提供可直接知觉和使用的信息，这样就能更有效地对信息进行解释和阐明；②提供在内在表征中不可用的知识和技能；③支持能容易地识别特征和进行直接推理的知觉操作；④固定并条理化缺乏意识觉知的认知行为；⑤通过生成更有效的行动系列而改变任务的本质；⑥让时间驻留并支持知觉的重演，以便不可见和瞬时的信息得以可见和持续；⑦通过限制抽象而有助于处理；⑧通过精准地最大化和尽力地最小化来确定决策的策略。"[②]

不过，张家杰等人所指出的这些功能属性，是在一般的意义上考察外在表征的结果。如果落实到某种具体的外在表征形式，则其究竟是否分享上述所有的功能属性，还是只具备其中的某些方面，以及发挥功能的程度，尚需要做具体的分析。例如，已经有一些学者在研究过程中发现，图形表征使得有些信息可更直接地显现和解释，但对抽象具有限制的作用。[③]在西方文化中，历史上曾经将文字及其书写系统，仅仅视为将听觉形式转换或再表征为视觉形式的外在表征，但近几十年来，已经有不少学者认识到，这样的理解是十分肤浅和片面的。[④]从发生学的角度看，文字可以区分为自源文字和他源文字。自源文字和书写的产生并非为了记录口语，而是直接作为传播信息、表达意义和帮助记忆的工具。只是随着人类文明的进一步发展，文字和书写才与口语相结合，成为静态地实现口语的一种方式。而他源文字主要是为了记录口语，故演变成了表音文字。实际上，不管是运用表意文字还是表音文字，一旦通过书写将语言或内在表征外化为文本形式的外在表征，就在作者（或读者）与文本之间建立起了支持反思性的认知之环，而这对于逻辑的、

① Zhang J J, "The nature of external representations in problem solving", *Cognitive Science*, 1997, Vol.21, No.2, pp.179-217.

② Zhang J J, Patel V L, "Distributed cognition, representation, and affordance", *Pragmatics & Cognition,* 2006, Vol.14, No.2, pp.333-334.

③ Stenning K, Oberlander J, "A cognitive theory of graphical and linguistic reasoning:logic and implementation", *Cognitive Science*, 1995, Vol.19, No. 1, pp.97-140.

④ Zhang J J, "The nature of external representations in problem solving", *Cognitive Science*, 1997, Vol.21, No.2, pp.179-217.

分析的抽象思维是必不可少的。也就是说，没有书写，人类的心智就仅仅被动态的言说所占驻，而不能组织和阐释线性系列的分析形式中的逻辑关系，也就无法形成思维的理性模式。[①]当然，在支持现代思维（特别是科学思维）模式方面，不同的书写系统在表征的有效性和效率上是否等价，仍是一个有待深入研究的问题。[②]

我们在第1章的开头就已经指出，近代科学的诞生正是在于理性进路与经验进路的整合。而从表征的角度看，理性进路的产物主要是科学假设、模型和理论，而它们又是通过命题表征的形式实现的，特别是，数学的运用既为命题表征提供了精确并能够刻画变量之间关系和变化的新工具，也使得基于表征的推理得以连贯地、一致地展开和验证。由于本节主要关注科学数据的表征，故将与假设、模型和理论相关的表征问题放到下一章讨论。

科学数据是经验进路的产物。我们已经指出，在科学认知中，科学数据可以分为原始数据和经验数据。从表征的角度看，原始数据是对认知过程中的目标对象的直接表征，实现这种表征的符号既可以是图像也可以是数字，而直接性体现在所表征的信息与刻画目标对象的信息之间具有传递关系。尽管所表征的信息可能会由于媒介的影响而出现一定的失真，但是，这种传递关系的存在保证了这样的信息是有意义的，否则，也就无所谓对目标对象的认知了。经验数据则是对原始数据进行处理或加工的产物，它们可以由图表等图形表征的形式实现，也可以运用文字和数学工具以命题表征的形式实现。由于这种加工离不开运用概念和已有的假设或理论，因而，实际上是经验与理性整合的结果。在实际的科学活动中，作为建构理论和检验假设的基础的科学数据通常就是经验数据，由此看来，即使在经验的层面上，假设或理论与数据之间也存在相互包含的关系。

在科学发展的历程中，以图表和文字（包含数学）符号表征经验数据一直是科学数据表征的主要形式。而进入了当代科学阶段，一种新的表征形式

---

① Olson D R,"How writing represents speech", *Language & Communication*, 1993, Vol.13, No.1, pp.1-17.

② 关于内在表征与外在表征的内容主要取自笔者的《论汉字的表征效应》，《中国社会科学》，2015年第3期，第139-160页。

出现了，那就是科学数据的可视化。随着科学认知对象的复杂化和科学探测工具的不断发明，在研究过程中，所生成的数据不仅数量越来越多，而且具有异质性和复杂的结构，结果，单凭传统的图表和文字叙述作为表征手段，往往难以显现其中所蕴含的信息，甚至超越认知主体的能力。可以说，数据的可视化正是为了解决科学研究中所出现的这些问题。所谓科学数据的可视化，简单地说，就是借助计算机和基于计算机的新工具，将科学数据以图形的形式加以表征和显现，从而，认知者可以利用视觉直观地获得对于数据的认识和理解。如今，如何进行科学数据的可视化成为一个与计算机图形学、人机交互等相关的研究领域，已经开发出许多用于实现数据可视化的软件和其他工具，并广泛应用于科学研究过程中，尤其是那些产生大量数据的领域（如气象学、生命科学、医学和社会科学等）。

对我们而言，这里存在着两个值得关注的问题。第一个是科学数据的可视化为什么能出现。表观上，答案当然是明显的：其是计算机和计算技术发展的结果，也就是说，如果没有它们，也就不可能实现数据的可视化。而从认知的层面上说，科学数据的可视化正是经验进路与计算进路相融合的结果，因而是当代科学认知的基本特征的具体体现。事实上，1987 年，由麦考梅克（Bruce H. McCormick，1930—2007）、德房蒂（Thomas A. DeFanti）和布朗（Maxine D. Brown）所编写的美国国家科学基金会报告，首先强调了新的基于计算机的可视化技术方法用于科学研究的必要性，而报告的题目就是“科学计算之中的可视化”（“Visualization in scientific computing”）。[①]

第二个问题则更具有认知意义也更为深刻，那就是：将科学数据以可视的形式加以表征，对于认知者的思维能力和过程会产生什么样的影响？我们知道，在人的日常认知过程中，获取关于周围环境的信息主要是通过视觉来实现的，而且，关于对象的可视信息也更有利于人的理解，这也就是成语“百闻不如一见”所蕴含的智慧。不过，正如我们在此前一再强调的，近代科学的兴起和发展离不开以数学为表征形式的理论以及相应的理性思维。这样，如果我们在关于科学数据的表征和处理中，大量采用可视化的表征形式，是

① McCormick B H, DeFanti T A, Brown M D, “Visualization in scientific computing”, *Computer Graphics*, 1987, Vol.21, No.6, pp. 247-307.

否意味着理性思维的重要性会被降低或弱化？这是一个难有简单答案的理论问题，也是一个需要进行具体研究的经验问题。这里，我们只能是把问题先提出来，在以后的论述中，将尝试提供一些理论和经验的回答。不过，有一点可以表明：虽然在许多场合，科学数据的可视化会有助于人们对数据所含信息的直观理解，但对数据或信息的解释则需要运用理论或假设来实现，故仍然离不开理性思维。实际上，在计算机工具的开发和应用中，数学往往起着基础性和核心的作用，因此，科学数据的可视化应该视作经验、计算和理论这三条认知进路相整合的一个范例。

第 5 节　现象的拓展

在阐述了科学数据的获取方法和表征手段之后，我们不妨回过头来说说第 1 节中提出的一个哲学争论，即现象论与实在论之争。我们已经指出，当科学家展开科学认知时，往往心照不宣地预设：存在着一个自主的实在世界。进而，这个世界可以看作是事实的集合，而客观存在的事实中，那些可知觉的事实就是现象，因而现象也是真实的。这样，科学的基本任务就是描述现象，并将这些现象纳入事实的总体框架中加以解释。可以看出，这里已经采用了一种本体实在论的立场，并在事实与现象之间做了区分。

然而，从哲学上看，以上表述并不是没有问题。首先，如果我们能知觉到的仅仅是现象，那么，从我们的知觉出发是否能够断定有离开知觉的一个自主的实在或事实世界的存在？这样的断定能得到理性的辩护吗？其次，认为在现象的“背后”还存在着事实，而科学认知的任务之一是用这些背后的事实对现象进行解释，这样的主张合理吗？也就是，现象真的需要进一步解释吗？我们知道，对于这两个基本问题，在哲学史上一直存在着各种各样的争论，许多大哲学家提出了各自的主张。

对于从我们的知觉出发是否能够断定有离开知觉的某物存在，18 世纪英国的哲学家和主教贝克莱（George Berkeley，1685—1753）就论证说，这不可能。他认为，我们所说的存在的东西都是我们的知觉。如果我看到前面有一棵树，其实仅仅是一堆知觉经验——大小、形状和颜色等；离开了这堆知觉经验，我并没有理由断定有一棵独立于知觉的树。所以说，如果要说有什么存在，那就只有知觉经验。因此，贝克莱主张：存在就是感知或知觉。由于这种主张否认存在着知觉现象之外的实在世界的存在，所以属于本体论上的现象论。显然，对于本体论上的现象论来说，并不存在上述的第二个问题，因为知觉现象就是一切。不过，普通人和许多哲学家并不愿意接受贝克莱式的现象论，但要从逻辑上反驳这种观点出奇得难，甚至有些不可能。这是因为，我们确实没有这样一种有效的推理，能够从知觉经验出发断定独立于知觉的某物的存在性。比如，如果你一定要认定：当你（或我们）不观看夜晚天上的月亮时，它就不存在，我似乎也没有太好的理由反驳你。

但是，笔者认为，这种本体论上的现象论站不住脚。之所以站不住，理由是多方面的。比如，如果说存在就是感知，那么感知就是一种关系，所以当谈论感知时，实际上已经预设了可感知对象的存在，且这种对象本身并不是感知，因此，贝克莱式的现象论主张中实际上预设了某种非感知的东西的存在。还有，贝克莱的主张仅仅是以经验为基础，但我们人认识世界时，可以借助于理性而超越经验，从而更深刻地把握实在世界。事实上，科学已经告诉我们，在人类或其他认知者存在之前，日后孕育出人类的地球就早已存在，所以，感知并非地球存在的必要条件。

那么，如果我们不接受本体论上的现象论，而主张将感知到某个对象作为该对象客观存在的标准，是否行得通呢？恐怕也不行。因为我们知道，一方面，虽然知觉现象本身是真实的，但并不能由此断定现象背后的东西一定真实地存在；另一方面，某物的实在性并不一定要由人感知到。比如，我们的感官不能直接知觉到可见光以外的电磁波，但大家似乎都相信电磁波是存在的。因此，感知并不能作为判定某物存在的标准。

还有，感知是我们的认知活动，而关于物体的存在与否是本体论问题。也许，从认知活动中所获得的知识，并不能告诉我们存在的东西本身是什么，虽然这不妨碍我们相信这样的东西的存在。也就是说，我们可以拒绝贝克莱式的现象论，转而承认独立于感知的实在或事实世界是存在的，但对于这个世界究竟是什么样的，则无从知晓。这正是近代伟大的哲学家康德的基本立场。在康德看来，贝克莱否认事物存在的主张是站不住脚的，在日常经验中，我们一直感知到并非属于我们自身的某种东西，因此，某种东西一定是客观存在的。但是，通过感官获得的是一个东西呈现在我们面前的知觉现象，而对这个东西本身我们却无法认识，故被称为“物自体”。这样，康德的主张属于认识论上的现象论。

那么，这种存在的“物自体”为什么不能为我们的认识所把握，或者说不能拥有关于它们本身的任何知识？康德认为，在人的心智（或心灵）中存在着先天的概念框架，人类的知识是这种概念框架与知觉现象或感性材料之间共同作用的结果。因此，我们所谓的认知对象，并非外在于我们的认识过程的“物自体”，而是概念框架或结构应用于知觉现象的产物。康德的主张虽然对近现代哲学产生了巨大的影响，并且至今仍然有不少追随者，但也存在着一些较明显的缺陷和问题。比如，如果按照康德的理解，物自体不可能是知识的对象，那么，就没有关于它的任何知识，我们又如何能够知道它的存在呢？如果我们对于其本身的存在及本性一无所知，则这个“物自体”的概念又有什么意义呢？既然一个概念没有意义，那么对待它的最好方式就应该是摒弃它。事实上，康德的主张中存在着一个内在矛盾，这导致他所发动的形而上学领域内的“哥白尼式的革命”难以真正实现。如果说，理解实在世界本身的本性和结构超越了人类认识的限度，因而显得不可能，那么，在理解人类思维中普遍的概念框架或结构时也会面临类似的问题。也就是说，虽然这种普遍框架或结构会向我们提供感性材料（通过内省和其他内知觉），但只有依靠某种更基本的概念框架才能组织和整理这些材料，从而成为知识的对象。结果，我们所能知道的只是普遍框架或结构通过其他概念塑造的现象，而关于普遍框架或结构本身，我们并没有知识，它也是一类“物自体”。因此，康德所追求的描述人类心智最普遍概念框架的形而上学知识同样是不可能的。[①]

这里，问题的关键是，如果确实只有当启用人类思维中存在的概念框架组织感性材料时，外在世界的对象方可被理解，那么，这种概念框架是否就一定是通达物自体的屏障，而不可能成为桥梁呢？实际上，“物自体”的概念要有意义并且概念框架本身要成为可理解的，一条合理的求解问题的进路

① 关于贝克莱和康德的观点以及对这些观点的更详细阐述，可参阅任何一本有关西方哲学史的教材，如文德尔班：《哲学史教程》，罗达仁译，商务印书馆2010年版。

就是：摒弃先天的概念框架是通达外部实在世界的屏障的观念。如果我们接受生物进化论的学说，则人类心智及其先天的概念框架，应该是生物在长期进化过程中的产物。对于生物而言，只有当其心智的结构表征外在的实在世界的结构时，才能适应环境而求得更好的生存。这样，即使在我们出生时就具备一个用以组织感性材料的概念框架，这个框架也将自然地表征实在世界的结构。因此，当我们认识世界时，虽然心智的概念结构在产生知识中起着基本的作用，但正是因为这种概念结构体现了实在世界的基本结构，这种作用才是有效的。这样，我们甚至可以通过把握人类心智的普遍概念框架来认识外在世界的基本结构，而康德意义上的“物自体”概念就没有必要。比如说，在康德那里，时间和空间是心智组织外在世界感性材料的先天形式，而对于一个研究存在本性和结构的本体论学者来说，心智的这种时间和空间的组织形式，恰恰是外在世界中真实的时间和空间结构的表征，而他们要探究的正是这种被表征的对象。可以看出，当我们这样来看待物自体和时间、空间时，我们所采用的正是实在论的立场。

可以看出，在哲学史乃至当代哲学中，一直存在现象论与实在论之争，主要的原因在于两种主张既有各自辩护的理由也有内在的局限。现象论者基于人的知觉只能通达现象信息这一事实，而放弃对现象背后存在可认识的实在对象的假定，但这样一来，现象论便与科学认知不相协调，因为后者常常超越现象，通过假定非知觉的事实来解释现象，并且相当成功。而实在论者通过假设现象背后存在着实在或事实，虽然可以为科学的成功提供看似有用的本体论和认识论的基础，但这个假设本身却缺乏强有力的经验支撑和理性辩护，因而，在现象论者看来，这样的假设显得多此一举。

在此，我们关心的是，当代的科学观察是否能为看待或消解传统上的现象论与实在论之争提供新的视角和启示？答案是肯定的。从自然认知的角度看，人生下来总是先对周围的环境进行感知，获得现象信息，因此，可以说，每个人一开始都是现象论者。随着认知能力的发展和知识的积累，正常的个体会慢慢意识到在知觉现象之外，还存在着其他的事实，且不因是否对它们进行知觉而存在或消失，也会意识到实际上自己的知觉范围是很有限的，这样，便成了常识实在论者。随着近代科学认知的产生和发展，借助各种探测工具，科学的探索者大大地增强了感知实在世界的能力，于是，可感知现象的范围不断地拓展，但同时，他们也意识到，在现象的背后总是还存在着没有被揭示的更深层的事实，而后者又可以对现象做出解释，因而，通常依然抱有实在论的信念。

不过，在当代科学认知中，情况已经发生了一些有意义的变化。前面已经阐述过，科学观察可以分为直接观察和间接观察。我们先来看看间接观察。在这种情况下，一个事实要产生可知觉的效应或结果，并且，这种效应成为观察者的知觉现象，而事实与现象之间被假定具有合规律的联系。由此看来，间接观察不仅依赖于规律性的假设，而且需要持有实在论的信念，即事实是客观存在的。而在直接观察的情况下，观察者所知觉到的是关于对象的现象信息，尽管这种信息常常通过测量仪器所显现。

重要的是，在当代科学认知中，研究对象越来越集中于从原子到与人的躯体相称的尺度，而正如我们已经指出的，在很大尺度上，新发明的工具能够实现对这一尺度上的几乎所有对象进行直接观察，也就是说，研究对象已经成为一个借助仪器可以知觉的现象世界。因此，在这一尺度上，对现象的描述就成为科学研究的最基本也是最主要的任务，而询问现象背后存在什么就显得没有什么必要。由此可见，假定存在一个实在世界的本体实在论依然是进行科学认知的必要前提，而那种假定非知觉的事物或结构并以此作为说明科学成功的认识论上的实在论，就将越来越失去意义。事实上，当人们不仅能够直接知觉到对象的属性或变化过程，而且能够对存在的对象进行实际的操控时，科学地对其进行的认识认知的任务也就基本宣告完成。

第　6　章

科学模型的认知阐释

在科学认知中，由于科学数据的获取和处理会受到已有假设或理论的影响，因而科学观察和科学实验并不总是一个具体研究过程的起点；同时，获取和处理了的科学数据也不是研究的终点，因为任何数据如果没有纳入概念框架中加以解读和诠释，便无法揭示其所蕴含信息的认知意义，也就谈不上帮助人们理解和认识事实。我们知道，概念框架的建构和运用是人类认知的基本能力，而在科学认知中，一个系统的概念框架通常称为科学模型或科学理论。这样，在阐述了科学数据的获取和表征以后，我们便顺着自然的思路，先从认知的角度分析模型和科学模型的内涵，进而着重考察在当代科学认知中模型的新特点及其哲学意蕴。

第 1 节　模型与表征

不论是在日常生活还是科学活动中，模型是一个广为使用的概念，而且，具有多种多样的用法。在儿童的玩具世界里，摆放着几乎关于人类重大发明的所有实物模型：火车、汽车、飞机、轮船、电话……在人们的日常谈话中，充斥着各种隐喻性的概念模型：天堂、地狱、机器人、地球村、文化基因……在进行工程设计时，建构模型是工程师的主要活动之一，而在科学认知中，科学家的工作离不开概念模型的发明或实物模型的制造。

如果说，对于儿童而言，摆弄玩具模型主要是为了娱乐（当然，也有一定的认知作用），那么，在人们通常的认知和行动中，模型的基本功能则是帮助人们理解和认识原型，这里的原型主要是实在世界中存在的事物，也可以是人们所希望实现的目标（如建造一座大坝）。不过，这里引发一个问题，即模型何以能具备这种理解或认识的功能？通常的看法是，原因在于模型是对原型的表征。但这样的回答似乎难以令人满意，因为“模型表征原型”中的“表征”究竟意指什么本身并不清楚，也就是说，我们需要弄清的是：什么样的条件使得表征具有理解的功能？事实上，这正是当前认知科学、人工智能和心智哲学遇到的难题之一。我们觉得，对于这个问题的分析和回答，有助于理解模型，尤其是科学模型，在人类认知中所扮演的角色，故值得在此做些讨论。

前一章谈到科学数据的表征时，我们已经说过，表征是指用某种符号或符号集指代一个对象，并且，一般可以区分为外在表征和内在表征。具体到模型，如果是作为外在表征，则它可以是一个实物，在这种情况下，符号的含义需要做广义的理解，也就是包括物理符号。不过，由于我们这里的目的是要说明模型的理解功能，而理解是一种心智活动，因此，与模型相关联的表征应该是内在的心智表征。事实上，所有外在表征都是心智运作的外化和实现，它们的认识意义只有通过认知主体的诠释才被赋予，因此，不论模型的表征是外在的还是内在的，均只有在心智运作中方可获得理解这一性质。

要探讨心智表征和理解的问题，离不开对一个原本属于哲学中的技术性术语的阐明。这个术语就是意向性（intentionality）。如今，它已广泛运用于认知科学、意识科学和人工智能等领域，成为刻画心智表征或状态的基本概念之一。从辞源上看，意向性出自中世纪的拉丁文——intendere，意为“瞄准”（to aim at）。据一些学者考察，最早引入这个概念的是中世纪的神学家托马斯·阿奎那（St. Thomas Aquinas，1225—1274），其目的在于实现亚里士多德生物学原理的基督教化。[①]不过，其作为一个专门的哲学术语则始于 19 世纪末的哲学家布伦塔诺（Franz C. Brentano，1838—1917）。

在《从经验的观点看心理学》一书中，布伦塔诺认定心智状态与物理状态的根本区别就在于前者具有指向某种对象的特性，即意向的心智状态是关

① Freeman W J, “Nonlinear brain dynamics and intention according to aquinas”, *Mind & Matter*, 2008, Vol.6, No.2, pp. 207-234.

于对象的，而这里的“对象”并非一定是真实的存在物。[①]他关于意向性的论述中，有两个重要而又相关的观点在当代心智哲学中引起了热烈的讨论和争论：一是没有物理状态或现象具有意向性，二是所有且只有心智状态具有意向性，也就是说意向性是心智现象的标志。

我们先从第二个观点出发来分析由意向性所引起的哲学争论。争论的焦点围绕两个问题展开。一是，究竟是否所有心智状态都具有意向性？显然，我们的信念是关于世界的状态、结构或过程的，比如“地球的气候正在变暖”是我们关于地球气候的信念，所以信念具有意向性；类似地，如果我们有一个实现美好社会的愿望，则这个愿望是关于社会的，它也具有意向性。因此，意向性是信念和愿望等心智状态的基本特征。不过，除了信念和愿望这些具有明显内容的心智状态以外，我们还有其他的属于体感或情绪的心智状态，如疼痛和焦虑，似乎并没有关于对象的内容。鉴于此，有些哲学家如塞尔（John R. Searle）认为，只有具有内容的心智状态才具有意向性。[②]这样的话，布伦塔诺的第二个观点就不正确。

二是，果真只有心智状态才具有意向性吗？图画、文字或现有计算机等的内容均可以是关于或表征某种对象的，而它们并不属于心智状态。倘若“关于性”确是对意向性概念的恰当刻画，则这些事物的状态应该具有意向性。不过，解决这个问题似乎并不难。图画和文字等之所以看上去能表征另一个事物，并不在于它们本身具有这种能力，而是由于第三方的存在：人不仅创造了它们，而且赋予它们意义，也就是说，这种意向性并非这些事物固有，而仅仅是从人的意向性导出的。这样，一些哲学家便主张把意向性分成两类——内禀（或原始）意向性和导出意向性；并进而认为，前者是人（也许还有某些高等动物）的心智所特有和固有的属性，而人类所创造的人工系统（如书籍和计算机）和符号则只有导出意向性（由人赋予并解释）。[③]

结合以上两方面的分析，我们至少可以认为：人的一些心智状态具有意向性，而且导出的意向性可由人的意向性予以解释。假如将这个结论与布伦

① Brentano F, *Psychology from an Empirical Standpoint*, London: Routledge, 1995, p.68.

② Searle J R, *Intentionality*, Cambridge: Cambridge University Press, 1983, p.1.

③ Searle J R, *Intentionality*, Cambridge: Cambridge University Press, 1983, p.27.

塔诺的第一个观点联系起来考虑，立即就会引起对心智意向性的来源的追问。如果物质（或物理）现象没有意向性而心智现象具有意向性，且意向性是一种真实的现象，那么它究竟从何而来？一种方便的回答是，认定内禀意向性是实在世界一种自在的基本属性，其本身并非由其他属性所派生或生成。这意味着我们所处的世界原本就存在着两类彼此独立的基本属性：物质属性和意向属性。然而，这种属性二元论的形而上学主张明显地与实在世界在物质上的闭合性相抵触，而且与现代科学所取得的成就不相容，因为科学已经告诉我们：在人出现之前，自然界早已存在且只以物理的方式存在。为了避免与现代科学相冲突，就需要对意向性的来源予以自然的解释。例如，哲学家和认知科学家福多（Jerry A. Fodor，1935—2017）明确表示："如果语义和意向性是事物的真实属性，那么就必须被确认为是同一（或许是随附）于本身既没有意向又没有语义的属性。如果关于性是真实的，它必须是某种别的实在的东西。"[①]于是，理解意向性的核心问题在于：原本非心智的事物何以能呈现出具有意向性的心智状态，从而使得该事物具有理解的能力？对于我们人这样的认知者，可以承认具有内禀的意向性，因而也就有通过心智表征获取对于认知对象的理解能力。

那么，究竟是什么使得我们具有内禀意向性呢？这就需要来考察这种意向性的生成条件。笔者认为，塞尔提出的"中文屋"思想实验是一个寻找这些条件的合适切入口。

自从 1982 年塞尔提出"中文屋"思想实验后，围绕其所展开的哲学和科学争论持续至今。塞尔设想自己是一个对中文一窍不通的人，被关在一间屋子里。屋子里面放着一本包含着中文字库和用英语写成的指令集的指南，这些指令的唯一作用就是能把一串中文字合乎规则地变换成另一串中文字。现在，假如在屋子外面站着一群中国人或其他懂中文的人，他们通过屋子上的一个小孔向处于屋内的塞尔传入一些用中文写成的问题。塞尔可以根据手头的那本指南决定向外界传出什么样的中文句子。由于他不懂中文，所以并不知道所传出的句子的意义。然而，对于屋外懂中文的人来说，只要塞尔的回答是根据规则生成的，就将是有意义的。

① Fodor J A, *Psychosemantics*, Cambridge: The MIT Press, 1987, p. 97.

这样，对于站在屋外的中国人来说，根据塞尔的行为，可以判断他应该是懂中文的，但实际上他不懂。在他看来，思想实验中他所处的角色，正如程序在计算机系统中所处的角色一样。借助于这个思想实验，塞尔做出了以下的论证：仅仅运行程序，一台计算机并不能具有真正的理解力；一个真正的理解具有内禀意向性，这样才有意义；人有理解能力，也就有内禀的意向性；所以，仅仅运行程序对于心智而言是不够的。[①]

毋庸说，这个思想实验和所做出的论证不仅对强人工智能的主张做出了反驳，而且对认知计算主义也是一个严峻的挑战。如果他的论证是有效的，那么强人工智能者希望仅仅通过程序来实现真正意义上的人的智能的梦想就将破灭，而对于认知计算主义者来说，就必须要能运用心智的计算理论来合理地解释人的理解能力和意向性。

既然中文屋系统没有理解能力而不具备内禀意向性，故这里所需追问的是：究竟是什么因素导致了它与心智的差别？在思想实验中，对塞尔之所以不理解汉语的一个似真的解释是：语言本身并没有意向内容或仅仅只有导出的意向性，只有当塞尔的心智状态与理解汉语的人的心智状态具有等价内容时，他才具有真正的意向性，而满足具有等价内容的必要条件是，他的心智状态处于与懂汉语的人的心智状态一样的同环境对象的信息关联之中；也就是说，心智的意向性的产生不仅需要对内部状态履行基于规则的计算，还需要恰当地表征来自环境的信息。由于当我们处于某个自然环境中时，进入感官（如眼睛）的环境信息通常是纷繁杂多的，因此，要识别环境中的某个对象就需要心智对信息进行有选择的表征。我们知道，目前使用的计算机（包括思想实验中的塞尔）所接收的信息是事先形式地表征好的，也就是说，它并没有选择性地表征外部信息的能力。

加上选择性地表征外部信息的能力，从而实现计算系统内部状态与环境信息之间相关联这一条件，是否就能断定系统本身具有内禀的意向性？在反驳“中文屋”思想实验的各种策略中，被称作“机器人的回答”就采用了上

---

① 约翰 •R. 塞尔：《心灵、大脑和程序》，载于道格拉斯 •R. 霍夫施塔特、丹尼尔 •C. 丹尼特：《心我论——对自我和灵魂的奇思冥想》，陈鲁明译，上海译文出版社 1988 年版，第 336-373 页。

述策略。不过，除了塞尔本人拒绝了这一策略，已经有不少人从不同的角度论证了，这个信息关联条件加上基于规则的符号计算对于内禀意向性的产生同样是不充分的。一个颇具说服力的论证是：这种关联是内部状态与环境中对象之间的对应关系，而对于一个认知主体来说，他是从第一人称视角来把握这种对应关系的；由于对应关系的一端并不属于其内部状态，而是属于外在于他的对象，因此，这种性质本质上是一种外在的关系性质，而意向性是一种内禀现象，故并不足以说明心智状态的意向内容。[①]

事实上，仅仅通过这种信息关联的对应关系，我们并不会认为关联的一方就具有了内禀的意向性，不然的话，像照相机（甚至所有的测量仪器）都具有这种意向性了。对于认知主体来说，某种内部状态具有意向内容，不仅取决于该状态与环境中的对象具有对应关系，更重要的是要确认该状态是关于对象的表征。由于环境中的对象并不处于心智内部而不可通达，所以，从第一人称的视角无法实现这种确认，故这种对应关系并不能成为内禀意向性的构成条件。这表明，虽然来自环境中的信息对于形成“关于”外部对象的内容一般来说是必要的，但由于这种信息关联是外在的联系，故其即使与基于规则的操作相联合，也不足以解释意向现象的内禀性或心智内容的意义。

由此看来，要找出内禀意向性的构成条件，还需要考察一个心智系统内部的基本属性和结构。从上面的分析中，可以看出，只有在心智系统内部建构起关于外部对象的模型，而表征的内容指涉所建构模型中的“虚拟对象”时，才能成为意向现象的构成要素。也就是说，意向性或意义并不位于外在世界或外在世界与心智世界之间的交界处，而是处于所建构的模型之中。这意味着，假如一个心智系统具有建构关于环境中认知对象的模型的能力，并以这样的模型作为指向外部世界的“中介”，就能获得产生意向性的内部构成关系。这样，一个具有表征内容的心智状态其实是关于作为“中介”的模型中的虚拟对象的，而这些虚拟对象则可通过信息回路与环境中的对象发生关联，因此，直觉上，我们似乎能感知到心智的内容是关于或指向外部对象的。

---

① 这一论证来自 Bickhard M H, “Information and representation in autonomous agent”, *Cognitive Systems Research*, 2000, Vol.1, pp.65-75.

只要所建构的模型基于来自环境的信息，对外部世界的结构和过程做出模拟或预期，并借助行动与环境之间的信息回路建立起行动-思索-知觉之环，就能够确认或修改模型。可以看出，虽然我们所使用的计算机也能通过实现模型，去模拟外部世界对象的结构和过程，但是，这些模型却是使用者从外部“注入”的；也就是说，目前的计算机并没有利用来自外部的信息建构模型的能力，而我们人（也许包括高等动物）作为认知者显然具备这种能力。事实上，在“中文屋”思想实验中，塞尔本人没有运用也无须运用这种能力。

基于上述分析，笔者认为，选择性地表征外部信息的机制和建构模型的能力是心智系统内禀意向性的生成条件。不仅如此，这两个生成条件还可以在计算主义的框架内获得合理的诠释。

对于表征外部信息的选择机制，从原理上说，运用信息-计算的观点予以自然的和恰当的解释并不困难。就一个心智系统而言，知觉过程就是变换、选择和识别环境信息的过程，而根据我们对于计算的理解，这实质上就是一个由生物所履行的特殊类型的计算过程；或者说，一个生物的知觉系统就是一个特定的计算系统。至于这个计算系统如何生成和运行，则是经验科学所研究的任务。事实上，当代认知科学、人工智能和机器人学已经逐步地解开了知觉的计算结构和过程，并在很大程度上可由在自然环境中自主活动的机器人加以实现。

既然一个具有选择和表征来自外部信息功能的计算系统并不足以成为心智系统，因此，如何运用信息-计算的观点解释建构模型能力的形成便显得更为关键。要解释这种能力，一个基本的路径仍然是从心智系统的功能着手，来探索一个心智系统究竟具备什么样的计算属性和计算结构，才使得心智状态获得意义或具有意向性。

我们已经在第 4 章第 5 节中论述过，从信息-计算的观点看，如同普适的图灵机，人类的心智系统在计算上是普适的，即认知的计算能原则上模拟其他任何计算。这样，人的认知过程实际上是一个模拟过程。从这一观点出发，至少原则上能理解认识世界的过程是如何进行的：一方面，我们运用自然的感官或测量仪器获取关于认知对象的信息；另一方面，我们在大脑中建构可产生具体信息的计算模型或理论，并借此来模拟认知对象的结构和过程。一旦这种模拟输出的结果与运用感官或仪器所测得的信息（在允许的误差范围内）相一致，就可以认定，我们已经获得了关于该对象的知识。由此可见，我们能认识世界的基本前提是：心智中拥有一种能模拟许许多多对象或系统的能力。

这样，问题就转化为：如何用信息-计算的观点说明这种建模能力。可以看出，具有这种能力需要一种“模型生成器”，它的基本功能是能将环境中无意义的信息转化为对心智系统而言有意义的信息。[①]在计算的概念框架内，模型生成器就是一类能够实现其他虚拟机（模型）的基本虚拟机，而计算的一个基本属性可合理地说明模型生成器不仅本身是计算的，而且能够表征和模拟外部对象。这个属性就是我们在第4章第5节中提到的幂等性，即计算的计算依然是计算。这样，模型生成器是一种基本的计算系统，而计算的幂等性又允许它通过计算去建构模型以表征认知对象的信息。

如果运用虚拟机的概念，则每个具有一定功能的子计算系统（包括模型和模型生成器）均可看作虚拟机，故一个心智系统是由多层虚拟机所构成的计算系统。这一点与目前我们使用的计算机相类似，差别在于心智系统具有运用外部信息建构模型的虚拟机——模型生成器。还有，由于大脑可看作是一个由具有不同层级和结构的子系统所构成的物质系统，这使得模型生成器的物理实现成为可能。事实上，自然界的复杂进化已经产生了模型生成器得以实现的物理结构和过程。

然而，为了解释心智的内禀意向性或内容为何具有意义，仅有模型生成器仍然显得不够。这是因为，如今一些计算机软件似乎也具有生成模型和挖掘模式的能力，但我们依然不认为这样的计算系统具有内禀意向性或所获得的内容具有真实的意义。那么，还有什么因素能使一个心智系统的状态的信息变成有真实的意义？这里，关键是需要理解：一种信息对拥有心智系统的认知主体而言怎样算是有意义的。显然，对于认知主体来说，如果一种信息与其生存和进化并不相关，则这种信息就没有什么意义。因此，确定一种信

---

① 这里“模型生成器”与多伊奇所说的“虚拟现实生成器”在含义和形式上有些类似，但提出的路径和用于解决的问题并不相同，可见戴维·多伊奇：《真实世界的脉络》，梁焰、黄雄译，广西师范大学出版社2002年版，第55页。

息是否具有意义需要与认知主体的约束相关联，而最基本的约束就是有利于维持其“活”的状态。基于这样的认识，我们就可以明白：只有当由生成器所建构的模型不仅表征外部对象，而且通过与行动、环境和知觉形成一个动态的信息-计算回路，使得认知主体在环境中成功地生存时，方可确认这种模型是对环境中对象的恰当表征，从而获得有意义的信息。因此，心智内容的意义或意向性的产生，是建构的模型在生存条件的约束下成功地适应外部对象的结果。由于这样的模型是基于来自环境的信息（通过知觉）而生成的，并通过行动的成功与否来确认，所以，虽然意义居于模型内部，但意向性仿佛是指向外部对象的。这种初阶的意向性为所有认知主体所共有。

人类的心智系统不仅具有初阶意向性，而且具有关于初阶心智内容的高阶意向性。借助计算的幂等性，高阶计算成为产生高阶意向性的机制。这种高阶计算能够利用内部可用的信息建构高阶模型来模拟低阶模型中的虚拟对象，而后者可以对应或不对应于外部对象。如果这些低阶的虚拟对象并没有对应的外部对象，那么，这种高阶意向性就只是关于虚拟对象的。不过，这并不妨碍在心智系统内部建立起高阶模型与低阶模型之间的信息回路，从而使得前者获得某种意义。由于人的心智系统具有高阶意向性，因此，它可以指向非存在的对象。这就解释了人的心智的内容为什么能指向在现实世界中并不存在的客体，而同时又是有意义的。高阶意向性的产生，一个基本而又关键的观念是：大脑不是单一的存在物，而是由多个子系统所构成的“超”系统，因此，可以形成抽象程度和类型不同的表征，而表征、对表征的再表征就是形成高阶意向性的基础。

高阶模型的建构与具有初阶意向性的低阶模型之间的连接同样可以看作是一个行动-思索之环，而这样的环路对于形成高阶认知和意识是必要的。[①]如果一个认知主体在解决问题或执行任务时，只依仗初阶意向性则显得不够充分，拥有高阶意向性就会具有进化上的优势。因为一旦认知主体具备高阶意向性的能力，当碰到新情况时，就能够对自身初阶意向的内容和行动的模型（知识）进行评估，必要时做出修改，这样就能够更好地处理新问题。

---

① 我们猜测，高阶意向性是人的高级意识形成的构成要素。这一猜测是否为真，有待日后意识科学的发展进行检验。

以上，我们花了不少篇幅，来探究一个心智系统内禀意向性的生成条件及其计算诠释，目的是想表明：虽然表面上看，模型对认知主体而言之所以具有理解功能，是由于其与原型之间可以具有表征关系；但实际上，要理解这种理解功能或表征关系，必须认识到，认知主体具有建构模型的能力，并且，可以在心智中将所建构的模型与来自原型的信息相关联。基于这样的分析，我们也就可明白：为什么模型和建构模型的能力对于人类认识世界如此基本和重要。

不过，以上主要是从心智的计算理论出发，对认知主体或心智系统中模型、表征和建模之间的关系进行的一般的阐述。而我们之所以讨论这些问题，主要还是想以此为出发点，更好地探究和理解科学模型及其在科学认知中的地位和价值。①

第 2 节　科学模型的类型和地位

根据当代的认知理论，作为认知主体，人的心智所建构的基本模型存在着两种既有区别又相互关联的类型，即类比模型和命题模型，分别对应于类比表征和命题表征。类比模型是对认知对象的直接建构，其特点是所建构的模型与原型之间具有形态上的相似性。当我们看见一个人，然后闭上眼睛，脑海里立刻呈现的关于他的具体形象就属于这一类。就表征而言，“类比表征是非离散的，能内隐地指代事物，组合规则是松散并且具体的”②，而相对应的外在表征就是图形表征，也就是说，图形表征可以说是类比表征的外化。命题模型则是由一组命题所建构而成的模型，其与原型（外在事物）之间并没有直接的形态上的相似性，因此，“命题表征是不连续的、外显的、抽象的，且是通过规则组织起来的”③。由于命题模型是由语言来实现的，

① 关于意向性、模型与表征的关系的讨论主要取自笔者的《意向性的计算解释》，见《哲学研究》2012 年第 9 期，第 95-103 页。

② M. W. 艾森克、M. T. 基恩：《认知心理学》，高定国、肖晓云译，华东师范大学出版社 2004 年版，第 366 页。

③ M. W. 艾森克、M. T. 基恩：《认知心理学》，高定国、肖晓云译，华东师范大学出版社 2004 年版，第 366 页。

因而其外在表征的对应形式就是文字表征。

当代认知科学中，存在着这样一个基本假设：人类心智系统中存在两个功能上相区别的子类。虽然在细节和神经实现方面尚待进一步研究，但此假设可以说已经获得公认。习惯上，这两个子类叫作类型 1（或系统 1）和类型 2（或系统 2）。类型 1 的推理模式具有快的、平行的、自动的、情景依赖的、联想的和无意识的等特点，而类型 2 的推理则是慢的、串行的、慎思的、抽象的、基于规则的和意识的。[①]从心智进化的角度看，类型 1 先于类型 2，主要是对由环境提供的信息的直接加工，且为人类和一些高等动物所共享（程度则不同），类型 2 则通常被认为是人类所独有的。从功能特征上看，类型 1 与心智中的类比模型相适配，因为类比模型更接近于外在世界的结构和过程，故能快速而直接地反映其中事物的属性和状态，并有效地指导行动。与此相对照，命题模型则可以超越对环境信息的直接依赖，使得认知主体对尚未发生的事件进行预言，因而可以更为有效地展开行动，但模型的建构和操作则更多地需由类型 2 来完成。

一般而言，在人的认知过程中，类型 1 和类型 2 处于相互合作和协调的活跃状态来完成各种认知和行为任务[②]，类似地，类比模型与命题模型也往往在认知过程中协同地起作用。不过，单就心智建模和表征而言，虽然我们人类具有建构这两种模型并协调运作的能力，但是，由于面对的环境是多样复杂的，所以，如果将所建构的模型只存储在心智中并进行操作，则承担这种任务的大脑将会不堪重负。因此，一种有效的办法是将心智所建构的模型外化或者说卸载给外部的物质系统，这就是实现模型的外在表征。事实上，在适应自然和社会的进化过程中，人不仅拥有了比其他动物更为高级的心智模型和推理系统，还通过这种外在表征来放大或强化自身内在的建模、表征和推理能力。这是人类不同群体所共有的基本特征。而且，外在表征基本类型（图形和文字）的发明时间，在几大文明体系中，也具有相当的一致性。

---

① Evans J T , Stanovich K E, "Dual-Process theories of higher cognition: advancing the debate", *Perspectives on Psychological Science,* 2013, Vol.8, No.3, pp.223-241.

② 关于类型 1 和类型 2 之间的关系，可见丹尼尔·卡尼曼：《思考，快与慢》，胡晓姣、李爱民、何梦莹译，中信出版社 2012 年版。

然而，由于自然环境、社会环境和文明演化过程的差异，不同文明所发明和使用的外在表征的具体形式却不尽相同。比如，在文字表征中，不间断地沿用至今的汉字及其书写系统便是一种颇为独特的外在表征形式。虽然就认知功能而言，所有语言和文字主要服务于心智系统中的命题建模和类型2，但由于汉字表征在一些重要特性上与图形表征相接近，而后者在认知操作中又与类比表征相适配，因此，汉字表征对两类内在表征和推理所起的作用，便与基于字母的拼音文字产生了一定的差异。我们已经说过，近代科学的产生与源自古希腊的理性传统密切相关，而根据一些学者的研究，这种传统的形成和发展又与拼音文字的使用存在着内在的关联。①

事实上，在不同的认知目标和行动中，甚至人类发展的不同阶段，类比模型和命题模型所担当的角色和所处的地位并不相同。显然，命题模型及其外在表征的出现和发展，必须等到语言特别是文字的发明才成为可能，而不同的文字表征形式又会对命题模型的建构和操作产生影响。当我们从一般的讨论，再返回到对于科学模型的考察，这些影响和差异就会看得比较清楚。

在科学认知中，虽然类比模型和命题模型之间也存在协同关系，但是，相对而言，命题模型所处的地位和担当的角色显得更为基本和重要。这是因为，科学的基本认知目标并非要对周围的环境信息做出快速的反应和行动，而是试图在大量的环境信息中寻找相对不变的模式，或者基于这些现象信息去揭示其中更为深层的原因和实在的结构，从而不仅能够解释现象，而且可以对尚未发生的事件做出更准确的预言，这样，就需要建构超越于现象的命题模型并进行有效的推理。正因为如此，我们从近代科学的创始人的科学研究中，就看到许多科学模型的建构和表征，例如，伽利略的物体自由落体模型和小球在理想平面上滚动的思想模型（实验），开普勒的天体模型，牛顿的引力模型和关于光的微粒模型，等等。这些模型虽然也可辅以图形表征，但实质上，都是在心智中或加上纸和笔进行操作或推理的命题模型，多数还运用了数学符号。

谈到科学模型，有必要说明的是模型与理论之间的关系。在当代科学哲

① 如罗伯特·洛根：《字母表效应：拼音文字与西方文明》，何道宽译，复旦大学出版社2012年版。

学中，这是一个令人困惑且充满争论的问题，主要在于：人们对于究竟何为理论具有不同的理解。在关于科学理论的诠释中，存在着两种相反且极端的观点，即理论句法观和理论语义观。理论句法观的拥护者将科学理论诠释为是可用一阶逻辑表达且可实现公理化的语句集，而科学模型则是对这种语句集的语义解释；而理论语义观的倡导者则认为应该摒弃这种形式演算的句法观，而将理论看作是一簇具有语义的模型集，因而，模型才是科学理论的中心单元。[①]

在此，我们不想卷入双方的争论，而是希望在更广的视野下来分析理论与模型的关系。从心智建模和表征的角度看，所有的科学理论都是人类心智过程的产物，并以一定的方式指称或表征对象，从这个意义上说，科学理论就是科学模型或模型簇，这类似于理论的语义观。然而，与通常模型所指称或表征的是实在世界中的事物或事物的属性、结构不同，科学理论直接指称或表征的对象通常并非实际存在的事物或事物的属性、结构，而是通过心智活动所建构的对象。这种对象可能指称实在世界中的某类事物，而其本身则是心智中经过简化和抽象的模型，也可由一定的外在表征的形式加以实现。经典力学理论就是典型的例子。我们知道，经典力学所直接表征的对象是质点、刚体等，而质点和刚体则指称实在世界中符合一定条件的事物（比如太阳系中的行星），因此，经典力学中的三大定律以及万有引力定律是关于质点或刚体的运动定律，而这些定律又通过这些模型与实在世界中的事物发生关联。由此可见，理论中的定律是通过所建构的模型才得到解释的，就这一点而言，又接近于理论的句法观。鉴于此，笔者认为，对于理论与模型之间的关系，应该将理论的句法观和语义观整合起来加以考虑。

现在，再回来看看当代科学认知中模型所处的地位和作用。我们已经多次论述过，在科学发展的过程中，借助理性与实验的整合和互动，科学取得了无与伦比的成功，特别是建构起了一批经受过无数观察和实验检验的伟大的科学理论。这个理论大厦的一些组成，如经典的物理学理论，虽然已经发现存在着局限，但在可适用的范围内却运用得足够好，另一些，如量子力学，

① Winther R G, “The Structure of Scientific Theories”, https://plato.stanford.edu/entries/structure-scientific-theories[2015-12-31].

则迄今没有发现与实际的观察和实验明显相冲突的地方。因此可以说，重大理论创造的资源变得稀少，而在已有理论的指导或约束下，从事具体的模型建构和操作变得更为重要和常见，于是，科学模型的中心地位开始凸显。特别是，由于普适的理论直接表征的是心智所建构的模型，而这些模型又是对实际事物简化和抽象化的产物，因此，当人们面对实际的认知对象时，通常并不能从现成的理论出发，来建构可刻画这些对象的具体且复杂的模型。这也表明了在当代科学认知中建构模型的重要性和难度。

不仅如此，人们在面对实在世界中的复杂系统，同时又需要建构具有认知或实用价值的模型时，常常发现，实际上没有多少现成的或直接的理论可以依托和指导，这在生命科学和社会科学的许多领域颇为常见。在这种情况下，虽然所建构的模型要基于或者符合已获得的科学数据的支持，而且必须遵循已确立的基本的普适理论，但这些数据和普适理论给模型依然留下很大的自由空间，结果，实际模型的建构常常是具有高度创造性的探索活动。这里，不妨拿分子生物学的建立为例。我们知道，在分子生物学中，并没有像经典力学和量子力学那样的理论，起基础和核心作用的是 DNA 双螺旋结构模型。在沃森和克里克建构 DNA 模型之前，虽然已经有了包括物理学、化学和生物学等方面的许多背景知识，甚至化学家富兰克林等人已经拍下了 DNA 的 X 射线衍射照片，但遗传信息的承担者究竟具有什么样的结构却一直是个谜。作为量子化学的主要创始人，鲍林（Linus C. Pauling，1901—1994）当时也在研究 DAN 的结构。有意思的是，尽管他通晓量子力学和化学键的本质，但他所提出的模型却是三螺旋，并且错误地将磷酸基作为分子的主干置于内侧。[①]这表明，在模型的建构过程中，尽管不能违反那些普适的理论和规律，但这些理论和规律对于具体模型的指导作用实际上并不强，尤其是，如果模型是针对复杂系统的结构或机制，那么，即使有普适的理论和规律，它们对于模型的建构所起的作用也是很小的。

由于在当代科学认知中，一方面，人们越来越需要对于复杂系统的结构、行为和变化过程进行研究，而在这种情况下，要么已有的理论与具体研究之

① 见约翰·格里宾：《双螺旋探秘：量子物理学与生命》，方玉珍、朱进宁、秦久怡等译，上海科技教育出版社 2001 年版，第 211-212 页。

间的关系很间接或微弱，要么干脆没有理论可用；另一方面，面对大量的数据，如果没有能够揭示这些数据之间联系的模型，数据也就因无法理解而失去意义，因此，科学模型和模型的建构显得比以往任何时候都更为重要。

然而，随着模型的复杂和多样，相应地，对于认知主体来说，掌握建构模型的相关知识的难度在不断增加，同时，建构模型和基于模型推理的能力又不太可能相应地放大，于是，模型的复杂性与人的认知能力的天然局限之间就形成越来越大的张力。可以看出，消除或缓解这种张力的途径之一是发明新的认知工具，并凭借这些工具来扩大认知主体建模和推理的能力。无疑，计算机作为建模和推理的认知工具，恰好可以解决这一问题。

第 3 节　计算建模与模拟

在第 4 章，我们阐述和分析了当代科学认知的计算进路。在这条新进路中，借助计算机进行建模和模型的实现是其中最为基本亦是重要的组成部分，特别是，计算机为研究复杂系统和复杂性提供了强有力的工具。在这里，我们从上述心智的建模和表征的阐释出发，来进一步探讨计算机模拟和计算模型在认知上的新特点和新功能。

我们多次说过，作为一种科学方法，计算机模拟是将表征原型（认知对象）的计算模型在电子计算机上运行，并通过对这种运行的结果的研究来实现对原型的认识。所以，计算机模拟实际上由三个基本的环节所构成，即计算模型的建构、计算模型的运行和对生成结果的阐释。其中，模型的建构和结果的阐释目前主要靠认知主体来完成，而计算机承担的角色是将程序化了的计算模型进行运行和展开，其实质是一个符号操作或形式推理的过程。可以看出，模型的建构是前提也是关键。在这个环节中，选择什么样的变量和规则（或函数）是一个具有高度创造性的智力活动，不仅依赖于所模拟的对象本身，更取决于建模者拥有的知识和能力。所以，从认知的角度看，计算机模拟实质上仍取决于人的心智建模能力和具备的知识，至少现阶段情况依然如此。

其实，我们可以从内在表征和外在表征以及两者之间的关系，来进一步分析计算机模拟与以往的模型方法之间的异同。如前所述，在心智中建构模型并加以运行是人理解事物和预期（或预言）尚未发生事件的基本能力和活动。在自然认知的绝大多数情况下，模型的建构和运行（推理）通常以可内在表征的形式实现，也就是无须通过外化模型以及所运行的过程而获得结果。但由于记忆容量和推理能力都是有限的，故当遇到较为复杂或抽象的模型建构和运行任务时，人们发明了可以将心智运作的过程和结果加以外化的认知工具，于是，便出现了外在表征的形式，其中最基本的工具便是笔和纸。我们的祖先还发明了算盘，可以将计算的中间状态和结果加以记录，因而，既能够减轻计算者心智内在表征的负担，也使得他人可以加入验算等认知操作的活动。

不过，不管是运用纸、笔还是算盘，模型的建构和运行实际上都是由认知主体的心智单独实现的，也就是说，这些外在表征的工具所起的作用只是记录和存储信息，类似于目前计算机中的存储器。而计算机模拟却有一个实质性的不同。由于计算机具有形式推理或符号操作的功能，所以，当其作为外在表征的工具时，不仅可以记录和存储由认知主体所建构的模型，而且能够实现和履行模型的运行，并且这种运行比起人的推理可以更为严格和有效，因此，在计算机模拟中，实际上形成了一个新的人机协同的符号操作系统。从认知上讲，这一符号操作系统便突破了以往只能依赖自然的认知主体单独进行建模和推理的局限，从而使得借助计算模型研究复杂系统成为可能。

为了更好地理解计算模型和计算机模拟在认识复杂系统上的优势，我们不妨将其与思想实验中的建模和推理做些比较。众所周知，在科学发展的进程中，特别是在物理学中，思想实验对于提出科学概念和发现科学规律起到了十分重要甚至关键性的作用，例如，爱因斯坦关于升降机自由下落的思想实验，就为提出广义相对论的等效原理提供了思路，而他与合作者共同提出的 EPR 思想实验，则揭示了量子世界基本和独有的属性——量子纠缠。从运作的过程看，所谓思想实验，就是建构一个模型并进行推理和分析，从中得出有效的结论。通常，这个过程是在作为认知主体的个人的心智中实现，当然可以借助纸和笔。由于思想实验一般来说是高度抽象和简化的，因此，大脑中心智的推理和分析的能力往往能够胜任。不过，如果思想实验的对象是一个复杂系统，特别是当该系统内部各要素之间或者系统与环境之间存在着动态的、非线性的相互作用时，那么，单凭心智的运作事实上难以甚至根本不可能实现。而运用计算模型和计算机模拟，则可以突破这些局限。

对此，近年来，一些科学哲学家和认知科学家已经做了研究。他们通过分析来自生物学和神经科学中的具体案例，认为在当代科学认知中，计算模型比思想实验更为适用和有效。这是因为："①思想实验是更有限的资源和问题环境的产物，当前的资源和问题环境更适于用计算模型；②建构计算模型比建构思想实验能够提供更深的洞察；③由思想实验所扮演的中心认知角色是用心智模型执行模拟的基于模型的推理形式，而计算模型支持这种模拟的基于模型的推理，但也允许更复杂的模拟操作。"[①]根据我们此前的分析，由于重大理论创造资源的衰减，作为在理论建构中曾发挥非常重要作用的思想实验在科学认知中的地位也随之下降，这似乎是一个自然的结果。当然，我们这样说，并非意指思想实验方法已经可以弃用，只是想表明，在当前的科学认知中，特别是面对复杂系统和复杂性时，计算模型将扮演更为基本和重要的角色。

此前，我们常常说到复杂系统和复杂性，但往往只是做些笼统的例示，比如说，生物系统是复杂系统，人类社会是复杂系统，突现现象是复杂性的体现，等等。为了进一步理解计算模型在研究复杂系统和复杂性中的角色，看来有必要对这两个概念的含义稍作分析。首先需要指出的是，复杂系统与复杂性并不是两个可以分离的概念，实际上只是对同一对象的两种不同的表述：我们将具有复杂性的系统叫作复杂系统，而复杂性即复杂系统所具有的属性或行为；也就是，复杂系统和复杂性形成了一个概念对，究竟使用哪一个取决于表述的需要。接下来，我们就基于这样的理解来使用它们。

从系统的世界观来看，我们所面对和生活的世界以系统的方式存在，而

① Chandrasekharan S, Nersessian N J, Subramanian V, "Computational modeling: is this the end of thought experiments in science?", *In* Frappier M, Meynell L, Brown J R (Eds.), *Thought Experiments in Philosophy, Science and the Arts*, London: Routledge, 2013, p.39.

同一系统内部或不同系统之间在组元、结构和过程等方面可以呈现出千姿百态、千变万化的景象。正是这种多样性给了我们这样一个印象：实在世界中的复杂性是一个活生生的事实。不过，如果想对复杂性概念下一个确切的定义，则立刻会发觉其实非常困难。这是因为，宽泛地说，任何系统在一定程度上都是复杂的。当然，直观地看，复杂性总是相对于简单性而言的，后者则表示系统构成方式、变化模式的单一或稀少，比如，作为物理系统中的晶体往往被看作是简单的；反之，如果系统的构成方式、变化模式具有较大的变异性和多样性，且这些属性是突现的或无法还原的，则可以认为该系统是复杂的。

在当前复杂性科学中，对于复杂系统和复杂性虽然并没有严格的定义，但通常认为存在着可以刻画复杂系统的一些关键性的要素，且这些要素所表明的正是系统的变异性、多样性和突现现象的存在。在《二是伙伴，三为复杂》这本阐述复杂性科学的小册子中，约翰森（Neil F. Johnson）认为一个复杂系统是：①系统由一些存在多种相互作用的客体或“自主体”（agent）所组成；②这些客体的行为受到记忆或“反馈”的影响，故能根据其历史采取策略；③系统是“开放”的。这样的复杂系统显现以下的复杂性（质）：①该系统表现得似乎是“活的”，即在反馈的作用下适应性地进化；②该系统呈现令人惊讶并可能处于极端的突现现象，而这些突现现象典型地是在缺乏“看不见的手”或中央控制器的情况下发生的；③该系统呈现有序行为和无序行为的复杂混合。[①]在现实中，地震的发生，肿瘤细胞的扩散，病毒的大范围流行，交通的堵塞和金融市场的崩溃，等等，都是复杂性的典型表现。

从 20 世纪 80 年代开始，对复杂性的研究成为科学的一个新的领域和热点，形成了复杂性科学，其基本任务就是通过发现不同类型的复杂性，探寻复杂系统的共性，并弄清产生复杂性的内在机制。迄今，虽然尚无关于复杂性的一般理论，但已经借助计算建模和计算机模拟，针对不同的复杂系统建构起了各种相对具体的模型，并已经在众多领域得到了广泛的和成功的应用。

现在回过头来问这样一个问题：在科学史上，科学家借助思想实验不仅

① Johnson N F, *Two's Company, Three is Complexity,* Oxford: A Oneworld Book, 2007, pp.13-15.

发现了实在世界中的一些基本现象，而且提出了科学原理的有力手段，那么，当运用计算模型和计算机模拟去探索复杂系统时，是否也有这两种重要的功能呢？回答已经是肯定的。

在科学认知中，如果研究的目的是试图发现众多复杂系统的共性，而对这些系统又难以或根本不可能进行直接的实验，那么，将计算机模拟作为新型的实验手段就显得既必要又可行。在这种情况下，我们不必去追求对实际的复杂系统的逼真模拟，而是可以与思想实验相类似，建立对应于系统的简化或抽象的计算模型。在这里，以往认识简单世界时所推崇的方法论原则——简单性依然有效。事实上，为了问题明晰和研究方便，建模者会把模型简化到最低限度，而这一限度就是简化后的计算模型仍能显示出复杂系统的主要性质和行为。不过，与思想实验又有所不同，因为这种会呈现复杂性的计算模型，即使看上去已经相对简单，但实际的运行通常还是超越了人类心智模拟的能力。因此，合适的策略是将这样的计算模型在计算机上运行，以展演系统的过程并寻找共同的规律。事实上，在探索复杂性方面取得较大成功的科学家，几乎都采用了这一方法论上的策略

这里，我们不妨稍微详细地来看看一个运用计算模型和计算机模拟（实验）来探索复杂性并提出科学原理的典型实例。20 世纪中期，在电子计算机刚问世时，就有学者设想宇宙可以看作是元胞自动机，而将元胞自动机作为宇宙的计算模型进行大量研究则出现在 80 年代以后，其中又以沃尔弗拉姆的研究最有影响。

所谓元胞自动机，是以离散的方式表征自然系统的计算模型，其可看作是一个具有经典力学特征的“信息宇宙”：空间由均一的笛卡儿坐标的方格或元胞格所表征，每个元胞包含有限量的信息，绝对时间以离散的方式流逝，而普遍规律则由局部定义且全局应用的规则所表示。根据沃尔弗拉姆的分析，标准的元胞自动机具有以下五个特征：①它们由一些离散的网格区所组成；②它们以离散的时间步调演化；③每个网格区具有有限集的可能值；④每个网格区的值依据相同的确定的规则而演化；⑤一个网格区的演化规则只依赖于它周边的局部区域。[①]

① Wolfram S, *Preface*, Physica D, 1984, Vol.10, pp. vii-xii.

沃尔弗拉姆认为，没有理由断定在自然中所看到的系统只该遵循这些传统数学的方程。因而，可以借助于计算机，对更为一般的规则进行探索，从而在描述自然上实现由基于方程的传统数学向基于新类型的规则的转变。基于这样的思考，他以元胞自动机为计算模型，从新的视角对物理学、生命科学、认知科学和社会科学中现存的大量基本问题进行了计算机实验的研究。我们在第 4 章第 4 节中已经叙述过，基于计算机实验研究，他不仅发现了一个系统在确定的规则支配下可以演化出四种不同类型的模式，而且提出了计算等价原理和计算的不可归约原理。

从这个实例可以看出，计算机模拟也具有发现系统属性和科学原理的功能。当然，在更多的情况下，计算模型和计算机模拟主要是针对具有个性的复杂系统，特别是在生命科学和社会科学中，因此，刻画具体系统的个性、结构和过程是运用这种方法的主要任务。

第 4 节　建模能力的外化

在上一节中，我们提到，计算模型包括两个环节，即模型的建构和模型的运行，而到目前为止，计算机模拟主要实现的是模型的运行的环节，模型的建构尚依仗人的心智的模型建构能力。而我们之前也论述过，这种建模能力才是人具有理解力而目前的计算机尚缺乏这种能力的关键因素。这就自然地引出了以下的问题：人造的系统（如计算机）是否也可以拥有这种建构模型的能力？这一问题就将我们引向了当今正处于火热状态的人工智能。不过，在阐述人工智能在当今的发展以及对科学认知的影响之前，为了将问题说得更清楚，我们还得对人的心智的外化和进化做更详细的梳理和分析，尽管基本的观点此前已提及。

我们知道，人的心智虽然异常复杂，但却是生物进化的自然产物。然而，人之所以为人，却不仅仅在于他是生物进化的主体，更重要的是成为另一种进化方式的主体，即文化进化的主体。那么，这究竟是如何发生的？一个简单而又直观的回答是：这是人的心智运作外化的结果。

在地球上，各种物种在长期的进化过程中获得了各自适应环境的特殊本领。作为人，我们有时会与其他高等动物做比较，结果发现在大多数情况下，我们的自然本领其实不及某种或某类动物，比如，我们跑得没有猎豹快，跳得没有袋鼠远，但是，我们却居于统治地位。问题是，我们何以能拥有如此特殊的地位？答案似乎显而易见：人类拥有其他动物所不具备的心智能力，这种能力包括高级认知和自我意识。

凭借着这种特有的心智能力，我们突破了自然本领的局限：可以“跑”得比猎豹更快，“跳”得比袋鼠更远。当然，这些仅仅反映了人的心智的一个细小侧面。事实上，人依仗自身的心智能力，已经创造出无数的地球上原本没有的新事物，构筑起了一个纷繁复杂的人工世界，从而极大地改变了自身乃至整个地球生态系统的进化轨迹。

我们知道，在自然条件下，心智的运作发生在个体层面，即只有在一个个具体的大脑（更确切地说是在神经系统）中，各种认知功能和意识方得实现。然而，仅仅靠着单个个体的心智运作，所能产生的力量将非常有限。为了说明这一点，我们不妨想象下述情形：假设有一位绝顶聪明的天才，也就是说，他的心智非同寻常，能够快速和大容量地表征各种信息，并迅速有效地处理这些信息，所获得的结果总是关于问题的最优解，因此，若将结果输出（告知他人或付诸行动），就能产生很大的外部效应。然而，如果他在一生中尽管产生了许多伟大的奇思妙想，却从未将它们通过一定的方式让人知晓或付诸行动，那么，随着他的生命结束，由他那非同寻常的心智所产生的结果亦将消失。显而易见，这样的人对于人类的进化起不到任何作用。进而，我们可推知，纵然每个人都是这样的天才，但如果没有将心智运作的结果外化，那么，我们也就不会看到人类社会如今的景象。

可见，虽然人的心智能力是超越于其他物种的最重要特质，但实现这种超越的关键却是作为个体的人将自身心智运作的结果外化，即输出并记录到生成这些结果的个体之外。从信息-计算的观点看，心智能通过建模有效地表征外部环境和自己内部状态的信息，而它的运作就是对信息的处理。对于人而言，心智建构的模型所表征和处理的信息具有语义，因而产生的结果具有内容。通常，我们把这样的结果叫作知识或思想。于是，所谓心智运作的结果的外化实际上就是知识或思想的外化。

要理解心智运作结果的外化之所以对人类而言是关键的，我们可以进一步来看看有无这种外化的区别。从生物学上说，人不过是一种属于灵长类的高等动物，且都参与生物进化，是生物进化的主体。就生物进化而言，人与其他物种一样，进化的速度十分缓慢。有理由相信，如今生活在这个世界上的我们，与上万年前我们的祖先相比，生理上并没有实质性的差异。由此看来，人得以迅速进化，并不在于生物进化，而是出于另外的原因。

这个原因就是心智运作结果的外化，因为它使得人开始了一种新的进化方式——文化进化。当个体处于自然环境或由他人所形成的社会环境中时，接收来自环境的信息，并在心智中通过模型加以表征、处理或再表征，然后将结果（知识或思想）输给其他个体，或以某种方式记录到自身以外的载体上，则一种突变就发生了：外化的知识或思想形成一个新的亚世界，即文化世界。从图 6.1 可以看出，一旦文化世界得以形成，人与自然环境、人与人之间的关系就发生了根本性的变化：一方面，个体可以将其与自然环境或他人相互作用的过程中所获得的知识持续外化，从而导致文化世界的不断膨胀；另一方面，因为构成文化世界的内容包括自然和社会环境的知识，或者是外化者心智体验的结果，于是，他人或新的后代便不必直接去与自然或社会环境发生作用，而只需凭借自身所具备的学习能力就可（间接地）获取所需的知识。这样，个体与文化世界之间建立起了相互作用；而对于人类来说，这种相互作用的过程就是人的文化进化。

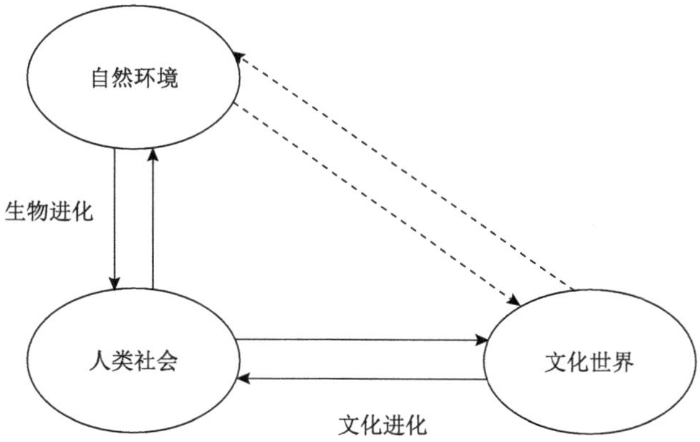

图 6.1　文化进化：外化知识或思想的结果

不过，严格地讲，“个体与文化世界之间的相互作用”这种说法不够确切，因为这里的“文化世界”并非独立自在，它的存在和意义都离不开人的认知活动。也许，我们将这个文化世界看作人类的“文化基因库”更为合适。[①]这样的话，文化世界实际上是传播心智所生成的文化基因的媒介，而文化进化就是众多个体创造的文化基因在人类内部繁殖、消逝和变异的过程。[②]

在外化心智结果的过程中，人开始了文化进化，同时成为有别于动物的真正意义上的“人”。我们并不知道这个过程起始的确切时间，但几乎可以肯定：外化的关键一步在于口语的出现。随着口语的兴起，个人便能够内省自己的思维过程，并以此为媒介将心智运作的结果输出，创造出文化世界，从而让他人分享知识和体验。借助口语进行信息编码和传输的能力，一种更为有效地收集、处理和扩散实用知识的方式出现了，尤其是使得个人能够把从经验中获得的知识有效地传递给他人和下一代。无疑，口语在人类认识进化中起着关键且不可替代的作用，但我们也应该注意到因其依赖于自然媒介而具有的内在局限。人们说话依靠自身的发音器官，话音的传播要借助空气这样的自然媒介，而语词的存储则依赖受话者的记忆系统。由自然媒介的特性所决定；口语交流只能在十分有限的场景中发生，就是说，交流的双方必须同时在场。还有极其重要的一点是，在人类发明人工记忆装置之前，口语的存储只能依赖于人的自然记忆系统，这样不仅使得知识的保存带有不稳定性和不可靠性，而且这些知识还会随着自然个体的死亡而消失。

可见，口语的上述特性对其作为心智外化载体的功能的发挥施加了很大的限制，因而期求运用新的媒介以便更有效地表达、传播和存储知识几乎成了人类实现加速进化的一个决定性因素。显然，文字的发明突破了口语对于知识传播和积累所施加的限制，让表达思想的实际情况发生了根本改变，因为从此人们就可以将知识或信息记录在一个人工的媒介上，可以原封不动地传递到远处或长期保存。于是，人们就能够超越时间和空间的局限，从而极

---

① 这个思想最早由英国进化论者道金斯（Richard Dawkins）提出。他把“文化基因”称作 meme，可见 R. 道金斯：《自私的基因》，卢允中、张岱云译，科学出版社 1981 年版，第 267-268 页。

② 从认知的角度看，一种知识或思想是创造者心智过程的产物，而接受这种知识或思想则是在学习者的心智中激发一个等价的过程。故从这个意义上说，一种知识或思想一旦被他人所获取或接受，则知识或思想的创造者的心智便得以延展，文化进化就不断地延续。

大地改变人类认识发展的过程。

除了书写语言以外，人类还发明了其他外化心智运作结果的方式，如几乎与语言一样古老（或许更早）的绘画和音乐。所有这些外化方式的特点是以符号作为表征心智运作的结果。这些具有信息内容的符号，构筑起了文化世界的主体。虽然所有符号都依赖于一定的物质载体才能实现，但书本不是纸张的集合，壁画不是岩石，也就是说由符号所组成的文化世界具有相对自主的本体地位。

事实上，除了以符号的形式外化心智内容，人类还采用了另外一种非常基本和重要的外化方式，即依据心智所产生的内容，将外在的自然物转变成具有特定功能的器物，并借助于这些器物来获取可以满足自身生存的食物、物品、能量和信息。以这样的方式所外化的心智内容，我们通常叫作技术。当然，从本质上说，这些技术也是一种特殊的符号形式。纵观技术发展的历史，我们发现，它实际上就是一部人类不断外化心智运作所生成的知识的历史。与其他所外化的符号化知识不同的是，构成技术的知识是心智所“写成”的一个个程序。这些程序通常能够实现特定的功能和目标，并且以内隐的方式物化在一定的系统（机器）中。这些系统能够按照固化的程序来执行特定的功能，从而为人本身的生存和进化服务。

近代科学诞生之前，人类的心智编写技术程序主要依靠经验。这些经验一般是关于自然对象的唯象描述，所以，许多技术是直接模仿自然系统的计算过程的结果，或者是在此基础上的创造和改进。而随着近代科学的产生和发展，情况就发生了革命性的变化。显然，建立在科学理论之上的技术不但极大地推动了人类社会的发展，而且给整个文化世界带来了极其深刻的改变。事实上，现代技术已经或正在替人类的文化构筑新的基础。

我们说，技术也是人类外化符号知识的活动，不过，在技术发展的不同时期，由其所外化的内容在性质上不尽相同。可以发现，在人类进化的大多数时间里，技术活动所外化的符号知识基本上是心智运作的结果，而不是关于心智运作本身的知识或心智能力。那些物化了心智运作所产生的程序的工具，替人类承担了输送物品、变换实物的形态以及能量的形式等职能，可以说，是将人的体力和肢体技能在机械中对象化了。在这种对象化的过程中，人类不断地获得控制和利用自然环境的能力，反过来，又使得这种对象化过程进一步升级，而其中，人的心智运作是不可缺少且起关键作用的环节。

终于，人类的文化进化发展到这样一个阶段，即人不仅仅满足于将心智运作的结果外化，而且开始将处理和操作符号（信息）的认知能力外化和对象化。由帕斯卡（Blaise Pascal，1623—1662）和莱布尼茨等先辈所发明的能自动完成算术运算的加法器和乘法器是外化认知技能的早期代表，巴贝奇（Charles Babbage，1791—1871）设计了现代普适计算机的先驱——分析机。而最具革命性的事件就是 20 世纪中叶普适电子计算机的问世：它标志着人类进入了一个外化自身的新阶段——心智运行模型能力的外化。[①]

从此，人类认识实在世界和文化进化均跃上了一个新台阶。就认识世界而言，人类获得的关于认知对象的越来越多的科学知识，就不仅仅是人的心智运作的结果，而且是人与计算机相协同的产物。实际上，这是本书的主要议题之一，特别是，我们在第 4 章中阐述的科学认知的计算进路，正是这种协同的表现。对文化进化来说，文化世界的扩展和演变，就不再仅仅是人的心智运作的效应，还越来越多地加入了人与计算机的共同作用。而且，如果将计算机看成是文化世界的组成部分，那么，这个世界也就有了一定的自主性，因为其中一些内容主要是由计算机生成的，包括音乐、绘画等作品。

不过，正如我们此前已经分析过的那样，如果只是停留在对模型的运行和展开的层面，而不具备建构模型的能力，那么，这样的计算机或人工系统就缺乏理解力和创造性，因为并不具有类人的智能。然而，也许是进化动力的驱使或存在竞争的原因，人类似乎并不想止步于心智运行模型能力的外化，而是希望实现建构模型能力的外化，以便产生具备类人智能或者拥有超级智能（超越于人的智能）的智能系统。这就将我们引向了对于人工智能的简要考察。

历史地看，至少从近代科学诞生以后，人类就开始向往将自身的智能外化，让机器能像人那样进行思维，但一直受制于技术而未能真正实现。无疑，电子计算机的问世，为人类认识心智的本性和实现人工的智能带来了强有力的新观念、新方法和新工具。在这样的背景下，1950 年，图灵发表了一篇划时代的论文——《计算机器和智能》。文中，他提出了判断机器能否思维

① 这一节部分内容取自笔者的《用计算的观点看世界》第 6 章。

的“图灵测试”标准，并对种种反对机器能够思维的观点进行了逐一反驳。1956年，在美国的达特茅斯学院，一群数学家和计算机科学家举办了一个夏季学术讨论会，目的是确定智能的特性和行为原则上是否可以用机器来模拟。会上，经麦卡锡（John McCarthy，1927—2011）提议，首次使用了“人工智能”（artificial intelligence）一词来概括这一新的研究方向。与会人员中还有明斯基（Marvin L. Minsky，1927—2016）、纽厄尔（Allen. Newell，1927—1992）和西蒙（Herbert A. Simon，1916—2001）等人，他们与麦卡锡一起成了人工智能这门学科的创立者。

早期的人工智能把智能理解为知识基加推理工具，因而着眼于对知识的符号表示，并基于规则对符号进行操作，这样的假设和策略在下棋、定理证明和设计专家系统等方面取得了不少成功。对于人工智能的程序而言，计算就是对符号的操作。作为信息处理系统，无论是人脑还是计算机，都是操作、处理符号的物理系统，因此，人类认知和智能活动的实质就是计算。基于这一认识，纽厄尔和西蒙提出了物理符号系统假说，声称：“作为一般的智能行为，物理符号系统具有的计算手段既是必要的也是充分的。”[①]于是，人类的认知活动和智能行为就可以经编码成为符号，而通过计算机来模拟或实现。

然而，这条基于物理符号的途径在实现真正的或类人的智能方面并不成功。容易看出，如果一个系统的知识和推理规则是由人通过一定的表示形式从外部注入，然后再在计算机上实现的，那么，所外化的仅仅是人的心智运行这一系统（模型）的能力，因而，如我们此前所论证的，该系统并不具有真正的理解力。这也正是塞尔的“中文屋”思想实验所揭示的。

由于没有达到当年的创始人所乐观预言的目标，加之所建造的人工智能系统（模型）绝大多数缺乏实际的应用价值，结果，在20世纪80年代初，人工智能的研究跌入了低谷。在这样的情况下，有些人开始寻找其他研究和实现人工智能的途径，其中就包括如今成为热点的人工神经网络。

简单地说，人工神经网络是由大量处理单元多层次地互联组成的信息处

① Newell A, Simon H A, “Computer science as empirical inquiry”, *Communication of the Association for Computing Machinery*, 1975, Vol.19, No.3, p.113.

理系统。它借鉴神经科学的研究成果，试图实现类似于大脑的神经网络记忆和处理信息的方式，所形成的系统具有非线性、非局域性、自适应和自组织等特性。在人工神经网络中，处理单元可表示不同的对象，如特征和概念，分成三种类型：输入单元、输出单元和隐单元。输入单元接收来自外部世界的数据，输出单元将系统处理的结果输出，而隐单元则处于输入和输出单元之间，故不能从系统外部观察。单元之间的权重反映了彼此的连接强度，信息的表示和处理由网络中处理单元的连接实现。从原理上看，人工神经网络与基于知识加推理的符号表征的人工智能系统在机制上不同，可以具备一定的自学习能力。

不过，这种人工神经网络要在计算机上实现，不仅要求计算机具备强大的计算力（特别是当神经处理单元的数量增加和中间的隐含层次增多时），而且要有可供训练的大量数据。然而，这两个条件在 20 世纪 80～90 年代并不具备，因而人工神经网络并没有受到关注，实际上在人工智能中一直处于十分边缘的地位。

只有到了 2012 年前后，满足上述两个条件的时机才开始成熟。一方面，人们开始意识到，用于图形的信息处理机可以为实现人工神经网络（深度学习）提供强大的计算力支持；另一方面，随着互联网的迅速发展和普及，产生了大量数据（特别是图片）可供人工神经网络进行训练。结果，当将人工神经网络用于图像分类和语音识别等场景时，取得了意想不到的成功。而到了 2016 年，当基于深度学习和增强学习的神经网络——阿尔法围棋（AlphaGo）打败了围棋世界冠军时，一时间，人工智能（严格地说是机器学习）之“火”迅速地在全球范围内点燃，一直燃烧至今日。

人工神经网络之所以成为热门，就在于其具备了一定的学习能力。那么，这种学习能力又是什么？为此，可以先来看看我们人是如何学习的。实际上，在本章第 1 节我们已经对此做了阐述。对人而言，所谓学习，就是将来自环境中对象的信息进行选择和登录（转化为数据），再基于这些数据建构模型；如果由模型所生成的信息（预测环境中的对象）与来自对象的信息相匹配，则表明模型表征了对象，学习取得了成功；否则，再基于数据对模型进行训练和修改，直至产生理想的结果。由此可见，学习的能力，实质上就是选择信息和建模的能力；而这些能力，在认知计算主义的框架中，便是学习的算法。

因此，我们可以理解，人工神经网络的学习能力，恰恰是人类心智的学习能力外化的表现，特别是，通过发明学习算法实现建模能力的外化。由此看来，在人类文化进化中，基于人工神经网络的机器学习使人类建构模型的能力外化，又跃入了一个新的进化阶段。当然，目前的机器学习算法尚处于专门（适于特定的问题）、低效（需要大量的数据训练才能建构合适的模型）和低级（仅限于建构数据模型）的阶段，但似乎没有力量能阻止人类去发明更通用、更高效和更高级（如建构概念模型）的学习算法的欲望和热情，也没有什么科学理论排除了发明这样的新算法的可能性。因此，由人工智能所开启的人类进化的新阶段似乎是不可阻挡和逆转的。

这对于人类的未来究竟意味着什么，我们尚不得而知。但有一点是肯定的：人工智能的新技术已经开始对当代科学认知产生影响，并将发挥越来越大的作用。

第 7 章

科学解释的新视角

上一章中，我们论述过，科学认知的基本任务是理解实在世界中所发生的现象，而科学模型在这种理解过程中处于中心地位，因为其具有解释和预言现象的基本功能。那么，模型的这些功能究竟如何帮助我们实现对现象的理解呢？要回答这一问题，就要求我们弄清科学解释和科学预言的特点、结构和过程。传统上，科学解释和科学预言是科学哲学所研究的核心问题之一，而随着认知科学的发展，近年来，对科学的认知研究也开始成为一个热点，其中，探究科学解释和科学预言的认知机制亦引起不少人的关注。本章中，我们将从考察科学哲学中的科学解释出发，再从认知的角度，分析当代科学解释的特点、机制以及引起的新问题。①

第 1 节　解释和科学解释

人生的道路上，在许多情况下，我们可以像自动机那样按部就班地行事，比如，吃饭和骑车，而不必总问个“为什么”，如我们通常不会问为什么要吃三顿饭或为什么骑自行车不会摔倒。然而，这些确实是可以引起疑惑的问题：人为什么要吃三顿饭而不是两顿或四顿？为什么自行车骑着的时候不会倒下而停下来就会？事实上，从日常生活到科学认知，我们总是会碰到各种各样令人困惑的现象，于是，便产生了各种各样的“为什么”问题。而回答

① 至于科学预言，则放在下一章再做论述。

这样的“为什么”问题，以消除困惑或将不知变为已知，就要做出解释。因此，解释是人理解实在世界中所发生现象的基本活动之一。

面对复杂的现象世界，所要回答的“为什么”问题千差万别，解释的类型也多种多样，但概括起来说，任何一个解释总是解释者从已知的前提导出需要解释的对象的认知过程。这表明，解释包括三个基本组成，即解释者、解释对象（或被解释项）和解释前提（或解释项）。接下来，我们先对这三个组成做些说明。

究竟谁能充当解释者？这似乎是一个没有确定答案的问题，因为我们不太清楚一个高等动物（比如我们的近亲猩猩）是否具有做出解释的能力，我们也不能断定随着人工智能的发展，不久的将来，智能机器人是否真的也会有这种能力。但有一点是肯定的，人可以充当解释者。在现实生活或者科学活动中，针对一种令人迷惑现象所做的解释，对一个人可能是满意的，而对另一个却未必如此，也就是说，解释是与充当解释者的个体密切相关的。事实上，对于一个特定的人来说，一种解释是否满意依赖于他的理解能力、知识状态、固有信念和成长经历等多种因素。比如，对于一个笃信风水的人来说，要回答为什么张三最近发达了，他家祖坟的方位好或许是一个满意的解释，但对其他人来说，这种解释可能并不靠谱。

解释对象就是解释者所面对的现象，可以是实在世界中具体事物的属性、状态或过程，也可以是人类所获得的经验规律甚至理论。比如，在经典力学中，运用牛顿三大定律和万有引力定律，我们不仅能合理地解释苹果从树上的下落和潮汐的发生等现象，而且能够解释由开普勒发现的行星运动三定律（它们属于经验规律）。对于解释者而言，一种现象要成为解释对象，需要包括令人困惑或带有疑问的成分。当然，这些困惑或疑问的产生也是依赖于解释者拥有的概念框架和知识背景。比如，每年农历八月十八，会有大批游客赶赴钱塘江边观潮，而如果没有将这种大潮现象置于经典力学和天文学的知识背景下，则既不会引起对潮汐现象的困惑而产生需要解释的动机，也不会像牛顿那样去寻求做出科学的解释，也就是说，观潮者仅仅是赶去观潮而已。

至于解释前提，则是解释者已经拥有的知识或者信念。一般来说，对于同一个解释对象，能够采用的解释前提可以是多种多样的。比如，一位钱塘江边的观潮者，面对汹涌而来的潮水可能产生这样的困惑：它为什么会形成？于是，对他而言，就需要做出某种解释。如果这位观潮者相信东海存在具有神力的龙王，他或许会将这种现象解释为是由于龙王发怒了，也就是将“龙王发怒了”作为解释前提。古时候，确实有许多人是接受这种解释的，其似乎也能消除困惑。不过，如果这位观潮者掌握经典力学，并且知道地球与月球之间存在引力以及两者之间运动状态的变化，就可以合理地解释，为什么会形成大潮以及为什么总是在每年农历的八月十八前后出现，等等。由此可见，对于同一个解释对象，由于解释前提的不同，确实可作为颇为不同的解释，而其中有些属于非科学的，有些则是科学的，正如这个例子中所表明的那样。于是，就自然引出这样一个问题：究竟什么样的解释是非科学的，什么样的又是科学的呢？我们就来分析一下是否可以做出这样的区分。

我们说过，在近代科学诞生之前，人类认知世界基本上属于自然认知，而自然认知的对象主要囿于人的感官所及的范围之内，由此形成的经验知识，虽然一定程度上可以满足人的生存需要，但是，对于诸如星体运行、天象奇观、闪电雷鸣、地震海啸以及人自身的生老病死等引起的困惑乃至恐慌，则往往难以给出合理的解释。结果，人类为了获得对于这些现象的某种解释，开始想象存在超自然的力量，或者将自然拟人化，以期借助神秘的因素来解释那些自然的或社会的现象，于是，便有了神话、宗教和各种各样的民间信仰。可以想见，这样的解释对提问者来说，可以暂时消除心中的困惑，因而具有心理满足或慰藉的价值。事实上，即使在当今人们的日常生活中，这种解释方式依然比较流行，原因也就在于其具有心理功能。

不过，从认知的角度看，以超自然的神力或拟人化的想象作为前提的解释不同于科学解释，因为前者并不能增进人类对于世界的认识和理解，而这种认识和理解正是科学解释所要达到的目的。为了达到这样的目的，就要求科学解释满足一定的条件。在科学哲学中，比较公认的看法是，存在着两个基本的条件，即解释的逻辑相关性和可检验性。

解释的逻辑相关性就是指解释对象必须在逻辑上可以从解释前提中推演出来，而相应的本体论依据是前提所表征的事件与对象所表征的事件之间具有因果联系。因此，在实际的认知过程中，确定一种解释的相关性关键在于寻找前提与对象之间的因果联系。在那些乞灵于神秘动因或拟人化的解释中，人们无法确认前提与对象之间存在因果联系，比如星象的变化与人的命运之间，或者祖坟的方位与个人的财运之间，因而，这样的解释便不满足逻辑相关性的要求。与之相对照，科学的理论或模型正是对实在世界中存在的因果联系的刻画，因而相应的解释便能满足逻辑相关性的要求。比如，要解释为什么会引起潮汐现象，我们知道可以运用万有引力定律，加上月球绕地球运行方位周期性变化等，不仅可以推演出为什么有周期的潮涨潮落，而且可以算出涨落的时间和程度；倘若再加上杭州湾特殊的地理条件等，就能够解释为什么会形成钱塘江大潮。可见，如果满足解释相关性的要求，那么解释性的知识就给了我们好的理由相信被解释的现象确实会发生。

不过，相关性只是科学解释的一个必要条件但并不充分，因为这一要求只是针对解释前提和解释对象的逻辑关系，但符合逻辑的推演性并不能保证解释前提和解释过程真的（或似真的）刻画了实在世界中所涉事件之间的因果联系。因此，虽然我们无法确定是否存在满足科学解释的充分条件，而解释前提和过程必须要接受经验的检验，这应是一个科学解释满足的另一个条件。其实，经验的可检验性正是科学理论或模型的要求。为了接受经验的检验，解释前提需要包括普遍性的陈述，以便能够推演出可检验的经验蕴涵。结合上面的例子，我们将潮汐现象解释为是由月球对地球的引力所引起的，这一方面基于已经获得经验充分支持的万有引力定律，另一方面，我们也可以根据万有引力定律和牛顿定律，加上月球和地球之间距离和方位变化等因素，推演出什么时候将会涨潮、会有多高，这些都是可由科学观察加以验证的。反之，那种认为涨潮是由于龙王发怒的解释就不满足可检验性的要求：我们不仅不能从龙王发怒推演出可检验的经验蕴涵，而且根本无法证明龙王的存在。

在一些文化或日常生活中，存在着这样一种情况，即某种学说作为解释的前提，能够解释所有的现象，也就是说是一种无所不包的解释。在科学解释中，虽然作为前提的有些理论（如量子力学）或规律（如万有引力定律）是非常普遍的，但它们并不对所有可能领域中的所有现象进行解释，而且对每一现象所做出的具体解释是不同的，因而，可以由经验加以检验。然而，那些无所不包的解释，由于对所有可能的情况均能做出貌似有理的解释，结果，就不可能用经验的内容来确证或证伪，也就不满足科学解释的可检验性要求。事实上，一些学说或理论之所以能做出无所不包的解释，在于其中包含两个矛盾或对立的命题均为真的假设，故可以推演出任何结论。比如，占星术将人类生活中发生的种种现象均归于星象及其变化，精神分析学说用诸如性和自卑等因素来解释人的所有行为，便属于这类无所不包的解释。

在中国传统文化中，也存在可以做出无所不包解释的一种学说，即阴阳五行学说。由于这一学说在传统文化乃至当下人们的日常生活中具有持续的和广泛的影响，故值得在此对其解释机制和产生的后果做一番分析。

事实上，我们可以把历史上广泛运用的阴阳五行学说，看作是解释和把握世界的基本模型，而如果只考虑用阴阳两极以及两者之间的关系来说明各种所发生的现象和变化，则是一个关于世界的最小模型。

相比较而言，在中国传统知识中，描述现象的经验知识极为丰富和发达，而解释现象的理论知识相对单薄，实际上，构成理论知识核心的似乎只有阴阳学说或基于其的阴阳五行学说。这里，值得我们探究的是：在长达数千年的文化进化中，中国传统知识体系为什么长期沿用这样一个解释和预言世界的基本模型，而没有发展出更为丰富和深刻的解释性理论？

事实上，几乎所有的文明体系中，人们所使用的解释世界的基本模型都是建立在对认知对象进行“二分”的基础上。将自然环境和社会中所发生的各种不同的属性、状态和变化过程粗粒化地实施“二分”，便可获取关于对象的最基本也是最小的信息，而从效率上说，获取这种信息的成本是最少的。在许多场合中，个体只要掌握这种最小信息便可展开有效的行动，例如，战场上，对于一个战士来说，最关键的是能区分敌我。一旦对由具体的“二分”所获得的概念加以高度的抽象，就可形成关于整个世界的最小解释模型。在中国传统知识中，这个模型就是阴阳学说。

纵观人类文明的进程，我们可以发现，在文化和知识发展的早期，似乎只有我们的先辈将基于二分思维所形成的世界模型发展到极致，并在以后的数千年里，一直作为解释世界的基本模型。当然，单单凭借将各种事物以及属性划分为“阴”与“阳”两极，并不足以构成解释世界的有效模型，必须对“阴”与“阳”之间的关系做出诠释。而似乎最似真的诠释是规定两者之间既相对立又有依存，且可相互转化，即是一种辩证关系。不过，阴阳及它们之间的关系与现实世界之间尚缺乏具体的联系，因此，将这个抽象模型与自然认知中可获得的具有事实指称的概念结合起来，从而建构起解释现象的更为具体一些的模型，就显得既必要又自然。我们知道，这个更为具体的解释模型就是阴阳五行学说。自从阴阳五行学说形成之后，虽然在不同的历史时期对其中的具体关系存在着不同的看法，也历经修正或补充，但基本的概念框架始终贯穿于中国传统知识的体系之中，成为各种描述性的经验知识的理论基础。在中国传统的天文、地理、农学、医学、技术以及社会现象的解释中，我们所能找到的就是这一模型。如此看来，阴阳学说或阴阳五行学说在解释世界方面是普遍有效的。

那么，这种普遍有效性的原因是什么？这样一种相对简单的学说是否真的把握了实在世界的真谛？答案当然是否定的。数千年间，阴阳学说（或基于其的阴阳五行学说）在解释现象方面似乎普遍有效和成功的实质在于：在这个模型中，包含着足以使得关于世界的两个相互对立的断言都可以为真的规定，这就是朴素的辩证思想。而我们知道，如果一个知识体系中包含两个相互对立的命题，且认定它们皆可为真，则该体系就能断定任何一个命题为真。这表明，阴阳学说在逻辑上是永真的，而这种“真”并不需要经验的检验。于是，当这样一个模型运用于解释现象时，它将具有无所不包的解释能力；也就是说，不论世界上发生什么现象，阴阳学说或阴阳五行学说都能做出看似有效的解释。

然而，一个学说或理论如果具有无所不包的解释能力，那么，虽然表面上可以用于解释各种各样的现象，实际上，却阻断了人们进一步探寻现象的内在机理的认知之路。因此，从求真的意义上讲，像阴阳学说这样的解释世界模型并没有真正的认识认知价值。不过，我们并不由此否认这种学说的实用价值，即可以满足人们的心理需要，因为一旦做出了基于这一模型的某种解释，人们似乎就能觉得对发生的现象理解了。[①]在此，一个可能引起的疑问是：中国许多传统的经验知识在实践中运用通常十分有效和成功，而这些经验知识的理论基础正是阴阳学说（或阴阳五行学说），怎么可以断定它没有认识认知价值呢？回答这个问题，首先需要明确的是，阴阳学说的真并不依赖于经验的检验，因而，实质上是与经验世界相分离的。正是在这个意义

① 实际上，神话故事也有这种满足心理需要的功能。

上，我们认为它不能提供关于实在世界的信息而缺乏认识认知价值。而实践中所运用的知识，则是来源于自然认知，并非阴阳学说的演绎结果，故需要通过经验操作来确认其真伪。在具体的认知过程中，人们总是依仗自然认知来积累经验知识，并运用它们来理解对象和展开行动。只有当需要对这些经验知识做出某种解释时，人们才动用阴阳学说这个“万能”的模型。运用这个模型，加上一些特设的条件，不能碰到什么具体的现象，总是能获得貌似合理的解释，而这种解释的“成功”，反过来又似乎印证了这个学说为“真”。因此，如果我们不对这个模型的真及其解释的有效性进行剖析，就容易倾向于认为：是这种学说揭示了世界的真谛。

实际上，像阴阳学说这样的万能解释模型不仅不能引导人们去发现支配现象的内在机理或因果规律，而且缺乏理论模型的一个基本认知功能，即对世界上会发生的现象做出准确的预言。所以，这样的模型虽然能给人们提供事后解释现象的心理需要，却不能帮助人们提高把握或控制自然现象的能力。于是，当基于阴阳学说（或阴阳五行学说）的天文和人事模型在预测天象、社会变化等方面屡屡失败后，我们的先辈便不得不接受世界的玄妙或不确定性的观念，正所谓“良以天道渊微，非人力所能窥测，故但言其所当然，而不复强求其所以然，此古人立言之慎也”。①

好了，我们还是回到对于科学解释的阐述和分析上。

第2节 从律则到机制

我们说，科学解释需要满足逻辑相关性和可检验性的要求，但上述阐述其实是笼统的或含糊的。解释对象与解释前提之间要有相关性，那么，究竟是什么样的相关？虽然我们在“相关”之前加上了“逻辑”二字，但实际上依然是含糊的，因为对于逻辑可有不同的理解。事实上，解释涉及的是解释对象与解释前提之间的内在联系，但这样的联系可以是多样的：有些是因果的，有些可能是统计的，还有些则是更强的构成关系；因此，究竟什么算得

① 阮元：《畴人传》卷46，商务印书馆1955年版，第610页。

上是逻辑相关还需要进一步明确。另外，解释要有经验的可检验性，这不仅要求我们排除那些能解释任何现象的学说或理论作为前提，而且要求前提能够推演出接受具体检验的蕴涵，因此，对于什么样的东西可以充当解释前提应该有所规定或限制。

基于上述两点考虑，科学哲学家对于科学解释的模型和类型做了半个多世纪的探索，提出了多种不同的解释模型，并发生了长时间的争论，使得科学解释成为科学哲学研究的中心问题之一。在此，笔者不准备详细地介绍和分析各种解释模型以及其中的争论，而是从代表性的模型出发，来阐述关于科学解释模型的研究是如何发生演变的，以便为以后几节中讨论科学解释研究的认知取向和理解当代科学中解释的新特点，提供一个科学哲学的背景知识。

科学哲学中，虽然有不少哲学家对科学解释进行过探讨，但其中较早也最有影响的研究是由亨普尔（Carl G.Hempel，1905—1997）和奥本海姆（Paul Oppenheim，1885—1977）做出的。早在 1948 年，二人在《解释的逻辑研究》一文中，就提出了著名的演绎-律则模式（the deductive-nomological model），简称 D-N 模式。[①]在这个模式中，组成解释前提的是一组语句集，包括规律语句集和先行条件语句集（合在一起称为解释语句），解释对象则是另一个语句（被解释语句），而解释就是从解释语句有效地演绎出被解释语句。如果用 L_1，L_2，…，L_m 表示规律语句集，C_1，C_2，…，C_n 表示先行条件语句集，E 表示被解释语句，则 D-N 模式可表示为如图 7.1 所示。

$$\frac{\begin{array}{c}L_1,\ L_2,\ \cdots,\ L_m\\ C_1,\ C_2,\ \cdots,\ C_n\end{array}}{E}$$

图 7.1　D-N 模式

对于这个模式，亨普尔和奥本海姆认为，除了解释项必须是经验上可检验为真以外，还须满足两个条件：①被解释项必须是解释项的有效的逻辑演绎结果，这就是模式的“演绎”成分；②解释项中至少包含一个规律，如果

① Hempel C G, Oppenheim P, “Studies in the logic of explanation”, *Philosophy of Science*, 1948, Vol.15, pp.135-175.

没有这样的规律，则推理就无效，这就是模式的“律则”成分。

D-N 模式看上去似乎可以比较好地刻画科学解释，特别是解释的逻辑结构。确实，在像经典物理学这样的学科中，能够找到大量的例子满足或基本符合这一模式。例如，前面提到的潮汐现象，就能够从万有引力定律、牛顿第二和第三定律这些规律语句集，再加上月球和地球的距离、方位、海洋和潮汐的状况等先行条件集，有效地演绎出“海洋中会形成潮汐现象”这一语句；再如，如果我们需要解释一个受热气球为什么膨胀，就可以采用刻画体积与温度关系的盖吕萨克定律，再加上气球的质量、压力和温度升高等先行条件，就能够得出气球体积增大的结论。

然而，细究起来，这个模式却存在许多问题。在科学哲学中，它已经招来许多批评，并且产生了不少替代的方案。其中一种批评是，认为这一模式对于科学解释并不是充分的，因为可以找到一些反例，虽然满足这一模式，但事实上不能算作科学解释。比如，有人构造了这样一个反例：

（1）所有按时吃避孕丸的男人都没有怀孕。

（2）约翰·琼斯是一个按时吃避孕丸的男人。

（3）约翰·琼斯没有怀孕。

显然，这一例子符合 D-N 模式，但显然不能作为对约翰·琼斯没有怀孕的真正（科学）解释。[①]这里，有人可能质疑前提（1），但这就涉及什么是规律的问题。不过，这个例子是想表明，一个符合演绎论证的推理结构，并不能够保证前提与结论之间具有因果相关，因此，对于科学解释而言，只是满足有效的逻辑形式是不充分的。顺着这一线索继续推进，就会发现，在科学解释中，就要考虑解释前提与解释对象之间是否存在着因果联系。[②]

我们感兴趣的是，如果 D-N 模式成立，那么，它的适用范围究竟有多大？为此，有必要对于这一模式必须满足的第二个条件做进一步分析。这个条件说的是科学解释的前提中必须包括“规律”，但这立刻会引出两个问题：

---

① Salmon W C, *Statistical Explanation and Statistical Relevance*, Pittsburgh: University of Pittsburgh Press, 1971, p.34.

② 对此，科学哲学家已经做了大量研究。

第一，究竟什么算是规律或规律语句？或者说，一个语句称得上“规律”的条件是什么？第二，是否所有人类认知的领域都有规律？比如说，我们可以承认物质世界有自然规律，但生命世界或人类社会真的有规律吗？显然，第二个问题的答案取决于对第一个问题的回答，故我们先来看看第一个问题。

第一个问题其实是当代形而上学关注的主要问题之一，围绕其的争论也一直持续着。在日常生活中，人们时常谈到规律或自然律，比如，我们要遵循自然规律，这是人类历史发展的必然规律，等等。但究竟什么是规律？规律与非规律究竟有何区别？在科学认知中，科学家通常说自己的目标是寻找实在世界的真谛，而这“真谛”除了现象，就是隐藏在现象背后的规律。这里，存在着两个既相关又有区别的假定：一是假定实在世界中存在着规律；二是假定规律并非现象本身，而是支配着现象的某种“东西”。

其实，关于实在世界是否存在规律以及规律（假定有）的多少，取决于我们对什么是规律的阐释和理解。通常，科学家只需预设规律是存在的，然后设法将它们找到。至于追问究竟什么是规律、规律与非规律（如偶然概括）有何不同这类问题，则通常是哲学（特别是分析的形而上学）的任务。问题是，当某位科学家宣称发现了一个规律时，他本人和科学共同体内其他科学家应当具有鉴别何为规律的标准，否则，我们怎能轻易地相信他所宣称的呢？那么，这个或这些标准又是什么呢？也许，当科学家自信已经发现规律的同时也规定了这样的标准，但对爱好追根究底的哲学家来说，这些标准是否合理依然是个问题。比如说，有人会认为，因为规律是真的，发现的东西满足真的标准，所以，它是规律，但是，“真”真的是规律的评判标准吗？不见得。

所以，我们还得来分析规律这个概念。实在世界中的事物是普遍联系的和变化的，这是一个基本的哲学信念。在联系和变化过程中，存在着一些相对而言不变的关系或稳定的模式。通常，我们把这些“东西”叫作规律或定律。例如，一个从空中自由落下的物体，它下落的速度与时间之间存在着正比关系，这种不变的关系就构成了自由落体的速度定律。人类的日常认知和科学认知已确凿无疑地表明，在我们生活的世界中，存在着各种各样的不变关系或模式。因此，“实在世界中存在着规律”可以作为无须辩护的事实加以接受。

那么，这样的规律具有哪些特性呢？首先，容易想到的特性应为规律是真的。如果一位物理学家宣布找到了一条新的电磁规律，而事后发现，这是误读实验数据的结果，就是说，这个表达规律的命题是假的，或者说所对应的规律根本不存在。[①]这样的话，就没有理由将这位物理学家宣布的“电磁规律”叫作规律。

不过，一旦涉及“真”，立刻就会遇到究竟何为“真”的问题。在哲学和其他一些领域（如逻辑学）中，“真”这个概念出奇地难把握。这里，我们不准备讨论真的定义或满足条件，而只是想基于直观来理解上述命题中“真”的用法。通常，我们需要区分两种“真”的含义和用法：一种是分析真，另一种是事实真。前者不需要经验检验，通过分析有关命题的结构或形式就可确定，例如，“蓝色是一种颜色”，“每个数都有倍数”；后者则是有关命题的这样一个性质，它必须经过经验的检验方可确定其真值。

人类的日常知识和科学知识是对实在世界做出的种种论断，它们是否真的表征了实在世界的某种“东西”，单凭分析概念或命题是无济于事的，必须通过经验这个通达实在世界的“窗口”来检验和确认。试想，假如在没有经验证据的情况下就断言有一个天体正在撞向地球，谁会确信这就是真的呢？由于规律存在于实在世界，要说某个命题表征了某个规律，它的真就必须接受经验的确认，故“规律是真的”这个命题中的“真”是指事实真。就本体论而言，“事实真”是指这样的规律是“真”的存在的，而相应的命题表征了这样的规律，故它是真的。

由此可见，我们所说的规律通常是指其命题表征，即用后者表征前者，并认定这种表征是可以严格对应的。例如，牛顿的万有引力定律被认为表征了任何具有质量的物体之间的引力相互作用的不变关系。然而，如果认定的规律是发现和认识的结果，那么，它们就很可能只是近似为真的（似真的），或者说，只在一定范围和一定条件下成立。实际上，我们已经知道，万有引

① 不论是在日常生活还是科学认知中，“规律”具有两种不同的用法，一种是指在实在世界中存在的不变性或稳定的模式，这是本体论上的用法；另一种是指对世界中这种不变性或稳定模式的陈述，它往往是以命题表达的。不过，为了分析和阐述的便利，通常假定这两种用法可以合一，也就是假定表达规律的命题就代表本体论上所意指的“规律”。只有当需要在两者之间做出区别时，才加以说明。

力定律只近似为真，更真地刻画引力的是爱因斯坦提出的引力场方程。在有些情况下，甚至我们已经知道所谓的定律只是某种偶然概括，事实上是假的，但可能出于历史的原因，依然叫作某某定律。例如，有一个关于太阳系中行星之间距离关系的定律，叫作第丘斯-邦德定律（Titius-Bode law），就只是偶然概括（实际上为假），然而，在科学界，至今人们还是叫它为定律。

于是，便产生了一个颇为棘手的问题：如果通常认定为规律的“东西”其实只是近似为真，甚至可能为假，那么，我们究竟应该如何来理解规律的“真”性呢？看起来，可以有两种不同的解决方案。一是在宽泛的意义上来理解“真”，也就是说并不要求必然的真，可以包括近似的真，甚至在特殊情况下允许假；二是坚持必然的真，即要求规律在宇宙中每时每刻地为真，因而规律的陈述是全称的。可以看出，采用这两种不同方案的后果是：所能称得上“规律”的数目会大不相同，前者可包括许多的规律，而后者所包括的规律可能屈指可数。

经过对“规律”以及“真”的这番陈述和分析后，我们再回过头来看D-N模式，就会发现其存在的一些根本性的问题。在D-N模式中，从前提到结论是一个演绎的逻辑关系，这就要求作为规律的语句集必然为真，但根据上述分析，那种真的规律即使有，也是稀罕的，因此，模式的适用范围就会非常窄；而如果允许似真的（甚至可以为假）的规律作为前提，那么，前提与结论之间就不是必然性的蕴涵关系。这样，解释的合理性或可信度又如何得到保证？

解决该问题的一条思路是承认除了D-N模式以外，科学解释有不同的类型，其中之一就是作为前提的不是必然性或决定论的全称规律，而是具有或然性的统计规律。顺着这条思路，亨普尔又提出了归纳-统计模式（the inductive-statistical model），即I-S模式。这里，作为前提的统计规律刻画的是，具有某种属性的事件按照满足一定条件发生的概率或百分比，比如，90%的人对青霉素不过敏，就是这种统计规律。[①]于是，基于这种规律的解释，从前提到结论之间就不是必然蕴涵，而是概率蕴涵。因此，结论只能在一定的程度上得到前提的支持或确证，故前提与结论之间的关系不是演绎的而是归纳的。

① 严格说，这只是统计概括，究竟是否算得上“规律”亦存在争论。

这里，我们不妨以“90%的人对青霉素不过敏”作为统计规律，来解释为什么一个人（比如张三）打了青霉素没有过敏。解释的模式是这样的：①90%的人对青霉素不过敏（概率为 0.9）；②张三打了青霉素（一个打了青霉素的事例）；③张三不过敏（一个不过敏的事例）。这里，前提对于结论不是必然的蕴涵关系，而只是对结论有很大程度上的归纳支持。

不过，这种解释看上去存在一些问题。首先是，作为前提的统计规律中的概率多大才能作为解释的前提？上述例子中，如果我们把“10%的人对青霉素过敏”视作另一条统计规律，并将其用于一个青霉素过敏的人，以此作为对于他过敏的解释，显然，解释的说服力就不强。这位过敏的人完全可以提出这样的质疑：为什么我属于 10%的人呢？一种解决问题的方式是假定统计规律中的概率至少大于 0.5，才能充当解释的前提。如果进一步追问，则我们会发现，对于一个人为什么会对青霉素过敏或不过敏，借助这样的统计规律给出的解释，对于增进理解并没有多少帮助。这是因为，即使其中的概率很高，我们依然会觉得疑惑，为什么绝大多数人对青霉素不过敏而少数人却会过敏？其中定有缘由，而归纳-统计模式并没有告诉我们，也就很难说已经对这一现象真正理解了。

事实上，像这样的统计规律是对发生现象的概括，因而所做出的解释只是一种归类解释，即是将某个事例归于统计规律所概括的情形之中。如果进一步探究，则可以看出，运用 D-N 模式所做的解释，实际上也是这种归类解释。例如，在上面的事例中，气球受热膨胀是盖吕萨克定律所包括的一个特例。当然，如果基于的规律具有必然性，则这一归类给人的感觉显得更为确定。但是，我们仍然可以追问，为什么气体受热就会膨胀，而且，膨胀的体积与温度的升高（假定压强不变）成正比呢？基于盖吕萨克定律所给出的解释并没有回答这一问题。

这表明，不管是 I-S 模式还是 D-N 模式，其作为对于理解现象的科学解释并不是充分的。况且，这两种解释都预设了可应用的领域中存在着具有普遍性的规律。然而，在一些科学领域，比如生命科学和社会科学领域，难以找到具有必然性的全称规律，故 D-N 模式无法应用，而基于统计规律的 I-S 模式所给出的解释的说服力又很有限。可事实上，这些领域的研究者几乎每天都在对现象进行科学解释，以获得程度不同的理解。那么，他们采用的是什么类型的解释呢？答案是机制解释。对于机制解释，从 20 世纪 90 年代以来，科学哲学家也已经做了大量的研究。接下去，我们就来说说科学认知中的机制解释。

显然，要想阐述机制解释，首先就得明白什么是机制。这里所说的“机制”，在英语中就是 mechanism，它出现在 17 世纪中叶，既可以指以确定的方式达到结果的过程，也可以指那种认为自然现象或过程完全由物理规律所确定或所解释的“机械论”观点。不管如何，该词的产生是由机器相联系的，因为机器的特点就是在一定的条件下，通过内部各部分的运作以及与环境的协调，做确定的事情，或者产生确定的结果。笔者认为，机制的基本含义就体现在机器的这一特点之中，不过，为了避免一些不必要的误解，可以将“机器”概念做更广的理解，包括生物和社会，故可以用物质系统或系统来代替。

一旦运用系统的概念，我们就可以比较容易地来说明机制。一个系统是指这样一个事物：其处于一定的环境中，由组元（部分）所组成，组元之间存在着因果联系或作用，整体上具有新的现象或功能（这里“新”是相对于部分而言的）。通常所说的机制是指现象（或功能）和决定现象的因素，从系统的概念可以看出，这些因素就是组元、组元之间的因果联系以及如何组织为整体的方式。因此，一个机制包含着四个方面：①现象或功能；②组元或部分；③组元之间的因果联系；④组织方式。

在科学认知中，现象是需要解释的对象，而所谓机制解释，就是从组元、组元之间的联系和组织方式出发，来推演出被解释的现象。比如，人脑具有认知功能，而决定这种功能的因素就是人脑中一些神经元、神经元之间的联系以及它们如何组织的方式。所以，如果要解释为什么人脑具有认知功能，就需要确定那些神经元（或神经模块）、神经元之间的联系和组织方式以及它们与认知的关联，然后，运用这些知识来说明认知现象的发生。

为了进一步阐述机制解释，我们不妨来看一个更具体的例子。自从分子生物学诞生以后，人们就认识到，蛋白质的合成是由 DNA 控制的（这已经成为现象），那么，为什么 DNA 能控制蛋白质的合成？究竟是如何控制蛋白质的合成的？这就需要进一步解释，而采用的解释方式就是机制解释。

我们可以看一看 DNA 的指令是如何控制蛋白质的合成的。这里，构成解释的组元是 DNA、RNA、核糖体和氨基酸等，而它们之间起联系作用的是 DNA 携带的指令信息。这些指令以 DNA 碱基序列的方式存放在细胞核中，而蛋白质的合成场所则是细胞核外的核糖体，所以，必须有一种载体将指令信息传送到核糖体中，这是由另一种核酸即信使 RNA（mRNA）来实现的，它在这个过程中扮演“可移动盘”的角色。mRNA 也是由四种碱基组成的序列，与 DNA 不同的是其中的胸腺嘧啶（T）被另一种略有差异的尿嘧啶（U）所取代了。在一些蛋白质的帮助下，DNA 中的指令以三联体（即每三个碱基组成一个密码子，共 64 个）的方式被拷贝到 mRNA 中，再由后者传送到核糖体中。蛋白质的合成还依赖于另一类 RNA，即转移 RNA（tRNA）。这种 tRNA 分子呈一定的形状，在它的一端连一个氨基酸，另一端有一个未配对的核苷酸三联体——反密码子，用于把 tRNA 连接到 mRNA 上。这样，蛋白质合成的过程大致如下：一个核糖体在一端连接在一个 mRNA 分子上，读取那个分子编码的遗传信息的前三个碱基，然后从细胞质中活跃的化学物质“汤”中选择具有能与这三个碱基配对的反密码子的 tRNA，并通过氢键的帮助连在 mRNA 上。在核糖体和 mRNA 拥有的 tRNA 的另一端，有一个由 mRNA 的三联体碱基所确定的氨基酸。接着，核糖体读取下一组三联体碱基，排列出对应的 tRNA，而其所连的氨基酸沿着第一个氨基酸排列下去，于是两个相邻的氨基酸在酶的作用下连在一起，并从 tRNA 上脱离。被释放的 tRNA 在细胞质中寻找另一个氨基酸，而核糖体沿着 mRNA 移动，读取下一组三联体碱基并重复整个过程。当一个核糖体读到 mRNA 的信息的末尾，它就释放出（输出）一条由氨基酸所形成的多肽链（蛋白质）。该多肽链在酶的帮助下折叠成一定的构型，从而使得它具有特定的性质和功能。需要指出的是，DNA 指导蛋白质的合成过程中，每一步都离不开已经存在的蛋白质的参与和作用，因此，两者之间的联系是相互的。可以看出，整个解释过程就是一个机制解释的过程。

那么，这种机制解释与 D-N 模式解释有什么不同呢？对此，美国科学哲学家贝克特尔（William Bechtel）已经做了大量研究。他认为，基本的机制解释与 D-N 模式解释具有以下几方面的不同：第一，作为前提的不是规律语句，而是机制的部分、这些部分所执行的操作以及它们如何组织的方式。规律可以在其中出现，但它们是对机制的整体功能或操作功能的刻画，因而通常是在机制的运作过程中发现的。第二，虽然机制的部分、操作及其组织可以用语言描述，但更有效的表达方式是图示，加上配有诠释图示的文本说明。第三，从机制产生现象的过程并非演绎推理，而是认知主体的心智对于机制运作的模拟。第四，机制解释是还原的，要求获得部分、部分的操作和环境的信息，然后再加以整合。第五，传统上，科学哲学家回避科学发现，只关注科学的辩护，而对机制解释来说，机制发现是哲学分析的丰富话题。① 通过对生物学中机制解释的案例进行研究，贝克特尔发现，将机制解释仅仅理解为是定性刻画的操作的系列（线性）执行是不够的，因为自主性等现象的产生依赖于生物体内外各个部分之间的反馈和循环，于是，他又提出了一个"动态的机制解释"的新观点。②

简言之，D-N 模式实际上只是对解释前提与解释对象之间的逻辑关系的刻画，机制解释则是从部分（组元）和部分之间的联系（体现在部分的操作和组织）来产生被解释的现象或功能。这里，对我们来说，值得注意的是，解释是一种获得理解的认知活动，而机制解释中，确定部分、部分的操作和部分之间的联系，不正是在心智中建构一个关于认知对象的模型，而解释的过程不就是在心智中运作或展开这一模型的过程吗？这已经体现在贝克特尔对于机制解释与 D-N 模式相区别的说明中，在那里，"心智模拟"和"机制发现"便是认知的因素。因此，从认知的观点看，机制解释实质上是一个在心智中建模和模型的运作过程。也正因为如此，近年来，解释和科学解释的研究发生了朝向认知的转向。

第 3 节　科学解释作为认知过程

我们已经多次提到，解释是为了理解现象。不论是在日常生活还是科学研究中，面对一种现象而产生困惑，表明对这种现象为什么发生或如何发生，

① Bechtel W, "Mechanism and biological explanation", *Philosophy of Science*, 2011, Vol.78, pp.537-538.

② Bechtel W, "Mechanism and biological explanation", *Philosophy of Science*, 2011, Vol.78 , pp.537-538.

我们还不理解；对其进行解释，就是运用或寻找已知（已理解）的知识，来求解为什么或如何的问题，从而将不理解的变为理解的。这里，理解是一种心智状态，运用或寻找知识和求解问题都是心智中的认知活动，而作为人，我们每天从事这样的活动，因此，解释是人的基本的也是主要的认知活动或行为。

由此看来，解释，理应成为认知科学研究的主题之一。那么，为什么以往对于解释的研究基本上都是由科学哲学家来做的？究其原因，大致上有两个方面：一是科学的基本任务是理解实在世界，而获得理解的方式就是通过发明理论对现象进行解释和预言，因此，要理解科学和科学理论，就离不开对科学解释的探究；二是尽管解释是人的认知行为，但其并非认知的基本要素，而是包含注意、记忆、推理、问题求解和评价等基本认知要素的复合行为。在认知科学中，研究者首先或更关注的是基本认知要素的研究，故对解释的认知研究在很大程度上被忽略了。

自从逻辑经验主义产生以来，在相当长的时间内，科学哲学中的主流是将科学辩护与科学发现加以区分，只关注前者，而认为后者应该是心理学的任务。于是，尽管科学解释是一种认知活动，但传统上，科学哲学家只关心科学解释的逻辑结构，特别是在逻辑经验主义及其继承者那里。前面我们介绍过的 D-N 模式，正是由逻辑经验主义的重要人物亨普尔等人提出的，而之后围绕这一模式的争论和扩展，也基本上是顺着这一传统进行的。只是到了 21 世纪以后，在认知科学的影响下，科学哲学内部才有一些研究者认为不能将辩护问题与发现问题相分开，并主张对科学进行认知研究，提出了“科学的认知科学”[①]。在这样的背景下，科学解释的认知方面才引起注意。

而在认知科学方面，十几年前，一些认知科学家和认知心理学家开始意识到，不论是儿童还是成人，是普通人还是科学家，当面对实在世界时，都会产生各种各样的“为什么”疑问，并试图获得某种解释而达到理解，也就是说，“生成和评价解释对于人获得理解是自发的、普遍的和基本的”[②]。

---

① Thagard P, *The Cognitive Science of Science*, Boston: The MIT Press, 2012.

② Lombrozo T, “The structure and function of explanations”, *Trends in Cognitive Sciences,* 2006,Vol.10, No.10, p.464.

于是，一些关于解释本性的经验问题开始提出并被加以研究，这些问题包括："一个解释由什么构成，什么使得一些解释比另一些更好，解释如何生成以及什么时候需要解释，等等。"[①]近年来，对于解释的认知研究已经从不同的进路开展，有的专注于描述解释生成和原因归属的推理机制，有的寻找和分析解释的满足条件（即对于为什么的问题，什么样的回答是令人满意的），有的则开始探究形成解释的具体机制，比如，哪些认知的基本单元相关于一个解释过程，可能包括注意、长期记忆、工作记忆和元认知（评价）等。[②]不过，所有这些研究才刚刚开始，且主要是针对日常生活和工作中的解释，而尚没有发现专门关于科学解释的实证研究的文献。

笔者认为，虽然科学解释也是一种解释，而且在基本的认知结构和过程上，与日常的解释之间既有共性也有连续性，但根据本章开始的阐述，作为科学认知的一部分，科学解释具有一些自身的特质。因而，通过将科学哲学与认知科学相融合，对科学解释的认知本性和机制进行专门、深入的实证研究是必要的和有意义的。然而，由于这方面的研究尚未真正展开，故无法进行综述和利用前人的具体研究成果。鉴于此，在这里，我们结合此前对于科学认知的阐述和分析，主要从理论的角度，来尝试性地刻画科学解释的认知本性和机制。

笔者的基本观点是：科学解释是在科学背景知识中建构模型和运行模型的求解问题的认知过程。这是一种基于模型的解释。对此，需要先做如下两点说明：第一，科学解释是在科学知识背景下展开的，以便与其他的解释类型相区别，因为从认知的角度看，这些其他的解释类型（如常识性的解释）也很可能是建模和运行模型的求解问题过程。一旦加上这个限定条件，那就表明一个科学解释不仅依据的是科学知识，需要满足科学的要求（如可检验性），而且其所提供的理解也是科学知识依赖的，也就是说，只有对那些掌握了相关科学知识的人，通过解释才会获得关于解释对象的理解。第二，由

---

① Lombrozo T, "The structure and function of explanations", *Trends in Cognitive Sciences*, 2006,Vol.10, No.10, p.464.

② Horne Z, Muradoglu M, Cimpian A, " Explanation as a cognitive process", *Trends in Cognitive Sciences*, 2019,Vol. 23, No. 3, p.188.

于科学解释的目的是回答“为什么”或“如何”的问题，因此，做出科学解释的过程就是一个求解问题的过程，而求解问题正是科学认知的基本任务。这样，评价一个科学解释是否合理或者有效，实际上就是看其是否真正解决了所针对的问题。

接下去，我们试图对上述基本观点做进一步的阐述和论证。在此，笔者想从引用费曼的一句名言开始。在 1988 年去世之前，费曼在黑板上留下了这样一句话：“我不能创造的，我就不理解。”（What I cannot create, I do not understand）然后，在下方，又给出了学习的方法：“知道如何求解每个已解决的问题。”（Know how to solve every problem that has been solved）[①]可以看出，对费曼来说，理解的实质在于创造，而获得理解就是要知道如何求解问题的过程。笔者认为，费曼的观点正是关于理解和解释的真知灼见。这寥寥数语，显然，还不足以表达科学的理解和解释的全部内容，不过，却可以给我们阐明关于科学解释的基本观点提供思路。

笔者十分认同费曼的观点，进一步的问题是：面对一种现象或一个问题，我们需要创造什么样的“东西”才可达到理解？由于“理解”是一种释了疑的心智状态，因此，要获得这样的状态，就需要在心智中创造或建构针对现象或问题的模型。如果模型运行的结果（输出）能够消除疑惑，也就达到了理解的状态。而根据我们此前的说明，建构和运行模型的过程就是解释，也是一个求解问题的过程；如果处于科学的背景知识中，那就是科学解释。基于这样的分析，结合在前一章中对于模型及其在科学认知中地位的阐述，笔者认为，可以将费曼要创造的“东西”理解为“模型”，而解释就是建构和运行模型以求解问题。

这样，在科学解释中，我们将解释前提认定为是科学模型。作为一个认知过程，科学解释包括模型的建构和模型的运行这两个基本环节。为了建构模型，解释者需要具备与解释对象相关的科学知识。这样的知识，一部分作为建构模型的约束条件，即保证建构的模型符合已经获得证实的科学事实和得到确证的科学理论。在第 1 章第 3 节中，我们已经指出，在当代科学认知中，已有的基本事实和基本理论对具体的研究形成了刚性约束，而在这里，

① 记录这两句话的黑板的照片，保存在加州理工学院档案馆。

就是指模型的建构需要严格地与这些基本事实和基本理论相一致。另一部分知识则用作模型的建构，这既包括已经获得的科学知识，也可能是为了建构模型而需要发现的新事实或发明的新假设。因此，在科学解释中，发现通常是不可缺少的组成部分。

一旦一个科学模型生成，就需要在心智中加以运行，以期产生并输出能够与解释对象相匹配的结果。在这个过程中，如果模型较为复杂，解释者的心智运作就通常需要借助外在的认知工具。传统上，这些外在工具主要包括纸和笔，而如今，计算机担当了主要角色。从认知的角度看，心智运行模型的过程就是基于模型的推理，而这里的推理并不仅限于演绎，还可以包括归纳推理和概率推理等。进一步，如果采用认知计算主义的立场，则模型运行或基于模型的推理就是一个信息处理的过程，而输出的结果正是可以与刻画解释对象的信息相匹配的信息。如果这种信息之间的匹配是成功的，那么，解释者心智中原有的迷惑就可以消除，也就达到了理解。其实，如果我们将科学解释作为一个求解问题的过程，同样可以运用这种信息的观点加以说明。因为我们知道，所谓问题，就是来源于心智中已知与未知之间的差距，而问题求解或解释的过程正是通过生成针对性的信息来消除这种差距。

在做了这样的阐述和分析以后，我们就可以来说明前述的几种解释模式与这种基于模型的解释之间的关系。容易看出，D-N 模式解释实际上可看作是基于模型的解释的一种特殊情形。其特殊性表现在，在 D-N 模式解释中，充当模型的是全称规律语句和先行条件语句的组合，而基于模型的解释，并未要求一定有全称规律，而是可以没有这样的规律，倒可以有更为复杂的组元和结构，如机制解释；至于模型的运行，D-N 模式解释中，从前提到结论是一个演绎推理过程，而基于模型的解释，既包括演绎推理也可包括其他推理，因而更为宽泛。

值得注意的是，D-N 模式解释不仅是基于模型的解释的特例，而且其中包含着一个预设，即作为解释的前提总是可以用语句来表达。但从认知的角度看，这个预设是成问题的，因为当我们需要对某种现象获得理解而进行解释时，所依据的知识不一定能明示（用语句表达）。就是说，科学家为理解自然现象进行解释时，也会用到相关的默会知识。其实，这可以从这样一个常见的现象中看出：不同的人运用的规律语句和条件语句相同，而获得的理解则不同。对于基于模型的解释来说，并不要求作为前提的知识必须是明示的，而由于所建构和运用的模型是在解释者的“知识库”中发生，故默会的知识也可以在其中发挥作用。

至于机制解释，正如以上已经点明的那样，其实就是一种基于模型的解释。这是因为，当对某种现象采用机制解释时，实质上是要在心智中建构起与解释现象相关联的模型。模型的建构包括确定足以引起解释对象的系统的部分、部分之间的联系和组织方式以及相关的环境等因素，这些因素就构成了表征所认知对象（系统）的机制，而机制解释就是通过模型的运行来产生关于待解释的现象的信息。就模型与认知对象的关系而言，这是一个模拟对象的心智过程。为了进一步阐明基于模型的解释及其与机制解释的关系，我们不妨来分析一个具体的例子。

1956 年，美国心理学家乔治·米勒（George Miller，1920—2012）发表了一篇在认知研究领域极有影响的论文，题为《神奇数字 7±2》。[①]在论文中，他报道了这样一个重要发现：人的大脑的工作记忆（可供注意力或其他认知活动访问的临时空间）能够正确储存的对象的绝对数量十分有限，平均来说大概只有 7 个，用信息论的语言，也就 3 个比特左右。之后，神经科学家和心理学家对工作记忆的进一步研究发现：这个容量还不到 7 个，更接近 5 个。这样，问题就来了：为什么工作记忆的容量如此之小？为什么在负载超过阈值（5 个）之后就会变得不再可靠？这些需要科学的解释。

最近，厄尔·米勒（Earl Miller）等人提出了一个模型，来试图回答上述问题。[②]在这个模型中：部分（组元）是三个脑区，包括前额叶皮层（PFC）、额叶眼动区（FEF）和侧顶内沟区（LIP）；部分的功能和部分之间的联系是，前额叶皮层为外部的认知对象建立一个模型，并将这个模型用“ 自上而下”的反馈信号传达给其他两个脑区；同时，额叶眼动区和侧顶内沟区“自下而上”的前馈方式，将感觉输入的原始信号传送到前额叶的深层区域；组织方

① Miller G, “The magical number seven, plus or minus two: some limits on our capacity for processing information”, *Psychological Review*,1956, Vol.63, pp.81-97.

② Pinotsis D A, Buschman T J , Miller E K, “Working memory load modulates neuronal coupling”, *Cerebral Cortex*, 2019, Vol.29, pp.1670-1681.

式是在自上而下的模型信号和自下而上的感觉信息之间进行比较，并根据两者的差别调整内部的模型。再对模型中各部分的属性、功能和联系做进一步细化的假定，包括不同神经元集群的位置、振荡的频率是多少和三个区域脑波的同步性等，就可以基于模型推演出：当认知中要注意的对象数量超过 5 个时，承担建模的前额叶皮层就会出现信息过载，结果，不同区域的脑波变得不同步，工作记忆失效。[①]

第 4 节　科学解释的拓展

在对 D-N 模式解释、机制解释之间的关系做了说明以后，再回到基于模型的解释本身，来看看其在当代科学认知中呈现的新特点和新问题。我们已经反复说过，当代科学认知的一个特征是需要理解实在世界中的复杂性或复杂系统的行为，而这种复杂性尤其表现在生命科学和社会科学等领域。当面对需要解释的复杂现象时，D-N 模式解释无法应用，因为难以甚至根本找不到全称的带有必然性的规律，因此，通常只能运用基于模型的解释，而这里的模型就是对复杂系统的机制的表征。

当采用基于模型的解释时，虽然依仗我们人的创造性和想象力，可以建构起一定程度上表征复杂系统的模型，但是，模型的运行和展开很可能（实际上是肯定）超出人的推理和计算能力，因此，借助计算机等认知工具来履行这一环节就显得十分必要。对此，我们在上一章已经论述过。现在，我们从科学认知的角度，来说明借助计算机运行模型对于科学解释所起的作用和所引起的新问题。

在此，我们结合为了研究社会系统的复杂性而兴起的计算社会科学，来说明究竟是如何通过人机协同解释复杂的社会现象的。

我们知道，与自然现象相比，社会现象更难研究，其中一个重要的原因就是研究对象的复杂性。人类社会是一个具有自身特质的复杂系统。这主要

---

① 当然，人们还可以追问，为什么在数量超过 5 个时，前额叶皮层就会出现信息过载？这是一个需要进一步解释的问题。

表现在：充当基本组元的个体不仅拥有自主选择和创造的能力，而且其行动可与他人或环境之间形成反馈，于是，个体之间相互作用的方式便会呈现出多样性和不确定性，而这又能促进个体自适应能力的增强，并进一步导致社会结构的复杂化。这一特性表明，许多社会现象是突现的，也就是说，并不能简单地通过对个体行为的研究加以把握。在人类社会内部，存在类型不同和规模不等的各种子系统，其中，处于底层的子系统之间可通过相互作用形成更上层的系统，这样，突现的社会现象会在不同的尺度上发生：小的如一段公路上并非因交通事件而引起的堵车，大的如波及全球的金融危机。

对于复杂的社会现象，依仗人的自然的认知能力，虽然可以在常识的层面上做些局部的、片面的或抽象的描述，但是，要做出真正科学的解释却非常困难。鉴于此，最近十余年来，在社会科学领域，诞生了一门新的学科——计算社会科学。概括地说，它是一门运用计算进路研究社会的交叉学科，关涉计算机科学、数据科学、人工智能、复杂性科学和社会科学的主要领域（如经济学、社会学、政治学和历史学）等；其特点是借助信息通信技术（特别是计算机建模和基于大数据的网络分析）来探寻社会关系和社会互动的模型，解释社会现象和预言社会系统的演化。[①]

计算社会科学中，社会是由个体作为节点（自主体）而相互关联形成的动态网络，因而，个体与社会之间的关系实际上是节点与节点之间的连线；个体的意义不仅取决于其在网络中所担当的角色和发挥的作用，而且总是受到与其关联的其他个体所构成的网络的影响。而从信息-计算的观点看，这张社会网络由信息流（或计算过程）连接而成。通过不断与他人进行信息互动，并与信息（或认知）工具发生整合，处于网络中的个体创造和运用信息的能力得以增强，结果，社会结构和功能的复杂性以及进化的速率也相应提高。

基于这样的理解，我们就可以阐明计算社会科学的研究策略。既然社会实在可看作由个体（作为信息生成和变换的节点）之间实现信息互动的网络，

① 目前，关于“计算社会科学”并没有一种公认的界定，这里所做的概括主要参考了文章 Lazer D, Pentland A, Adamic L ,et al., “Computational social science”, *Science*, 2009, Vol.323, No.5915, pp.721-723.和 Conte R, Gilbert N, Bonelli G, et al., “Manifesto of computational social science”, *The European Physical Journal Special Topics*, 2012, Vol.214, pp. 325-346.

那么，一个自然的研究策略是运用模型来表征和展现这样的网络。从原则上说，借助于功能强大的计算机，我们可以通过建立复杂的模型来真实地映射某个社会网络的结构和过程，但是，倘若所研究的社会网络足够复杂，实际上这样的真实映射并不可行。因此，在实际的社会研究中，研究者一般通过抽象来建立可操作的基于自主体模型（agent based model）。运用这样的模型，虽然我们无法对社会网络的结构和过程进行逼真的复制和再现，但通过抓住体现自主体之间互动的基本或主要的信息，在计算机上实现模型的运行，就可以探索相对应的社会结构和过程的一般模型，能够解释什么条件下社会系统会突现出新行为。

由于社会系统的复杂性，并不存在像万有引力定律这样的普遍规律，也难以从一些相对简单的先行条件来推演具体的社会现象，因此，经典的 D-N 模式并不适用；而鉴于生物系统也是复杂系统，这样，通常用于生命科学中的机制解释似乎更适合于理解社会现象。不过，与生物系统不同，社会系统的组元（个体）具有自主选择和创造的能力，而且所发生的社会现象又具有难以重复等特性，这就决定了社会科学的解释模式也将有别于生物学中的机制解释。

事实上，在计算社会科学中，对于社会现象的解释正是采用基于自主体模型的解释。由于其中从模型到解释现象是运用计算机生成的过程，故也叫生成解释。①这种解释的出发点就是建构基于自主体的模型。这种模型是对社会系统的组元、结构和过程的抽象刻画，其中，自主体（组元）之间相互作用可以通过规则加以表达，实质上承担了类似于由规律组成的理论的角色。若以计算机作为平台，自主体以及它们之间的互动依据规则而运行，因而，模型在一定程度上可反映所表征的社会系统。通常，对于一个复杂的社会系统，运用传统的科学方法（如方程）无法刻画系统的突现过程和现象，而如果能建立关于该系统的基于自主体模型，就可模拟该系统的结构和演化过程。这样，如果需要解释为什么一个社会系统会有如此这般的现象（状态

① 爱泼斯坦（Joshua M. Epstein）率先提出“生成解释”（generative explanation）并做了系统的阐述。Epstein J M, *Generative Social Science: Studies in Agent-Based Computational Modeling,* Princeton: Princeton University Press, 2006.

或事件），我们就可以通过建立合适的模型，并在计算机上实现，来探索如何生成这样的现象。一旦成功，则我们便可认为获得了对该社会现象的理解，所以，这种解释是生成的。

可以看出，生成解释是通过建立关于所研究的社会系统的模型，并从模型的运行过程和结果中来获得关于研究对象的理解的，故这实际上是一种基于模拟方法的解释策略。由于模型所依据的规则是对研究对象的机制的刻画，因而，生成解释是一种特殊类型的机制解释。其特殊性主要体现在：对于社会系统的突现现象，我们既没有可用的普遍规律加以演绎，也不能仅仅停留于对构成系统的组元和结构的静态描述，而需要通过自主体的行为以及它们之间相互作用的规则将过程生成或展开，并在这种过程中获得理解。这就是说，面对一种特殊的或时过境迁的社会现象，基于自主体模型提供的生成解释能够帮助我们理解：在什么规则和条件下，一个社会系统就会突现出如此这般的现象。例如，财富分布严重不均是一种常见的社会现象，那么，究竟是什么因素造成了这一现象？数年前，法国学者伯查德（Jean Philippe Bouchaud）和美扎德（Mark Mézard）运用基于自主体模型对此进行了研究。他们构建了一个由许多人组成的虚拟的经济社会，其中每个人根据规则来进行投资和与他人交易，并在计算机上实现这个社会的演化。他们发现，尽管赋予每个人均等的起始财富和投资本领，但随着社会系统的演化，大部分财富就会自动地聚集到少数人手里。[①]这样的研究至少原则上可以帮助我们理解，在一定条件下，人类社会中的财富不均实际上是自然过程的产物，而与个人的投资技能甚至智力并没有多少相关性。

当今，这种基于模型的生成解释在对复杂系统的研究中已经获得了广泛的应用，但它给人类的理解也带来了新的问题和挑战。在这种解释中，虽然目前建构模型的任务主要还是由人来承担，但模型的运行则是依靠计算机实现，这就意味着，作为人，实际上并没有直接参与其中的生成或推理过程，而且，单独依靠人的心智能力，也无法完成这一过程。因此，倘若对于一种现象获得真正的理解，要求在人的心智中履行解释的全过程，那么，这种需

---

① Bouchaud J-P, Mézard M, “Wealth condensation in a simple model of economy”, *Physica A: Statistical Mechanics and Its Applications*, 2000,Vol. 282, No. 3-4, pp.536-545.

要依靠计算机生成过程的理解，对于人而言，就是不充分的或不完备的。这似乎也给我们人类解释或理解实在世界中的复杂现象设置了一个限度。而且，正如我们在上一章第5节中所指出的，当前的一些人工神经网络，已经具备了一定的建构模型的能力。这样，只要人工智能技术不断发展，人工的智能系统就有可能不断增强建构复杂系统的模型的能力，而我们人类却无法建构这样的模型或者无法理解模型及其运行的过程。这无疑会对人类的生存和进化形成巨大的挑战。这里，我们只是将问题提出，而求解问题则是一个巨大的科学认知任务，完全超出了这里所探讨的范围。

第 8 章

科学预言及其限度

上一章开头已经指出，人类从事科学认知活动，发明科学理论或建构科学模型，为的是运用理论或模型解释现象和预言尚未知晓的事件，以期达到对于实在世界的理解，并有效地展开行动。我们已经对科学解释做了阐述，接下来就轮到谈谈科学预言了。本章将从对预言的一般考察开始，着重分析科学预言的结构和功能，探究其在当代科学认知中所承担的角色，并试图从信息-计算的角度揭示科学预言的内在限度。

第 1 节 从常识预言到科学预言

我们知道，几乎所有高等动物都具备这样一种能力或本性，即能对周围环境和自身躯体中将要发生的事件产生预期。这种预期的产生也许是出于好奇、兴奋或害怕，通常是基于已经学到的经验（事件 A 发生，接着就会有事件 B 发生）。显然，预期是发生在动物的神经系统中的一种“朝前看”的认知活动，涉及学习、联想、记忆和推断等认知环节。从进化的角度看，具备预期能力的动物，便能够根据预期的结果提前做出准备和行动，从而，在进化过程中获得生存的优势。

与其他动物相比，人不仅具备预期的生物本性，而且在这种本性的基础上，进化出了这样一种能力：通过将来自环境的信息加工成知识或生成信念，并运用这些知识或信念来推测实在世界中尚未发生的事件或尚未知晓的事物、事物的属性和状态等。[1]这种能力通常称为预言能力或预测能力。与生物性的预期不同，预言的前提是知识或信念，而知识或信念是心智运作的产物并具有文化属性，故预言是人类所特有的认知能力，也是一种文化现象。运用已经获取或积累的知识，人就可以突破只对周围环境中即将发生事件进行预期的局限，而去预言具有时间跨度的未来事件，或预言超出周围环境的尚未知晓的事物以及事物的属性、状态和变化的过程等，从而大大地扩展了认知范围，更重要的还在于提高了决策和行动的能力。实际上，正是因为这种预言能力的产生和发展，人方能更好地适应自然环境和社会环境，结果，在生存竞争中，取得了比其他任何动物更为有利的地位。

在近代科学诞生之前，人们用于预言的知识基本上局限于自然认知中获得的经验知识，或者是没有得到有效辩护的信念。由于经验知识是关于周围环境中对象的得到有效辩护的信息，故这在一定程度上是真的，因此，基于这样的知识所做的预言，在许多情况下也可以是可靠的。我们将这种预言叫作常识预言。事实上，即使在当今的日常生活和工作中，我们几乎每天做的各种各样的预言也还是常识预言。比如，当你看到天空中乌云越来越厚，你就会预言马上就要下雨了，因为你已经具备“乌云越来越厚，马上就会下雨”的常识。再如，你下班或放学回家，会从口袋里掏出钥匙开家门，其实你做了一个预言：这把钥匙将打开这扇门，前提是拥有常识“这把钥匙能开这扇门”。我们知道，这样的预言通常是可靠的，但并不绝对，因为作为前提的常识不一定为（严格的）真，而且前提与结论之间也不一定有必然性。在这两个例子中，乌云越来越厚不见得一定下雨（有时天气条件会突然变化），你掏出的钥匙也不一定能打开门（也许门锁坏了）。从中也可以意识到，在日常生活或工作中，我们之所以做大量的这类预言，通常并非为了检验作为前提的知识的真假，而是运用预言来指导实际的行动。

那么，为了运用预言指导或服务行动，是否就一定得考虑前提的真假呢？或者说，前提是否一定得是知识呢？显然，在实际的情况中，答案是否定的。这里有两种情形。一是预言似乎可以没有前提（或者至少缺乏明述的

① 这里，我们将知识和信念加以区分。按照第 2 章中的界定，知识是获得有效辩护的信息，而信念则不是，这与传统认识论中对于知识和信念的理解不尽相同。

前提），这种预言通常以非条件句的形式呈现：什么时候将发生什么。比如，“明天股票将大涨”，“到 2060 年，汽车都将实现自动驾驶”。这类预言是直觉的，有点类似于预期，只是对未来的“眺望”显得更远。当下，那些关于人类未来命运的大预言基本上属于这类。二是做出的预言是基于前提的，但充当前提的主要不是真正的知识，而是未经辩护或明知为假的信念，或者是知识与信念的混杂。利用神秘的文本、星象和人的生辰八字等所做的预言就属于这一类。为了方便，我们将其通称为信念预言。不论是在古代还是在当今，也不论是在哪种文明之中，这是一类非常流行的预言。实际上，这类预言不仅具有跨文化的普遍性，而且其内容也是人类文化的一个重要组成部分。鉴于此，这里，我们想着重新对第二种情形做些探究，以期回答这样一个问题：为什么这类预言一而再，再而三地失败，许多人依然热衷于做这样的预言或笃信之？为了更具针对性，也出于现实的考虑，我们想主要以中国传统文化中的术数为例，阐述和分析这类信念预言的特点和功能，并回答这一问题。

术数，也称数术，其中“术”指方法，“数”指气数命运。“术”与“数”相组合构成一个单独的概念——术数，用以指种种基于对自然现象和社会现象的一定观察和认识，来推测个人、组织和社稷的气数命运的方法或活动，如占卜、算命和星相等。其基本目的是助人决疑决策，以趋吉避凶。术数是一种跨文化的普遍现象，世界各地的民族文化中几乎都存在，只是具体的内容和形式五花八门，流行的程度也不尽相同。

在中国传统文化中，术数不仅源远流长、名目繁多，而且一直发挥着重要和特殊的作用。我们知道，作为六经之首的《周易》，原本就是用来占卜的，日后所出现的各种术数的门类门派，也往往由其衍生或改造而成。从学理上说，术数主要是以阴阳五行学说为基础。经过两千多年的创发和演变，术数形成了一个极其庞杂的信念和操作程式的体系。根据具体预言对象的不同，也将其分成以下 7 类：①预言个人命运的穷通贵贱，如相术与命学；②预言个人特定人事的吉凶祸福，如占龟、六壬、遁甲、太乙等；③预言特定环境的吉凶祸福，主要为相宅、相墓；④预言各类为人所用的器物的吉凶，如相印、占衣、占枕等；⑤预言从事诸如破土竖梁、婚丧嫁娶、开业出行、行营立寨等活动的时日的吉凶；⑥预言天灾人祸、水旱饥馑、兵丧治乱等整个社会民生的吉凶，主要为天文、历谱、谶纬、九宫术、推背图；⑦预言具体兵事的吉凶，如占卜、望气、星占、兵占等。[①]在古代，这林林总总的预言之术，对于中国社会，大至王朝兴衰更迭，小至个人衣食住行，不知发挥了多少或正或反的作用。但可以肯定的是，这种作用始终存在。即使在科学强势的今天，即使遭到主流意识形态和主流文化的排斥，在民间或私下，一些术数依然很有市场。事实上，在基于科学技术的现代文明的强力冲击下，虽然绝大多数传统的文化样式和技术走向了衰落甚至灭绝，但术数中的相术、命学和风水等却仍然具有很强的生命力，不但信者众多，而且能成为一些人的谋生乃至发财之道。

问题是，作为预言个人命运和社稷兴衰等的工具，术数不仅常常失灵，而且其所依据的一些器物或运作程式因违反直觉或常识也早被人质疑或拒绝。如周武王伐纣时，姜子牙就曾推蓍蹈龟而曰："枯骨死草，何知而凶！"[②]那么，为什么数千年来能延绵不绝？其中的一些子类（如命学和风水）至今依然"活力"不减？当然，我们可以认为，作为一种文化现象，术数的存在价值主要不是取决于其预言的准确性，而是在于通过这样的预言，能够消除犹豫不决的心理状态，或求得心理上的安慰，或为政治的统治和谋反的合法性提供某种理由，或是出于经济上的生财等的需要。但是，这些作用得以实现，有赖于一个基本的前提，即当事人或受众相信术数及其所做的预言。不然的话，这些心理、政治或经济的功能便无法发挥。

于是，问题进而转变为：术数所依据的信念和运作看上去反直觉或反常识，但为何一直以来众多的人相信由其所做的预言或解释？笔者认为，要回答这一问题，一条可行的进路是探究术数起源和运作的认知的基础和特征。这是因为，从根本上说，术数是一种认知现象。通常，术数的运作过程包含两类个体：一类是基于术数的信念和程式做出预言的施事者，另一类就是相信预言或认定其有用的受事者。一般来说，作为施事者，需要受过专门的训练，掌握某一门或某几门术数的学说和进行推演的程式。在具体进行预言时，则要对预言的对象以及相关的现象进行观察，获得一定的经验信息，然后才

① 张明喜：《中国术数文化发凡》，《社会科学》1992年第2期，第50页。
② 王充：《论衡·卜筮》。

能依据已经掌握的学说（或直接）进行推测。因此，与单纯的信仰或迷信不同，运用术数进行预言和解释是以一定的经验知识为基础的，而这些知识的获得、加工和推理的展开就是一个认知过程。而作为受事者，相信或者接受施事者所做的预言或解释，并以此为依据展开行动，需要首先理解和评价预言或解释的内容，以及知道如何将这一结果运用于释疑和决策，这同样也是一个认知过程。

我们知道，虽然受事者通常只需知道预言结果之凶吉，而不必理解施事者所依据的那套学说和程式，但术数得以存在和延续，则主要取决于受事者的相信和接受。因此，特别重要的是，我们需要说明为什么受事者愿意相信和接受看似不太靠谱的预言或解释？

我们说术数是一种认知现象，而术数认知具有一些反直觉和反常识的特性，比如，单凭直觉和常识，似乎难以相信几条龟甲的裂纹就能昭示某个事件的凶吉，也难以相信一颗痣的颜色便决定了某人的富贵贫贱，况且这种现象又具有跨文化的普遍性。这些似乎意味着，在人类的认知系统中，存在着一种特殊的认知机制或模块，来专门实施这类活动。那么，果真存在着这种特殊的认知机制或模块吗？

最近二十多年来，对与术数在认知方面颇为相似的一种文化现象的研究表明，上述问题的答案是否定的。这种文化现象就是宗教信仰。我们知道，宗教信仰具有一些反直觉和反常识的性质，并且也是一种很普遍的跨文化现象。自 20 世纪 90 年代以来，在认知科学中出现了一个比较特殊和活跃的新分支，即宗教认知科学，其基本目的是探究宗教观念形成的认知基础和机制。经过心理和认知神经加工机制方面的大量研究，宗教认知科学家越来越趋于形成这样一种共识：宗教认知是自然的。这里，“自然的”是指形成宗教信念的认知并非一种专门的或独特的认知范畴和机制，而是从原本用于履行认识社会对象和自然现象的一些具体的认知机制中派生出来的，或者说是人的日常认知活动的“副产品”。

研究表明，宗教的基本信念，如来世信念、生命的创生信念和超自然神的存在信念，其实是社会认知过程的衍生品，而从根源上说，在于人天生就是朴素的心-身二元论者。在现实世界中，人们倾向于将自身看作是由两个不同而又存在相互作用的要素所组成：一个是肉体（物理的身体），另一个就是心智或灵魂。根据美国心理学家布洛姆（Paul Bloom）的解释和论证，这种朴素二元论出自我们有两个相区别的社会认知子系统：一个表征和处理物理客体，另一个知觉和表征他人的心智（即社会客体）；两个子系统是进化过程的偶然产物，并且具有不可通约的输出。[①]显然，对于我们人类这样的社会性动物，知觉和揣度他人心智的内容是一个正常人必备的认知能力，而这种能力在个体发育的很早时候便已显现，表明其具有生物学意义上的自发性。

这就是说，如果没有经过专门的哲学或科学训练，人自然地倾向于成为二元论者。在认知上，该特性打开了这样的可能性，即我们可以设想心智或灵魂能与肉体相分离而存在，故认为它们是两个可分离的不同实体，也就显得很自然。这样，人们就能想象并相信心智或灵魂可以先于或脱离肉体而存在，而这就形成了宗教观念得以产生和实在化的信念基础。

除了朴素二元论外，另一种源于进化的认知机制也是宗教现象得以产生和持续存在的原因。一些宗教认知科学家认为，人（甚至包括一些高等动物）在进化过程中形成了一种叫作超敏感能动检测装置（hypersensitive agency detection device，HADD）的认知机制，而这种机制能够解释为什么人们会形成和相信诸如神这样的超自然主宰。[②]所谓超敏感能动检测装置是指：在自然环境中，当我们观察到一些动态现象而不能确定背后是否有某个或某些行动者（如捕猎者或猎物）在场时，总是倾向于假定其在场。例如，当我们看到草丛中有异动（可判断其不是由风所引起），就会习惯地认为其中有蛇之类的动物；当看到地上有虎爪或类似于虎爪的印迹，就会倾向于认为附近有老虎出没。从进化上说，相比于假的否定错误（有虎爪印而假定没有虎在场，但实际有），假的肯定错误（有虎爪印而假定虎在场，但实际没有）具有更大的生存价值和优势。于是，在长期的进化过程中，人类便拥有了这种有利于自身生存的认知偏向。随着导致这种偏向的认知机制运用于其他不能确定的自然和社会现象，特别是我们人无法掌控的现象，人们就会自然地倾

---

① Bloom P, “Religion is natural”, *Developmental Science*, 2007, Vol.10, No.1, pp.147-151.

② Barrett J L, “Exploring the natural foundations of religion”, *Trends in Cognitive Sciences*, 2000, Vol.4, No.1, pp.29-34.

向于假定背后存在着引起和支配这些现象的“能动主宰”。这也是神话和宗教得以产生的认知机制之一。

在宗教认知科学中，朴素二元论的发生机制和超敏感能动检测装置被认为是宗教观念得以形成的认知基础。而研究表明，两种认知机制在个体发育的很早时期就已经在发挥作用，这意味着它们的形成并不取决于后天的文化学习，乃是人的普适认知机制的组成部分。在这个意义上，宗教认知是自然的。不过，个体总是处于特定的自然和社会环境中，尤其是处于特定的文化环境内，于是，在发育和成长过程中，基于这些基本的认知机制所形成的具体宗教信念或其他信念的内容和形式就会出现差异。这类似于语言现象，虽然人类的认知结构中存在着学会语言的普适认知机制，但究竟一个正常的人出生后掌握何种母语，则取决于其处于哪一种具体的语言环境之中。

我们知道，在汉民族中，虽然也有佛教、基督教和源于本土的道教的信仰者，但与世界中其他文明体系或民族相比，其宗教信仰并不普遍，宗教意识也并不那么强烈。不过，这并不意味着汉民族成员的认知系统中缺乏上述两种机制，而是以不同的文化样式得到了实现。笔者认为，汉民族的民间信仰，特别是对术数的信仰，是这种实现的具体表现。这就是说，就认知基础和机制而言，如同宗教，术数亦是自然的。

在术数的大多数类型中，不论是施事者还是受事者，均自然地认为一个人由肉体和灵魂两部分组成，并且两者是可以分离的。例如，三国时期魏国的术数大师管辂为何晏算卦和相面后，认为他好景不长，理由是：“何（何晏）之视候，则魂不守宅，血不华色，精爽烟浮，容若槁木，谓之鬼幽。”[①]其中便有朴素二元论的假定。在中国民间曾流行的一种术数——扶乩，就认为借助于箕等工具和一定的操作程序，可以让某个逝者的灵魂显现，做出某种预言，或写出特定寓意的诗文。风水术中，特别是相墓时，自然地预设了祖先的灵魂若能安息在一块吉地，就能给子孙后代带来荣华富贵。

不仅如此，超敏感能动检测装置同样在大多数术数中起着基础性的作用。在龟卜、蓍占、星占和图谶等占卜活动中，纹理、数目、形象和图形所显现的被认为是天之意，而这里的“天”便是具有支配人事力量的“能动主

① 《三国志·魏志·管辂传》。

宰”。算命术中，一个人出生的生辰八字便假定具有支配个人气数命运的力量，充当“能动主宰”的角色。人们对破土竖梁、婚丧嫁娶和开业出行等活动选择时日，也假定了吉利的时日具有一种神秘的力量，会带来好运。事实上，在中国人的日常活动中，超敏感能动检测装置的效用，通过像“宁可信其有，不可信其无”这样的谚语而得到了明确的表达。明白了这样的谚语所寄托的认知机制，我们就可以理解，为什么明明知道术数的预言并不靠谱，但许多人依然信之，并基于这种预言而行事。

不过，与宗教认知相比，术数认知显得更为“自然”。以上，我们通过对宗教认知和术数认知的分析，认为两者的形成和活动过程依赖于一些共同的认知机制。但是，术数与宗教之间存在着一些较明显的差别。这些差别主要表现在：首先，术数是预言之术，其基本功能是通过做出预言而帮助人们决疑决策，因而是具体的和实用的；而宗教认知则主要是对某种超自然的“主宰”建立信仰，虽然也具有道德教化和心理慰藉等功能，但与术数所追求的性质上不同。其次，作为预言之术，术数需要利用经验知识来提高预言的可靠性和精准度，对相关的自然和社会现象及其规律加以认识，而这与宗教更多地建立在信仰之上存在差别。术数认知中，获取经验知识需要运用自然认知的能力，特别是观察、类比及做出预言的推理，这些认知能力和过程对于人而言也是自然的。最后，对于术数的受事者来说，所做的预言总是关于具体人事或事件的发生情况和凶吉祸福，通常并不需要进行系统的训练，凭借日用的常识和认知能力就能达到理解，因而也是自然的。相对而言，一些宗教的教义，则常需要通过更多的付出和反复的熏陶方可领悟。

自古至今，术数作为预言（有时也作为解释）之术，虽然在许多情况下“猜得很准”，但也有不少情况“猜得不准”。能够“猜准”不难理解，也没有什么神秘之处，因为即使不用术数，人们对于将要发生的现象也可以猜得很准。在许多场合，运用术数只是断定“凶吉”，如果只考虑等可能性，猜对的概率也有一半，何况还可以利用已知的经验或情境知识，概率自然还会更高。

这里，重要的是需要明白：术数的主要目的并非求真，而是实用。具体一点说，术数所能发挥的实用功能是多方面的，包括政治的、经济的、文化的和心理的等，而且在不同历史时期和对于不同的受事者，所具有的功能也各有不同或各有侧重。可以看出，在术数的这些实用功能中，心理功能是最基本的。事实上，政治和文化功能的发挥，主要是通过影响受事者的心理状态而实现的，也就是说，如果有些人压根儿就不相信术数的预言，那么，这样的预言就无法进一步对政治事件和生活方式产生作用。至于经济功能的发挥，也是要以心理功能为基础，这主要是对于术数的施事者而言。这是因为，一个术数的施事者，如果希望获利，特别是获得大的回报，其所做的预言和解释就应当越"准"越好。而要提高精准度，不仅需要通过平时的观察和实践积累丰富的关于自然、社会和人事的知识，而且需要具备察言观色的能力，能够有效和精准地揣度受事者的心理状态和感受。从这个意义上说，一个好的术数施事者实际上是一个好的民间心理学家。

出于实用的考虑，术数的预言是否能够常常在经验中得到校验就显得不那么重要。如前所言，在许多情况下，运用术数是为了决疑和指导行动，这样，当一个预言产生，不管其是否真的会成功，实际上充当的是展开行动的依据，因而从效果上说，预言本身成为事态发展的原因，其准确性也由此而提高。这类似于一个股评家在媒体上放言，明日某只股票将会上涨，而一旦受众接受了这个"预言"，纷纷在第二日开盘后买入该股，于是乎，那位股评家的预言也成"真"了。

我们说，术数认知具有自然性，这并不意味着现实中的人都会相信术数。事实上，如同宗教，自古至今都有为数众多的人非但不信，甚至屡屡直斥其妄。究其原因，主要在于：宗教信仰和术数信仰，并不仅仅取决于人所具有的自然认知倾向，很大程度上还受文化学习的影响，因而可以说是双重进化的结果。

就文化学习而言，其对术数或宗教可以产生两方面的重要影响：一是在不同术数和宗教文化环境下成长的人，其所接受的内容和形式会呈现出明显的差异；二是如果存在着与术数或宗教相冲突或不相容的其他文化，而一个人如果通过教育而信奉了后者，则就有可能排斥前者。在中国传统文化中，儒家强调"不信乱神怪力"，因而历史上有不少儒生对术数持批判的态度，如荀子、王充等。在当代，由于科学昌盛强势，而术数或宗教的许多信念与科学知识相对立，这样，坚信科学之人就不太可能同时相信术数或宗教。[①]

① 关于术数的这一部分主要取自笔者的《术数的自然性及其认知特征》，《华东师范大学学报（哲学社会科学版）》，2018 年第 5 期，第 31-37 页。

至此，我们应该可以理解，为什么像术数这样的预言之术能长期存在，即使是在科学高度发达的今天。不过，由此也就引出我们关注的问题：科学预言与常识预言或信念预言究竟有何不同？它们之间到底存在怎样的关系？为此，就需要我们对科学预言的认知特性、科学预言的成功以及限度做系统的探究。

第 2 节　科学预言的认知特性

我们说，预言是运用知识或信念推测实在世界中尚未发生的事件或尚未知晓的事物。落实到科学预言，那就是运用科学知识或科学信念来进行推测。这里，有必要做几点说明：第一，与常识预言一样，科学预言也是运用已有的知识作为预言的前提，只是后者所能依据的科学知识在真的程度、系统性和深刻性等方面均超越于前者。故在同样场景中，科学预言通常更为成功，而在涉及不可直接感知的实在世界中的事件、事物及其属性的情形时，唯有运用科学知识（特别是科学理论）方可做出可检验的预言。因此，在认识和理解实在世界方面，科学预言超越于常识预言。第二，我们引入"科学信念"这一新术语，是专门针对"科学假设"的，或者说是科学假设的另一种表述。之所以要这样做，是为了与关于预言的规定相对应。在科学认知中，当需要对现象做出解释或者希望能做出新颖的预言时，科学家常常会提出相关的假设，并以此作为前提来进行解释或预言。这样的假设由于尚没有得到有力的辩护（尤其是还缺乏经验的确证），因此，在性质上也是属于信念而非知识。事实上，在许多情况下，科学预言正是检验假设的最有力的手段。第三，通常，预言似乎总是针对尚未发生的事件，因而是指向未来的；而我们之所以加上"尚未知晓的事物"，主要是考虑到，科学所做的预言在不少情况下并不一定针对未来的事件，而是关于某种已经存在的东西或者属性，只是迄今为止尚未为我们所知。由此看来，将预言（包括科学预言）中的"未来"理解为相对于人的认识而言，而不一定是本体论上的未来，显得更为恰当。

在科学认知过程中，一个假设是否称得上"科学的"或"进步的"，不仅要看其能否合理地解释现象，更重要的还在于其能否做出成功的预言。这是因为，只有当一个假设能做出新颖的预言，才有可能接受经验的严格检验；反过来，一旦预言成功，就将有力地支持这一假设。正因为如此，科学家和科学哲学家都非常看重科学假设的预言能力。比如，拉卡托斯（Imre Lakatos，1922—1974）就认为，一个研究纲领是不是科学的或进步的，关键在于其所做的预言能否成功，“真正重要的是戏剧性的、出乎意料的、惊人的预测：这种预测只要有几个就足以改变局面”①。因此，在当代科学哲学中，对于科学预言的结构和功能已经有了大量的研究，但这种研究主要侧重于逻辑和概念的分析。只是到了最近几年，随着认知科学和认知神经科学对于大脑的预言的认知机制研究的展开，才为从认知的角度，探究科学预言的认知特性和机制提供了新的机会和可以利用的经验性材料。接下去，我们就做一些尝试性的分析。

首先来看看，在传统的科学哲学中，人们如何刻画科学预言的逻辑结构。在上一章中，我们介绍和剖析了科学解释的 D-N 模式。在这个模式中，如果规律语句集和先行条件语句集是已确定的解释前提，而演绎出的解释对象是此前尚未知晓的新语句，则它表达的就是一个预言，如图 8.1 所示。

$$\frac{\begin{array}{c}L_1,\ L_2,\ \cdots,\ L_m\\ C_1,\ C_2,\ \cdots,\ C_n\end{array}}{?}$$

图 8.1 D-N 模式中的预言结构

这里，“？”代表科学预言。由此看来，从逻辑结构上说，科学解释与科学预言并没有实质性的不同，或者说，科学预言就是潜在的科学解释。正因为如此，在亨普尔那里，科学预言被置于 D-N 模式中做了统一的处理。

我们可以承认，倘若采用 D-N 模式，则科学预言与科学解释具有相同的逻辑结构。然而，直觉上我们也清楚，科学预言不同于科学解释，做出成功的预言比做出一个有理的解释要困难得多。人们常说“做诸葛亮难，做事后诸葛亮容易”，表达的就是这个道理。那么，两者的差别体现在哪里？答案是在认知方面。如果从认知或信息处理的角度看，就容易看出，科学预言

① 伊·拉卡托斯：《科学研究纲领方法论》，兰征译，上海译文出版社 1986 年版，第 8 页。

与科学解释存在着两个重要的区别。

一是两者的认知状态不同。在科学解释中，解释对象或被解释项所表达的信息是已知的，解释者的任务是通过对已有的其他信息（由规律语句和条件语句表达的知识）进行操作（演绎），产生能与已知信息相匹配（或重合）的信息，结果，待解释的信息便纳入了解释者已有的知识框架，心智中存在的疑惑得以消除。而在科学预言中，预言者是通过对已有信息的操作（演绎），来生成关于某种对象的原先未知的新信息。因此，在这两种情形下，认知主体所处的信息状态并不相同。由于在科学解释中，解释对象是已知的，如果这种信息已经通过辩护而成为知识，那就表明，单纯的解释并不提供关于对象的新知识，而是在已有的知识框架内确认这一知识，以加深理解。比如，在关于行星以什么样的轨道围绕太阳运行这一问题上，开普勒定律已经提供了这方面的知识，而牛顿基于力学定律和万有引力定律对开普勒定律的解释，则是将这些比较特殊的定律纳入一个更普遍的理论框架，从而加深了对于行星运动的理解。与此相对照，在科学预言中，一旦所生成的新信息获得辩护（尤其是经验的确证）而为真，则就提供了关于对象的新知识。比如，运用经典力学和天王星运行轨道的摄动等知识，天文学家预言了海王星的存在和位置，而当预言获得天文观测的确认时，便成为新的知识。因此，成功的科学预言能够为人类提供关于实在世界的新知识。

二是认知过程或认识程序不同。如果不是去发明作为前提的新假设，也就是在单纯的解释过程中，认知的过程只限于从解释前提如何推演出解释对象，这一过程原则上可以在心智中实现。这样，即便可以从前提演绎出某种已知事实陈述（即解释对象），后者对于前者的确立也没有多大的支持力度，因为其中存在着逻辑上的循环。而在科学预言中，正如以上已经指出的，从前提推演出的信息是否为真，并不能在心智过程中完成，需要接受来自预言所指称对象的信息的检验，因此，认知主体与认知对象之间的实践活动（行动）环节是必不可少的，也就是离不开观察或实验。这样一来，预言的前提与所预言对象之间的关系便发生了一个重要的变化。如果作为前提的假设或理论预言了某一新颖现象，一旦该预言在人们的观察或实验中得到了证实，反过来，就会对该假设或理论的确立和承认给予很大的支持。例如，1948年伽莫夫等人在提出宇宙大爆炸假设时，预言了微波背景辐射等新事实的存在，而后，这些预言在观测中获得证实，反过来就对大爆炸假设给予很大的支持。事实上，科学（尤其是物理学和天文学）中几乎所有重大的理论，主要就是依仗这种预言的过程确定了它们的地位。不过，这中间似乎也存在着某种循环，但其并非逻辑意义上的，而是包含行动环节的认知过程的循环。正如我们在第 3 章第 4 节中论述过的，这种面向实在世界的过程循环恰恰就是科学认知的一个特点。由此可见，解释与预言的认识程序不同，实践活动环节的加入改变了认知过程中双方的地位和所起的作用。

第 3 节　科学理论与科学预言

从第 1 章起，我们就时不时地谈论理论，并且经常将理论看作是一类特殊的模型，却没有停下来专门考察理论本身的特征、结构和功能等。不过，至此是该说说科学理论本身了，因为其与科学预言紧密相关。

我们已经不止一次强调过，在科学认知中，假定存在着一个独立于人的心智的实在世界是必要的本体论信念；同时，我们也阐述和论证了，通过获取来自实在世界中对象的信息，能够建构表征对象的理论，而经过一定的检验程序和经验信息的确认，这样的理论可赋予真值。由此可见，我们所信奉的是一种科学实在论。

考虑到此前还承诺了关于实在世界和人的心智的计算主义立场，那么，更明确地说，我们所主张的是一种计算的科学实在论。在这样一种实在论中，科学理论作为建构的信息-计算系统，一般以迂回而非直接的方式表征实在世界，因而超越于现象，同时，理论与其表征的实在之间是一种系统而非点式的对应，其中，构成理论的算法（结构）起主要作用。如果一个理论的算法与所表征实在的计算过程之间具有某些相似性，我们就认定这一理论近似为真。不过，这种似真性并不直接显现，而是需要借助某种“指示器”方可确认。为了建立与实在世界中认知对象之间的联系，科学理论应能产生新颖预言，并由认知主体实施经验操作。如果新颖的预言获得经验的确证或证实，我们就可给理论本身指派真值，因此，新颖预言既是理论能否成功的试金石，也是其是否为真的指示器。

我们知道，在科学发展的历史过程中，那些成为经典（进入科学教科书）的理论几乎都有成功地做出新颖预言的良好记录。不过，在阐述科学预言的成功之前，我们需要对科学理论先做一些说明。关于科学理论的特征、结构和功能等问题，科学哲学中已经有了大量的论述，不过，这些论述主要侧重于对理论的逻辑或语言的分析。这里，我们想从信息-计算的角度阐述科学理论。

从信息-计算的角度看，科学认知的主要目的就是寻找实在世界中物质系统的信息-计算的结构和过程；而科学理论就是对这些结构和过程的表征，且其本身也是一个（二阶）信息-计算系统。我们知道，概念是组成理论的基本信息元，对这些信息元的处理或操作便是认知的过程。不过，当我们静态地来分析一个科学理论时，这个过程通常由一组规则（规律陈述）来表示。另外，一个理论要具备解释功能和预言功能，还必须有相关的辅助假说、背景知识等先行条件作为输入，这样才能输出结果（信息）。因此，一个在认知过程中起作用的科学理论，实际上能够看作一种计算的程序，可表示为〈I，C，A，O〉。这里，I 表示理论的输入，C 表示组成理论的概念，A 是关联或变换 C 的规则，而 O 就是理论的输出。

可以看出，科学理论功能的实现就是其输出 O 与经验数据相一致，而 O 由〈I，C，A〉所共同决定。根据系统的基本思想，对于物质系统而言，即使两个系统具有相同的组元，只要结构不同，就可以在功能上有很大的差别；而若两个系统具有相同（或相似）的结构而组元不同，仍可有相同（或相似）的功能。对于科学理论，我们发现情形与此类似，即一个理论的功能主要由其结构所决定，也就是由 A 近似地决定 O。量子力学的历史为这种近似决定关系提供了一个很好的例证。1925 年，海森伯率先从可观察量出发创立了矩阵力学，次年，薛定谔基于波函数的概念也提出了波动力学。从表面上看，这两种理论具有十分不同的概念和形式，但在微观领域中应用几乎同样成功，也就是说，功能上是等价的。这一事实促使薛定谔去证明两者在算法（数学结构）上的等价性。结果，确实如此。相反，在科学史中，我们却无法找到两个具有相同组元（概念）而结构不同的理论呈现功能等价性的实例。

接着来分析组成理论的概念 C。由于科学理论的功能主要由其算法所决定，因而，即使其做出成功的解释和预言，一般来说，我们也并不能由此断定理论的事实指称项（概念）一定对应于真实的存在对象。原则上，纵然所有的事实指称项都不是真的，通过调整理论的算法，我们仍有可能对经验现象做出合理的解释和成功的预言，因此，要确认理论的事实指称项是否表征真实的对象将是十分困难的，同时也表明，指称项本身可以相对地独立于其他因素而存在。这样，当科学理论发生不连续的变化时，一些指称项依然可以保持基本不变。

这与整体主义的立场不同，对后者来说，在科学革命的过程中，范式的转变是格式塔的，因而，理论中的事实指称项不具有稳定性。而从系统的观点看，整体主义过于强调系统的整体性，却忽视了系统作为整体构成性地依赖于组元，以及组元本身具有相对独立性这一事实；表现在科学哲学中，便是否认理论的指称项可有延续性。实际上，从第 1 章中关于科学历史的描述可知，科学知识的演进在许多方面是平滑延续的。所有的变化，即使是最富戏剧性的革命，也只能是部分而非全盘地抛弃以往的理论和概念。例如，对牛顿的经典时空观而言，爱因斯坦的狭义相对论可谓是一场革命，但经典力学中的诸多概念（如质点、速度、动量和惯性参照系）仍然保留在其中，即使时间概念也并未彻底更新（如时间的可逆性）。基于上述分析，笔者认为，相互竞争的理论可以分享共同的指称对象，因而，原则上，它们之间并非不可通约的。

由于科学理论与实在世界之间并不存在直接的关联，因此，要建立两者之间的联系，理论本身必须以面向认知对象的模型为中介，并实施经验操作。这里，经验操作是指观察、测量、实验或它们之间的某种组合。实施经验操作是对理论做出的解释和预言进行检验。一旦这些结果得到证实，便认为理论是成功的。对于科学实在论者来说，并不存在所谓“奇迹”，因而认定，只有科学理论的真才能对这种成功做出最佳的解释；而反对者则主张，成功地做出解释和预言的理论并不一定为真，反之亦然。笔者认为，如果不能确切地阐明成功和真的内涵以及两者的关系，便无法从这样的争论中获得多少有价值的东西。

如前所述，断定一种科学理论是真的，意味着其已经并且能够经常做出成功的解释和预言，而其中，预言获得证实更为重要。不过，仅从一般意义上来理解科学预言，那将无法达到揭示科学理论的真与成功之间内在联系的目的，因为在科学认知中，存在两种不同类型的预言，即重复预言和新颖预言，而它们与理论的关系以及对理论真的确立所起的作用颇为不同。

重复预言是基于事实陈述和经验定律的简单推广，可分为趋势预言和经验预言。趋势是一个相继发生的状态或事件的齐一系列，如宇宙在膨胀。当人们根据一个系统已经发生的状态和趋势去推测其未来的状态或事件时，便做了这种预言。例如，在当代一些发达国家和地区，人口的平均寿命在不断延长，而出生率又在不断下降，这是一种趋势；据此，我们可以预言，在未来这些地方的老龄化将更为严重。可以看出，趋势预言是把过去已经发生的状态或事件加以外推，因而，其实质是一种重复性的预言。对于自然现象和社会现象，这种预言对于我们决策和行动起着基础而又重要的作用，但预言的可靠性通常并不能得到保证。这是因为，趋势并不是规律，可以停止、偏离或逆转；当然，如果发生的趋势是由确定性的规律所支撑，则预言的可靠性就能提高。经验预言是基于经验规律（或经验概括）所做的预言。经验规律一般是对有限的经验数据进行归纳的结果，表征两个或多个可观察量之间的关系。例如，波义耳定律：在温度不变的条件下，（理想）气体的压强与体积成反比。当某种气体的体积减小一半时，我们就可用这个定律预言其压强将增加一倍。显然，这样的经验预言也是重复性的。对于一个科学理论来说，可以结合认知对象所处的具体场景提供的辅助条件，推演出事实陈述或经验规律，而这些陈述或规律又可以充当趋势或经验预言的前提，因此，科学理论具有产生重复预言的功能。事实上，在大多数情况下，基于理论所做的预言是重复性的，如天文学中对于日全食或月全食的预言。

新颖预言是告知人类从未知晓的“东西”，而这里的“东西”既包括已经在实在世界中存在而人类尚未感知的事物和属性，也包括尚未发生的新状态、新事件。科学理论不仅预言重复性的事实，而且能预言以前从未感知过的观察和实验结果，因而，这样的预言具有新颖性。从科学发展的历史中，我们发现，几乎每一个能够在科学领域里确立优势地位的理论，均具有做出成功的新颖预言的本领。在这方面，最为成功的莫过于物理学。自从经典力学建立以来，人类运用物理学理论或规律，不仅合理地解释了无数自然现象，帮助人们消除了对自然的神秘感，而且非常成功地预言了许多新颖的东西。例如，预言了天王星、电磁波、正电子、引力波、黑洞和希格斯玻色子等的存在，预言了光线经过太阳附近发生弯曲的现象、真空双折射现象、反常量子霍尔效应，等等。这些新颖预言不仅成为确证理论的最为重要的依据，而且扩展、深化了人类对于实在世界的认识，因此，可以认为，一个成功的科学理论最重要的是能产生新颖预言，且这些预言大多能得到经验的实证；而之所以能对理论本身指派真值，也正是基于它在这方面的成功。

为何强调科学理论的预言功能而不是解释功能？为何新颖预言在确立理论的成功与真之间的关系中起着决定性的作用？我们也可从认知的角度加以回答。先来看解释认知的过程。对于解释，我们是从〈I，C，A〉推演出 O。在对现象进行解释的过程中，存在着两种不同的情况。一种情况是解释对象（经验事实）O 先于作为解释前提的理论而存在，且理论的创立者已知这些需要解释的对象。这样，科学家在提出理论时，便可依据这些已知的经验事实 O，相对自由地选择辅助假说，故由此而建构的理论能成功地解释 O，这将并不令人感到惊奇。另一种情况是，解释对象并不为充当解释前提的理论的创立者事先所知。理论创立后，当这些现象需要解释时，关键之处常常是选择合适的辅助假说（I 的一部分）。由于解释对象已经知道，故为此进行辅助假说的选择也是相对自由的，并且，有可能提出种种特设假说。在这两种情形下，一个成功的解释与该理论似真性的确认并不严格相关。这不仅是因为辅助假说甚至整个理论（〈C，A〉）的选择都具有相当的任意性，更重要的是，解释过程只限于确定 O 与〈I，C，A〉之间的关系，而如前所说，这种关系的确定原则上可以在心智中完成，无须接受经验操作的检验。事实上，倘若一个理论只有解释力而没有预言力，则至多可帮助人们加深对已知事物的理解，而不能为我们增添多少关于实在世界的新知识。

然而，如果一个科学理论成功地产生新颖预言，那么，反过来对于该理论似真性的确认所提供的支持要比解释有力得多。之所以如此，就在于预言与解释相比具有不同的认知特性，即两者的认知状态和认知过程并不相同。根据上一节的分析，与解释过程不同，在运用理论做出新颖预言之前，人们并不知道所预言的结果是否正确，故预言的过程无法单独在心智中完成，而必须诉诸经验操作。此外，在这个过程中，事实上也不能自由地提出或选择辅助假说，否则，就难以保证理论所做的新颖预言的经常成功。其实，一个成功的预言过程分成两步：一是从〈I，C，A〉推演出预言 O，二是让 O 通过经验操作接受检验，一旦获得证实便表明预言成功。可见，产生成功的新颖预言比合理地解释某种现象要困难得多，而经验操作这一中介又使预言的结果跟实在发生了联系。正是这一实践活动环节的增加，使得预言和解释在科学认知过程中所处的地位和作用变得不同，进而，新颖预言的成功对于科学理论的似真性本身便具有特别重要的意义。

我们说，科学理论的真是隐含的，必须诉诸经验操作加以显示。事实上，在科学认知过程中，人们正是基于理论所做的新颖预言在经验操作中的成功来替其指派真值的，这样，就在方法论上的成功与语义学上的真之间建立了联系。不过，如果只是笼统地阐述理论所做新颖预言的成功与其作为整体的真之联系，那么，实际上我们是回避了科学实在论和反实在论之间的一个重要争论。这就是：许多主张科学实在论的人，指望从科学理论的成功出发并做逆式推理，替理论所含的指称项与真实事物，或者，理论的结构与实在之间建立真（或似真）的对应关系，而反实在论者对此加以否定。因此，我们还有必要分析从新颖预言的成功到理论之构成可赋予真值的具体过程。

设有一个科学理论T，那么它的概念、算法、辅助假说（输入）与预言（输出）之间就有上述的关系，即〈I，C，A〉推演出预言O。[①]若取n组不同的辅助假说I_i（i=1，2，…，n），由T做出了相应数量的新颖预言O_i（i=1，2，…，n）。倘若每个预言均在经验操作中获得证实，也就是说，在辅助假说不同的n个场合，理论所做出的预言均取得了成功，则我们便可做出合理的筛选，推定预言的成功取决于理论的构成〈C，A〉，这样，我们就可赋予〈C，A〉以真值。显然，这一过程中含有归纳推理的成分，故从逻辑上说，这里的真并非必然。但是，既然科学本质上是一种认知活动，又何必一定要去追寻必然的真呢？在我们看来，科学理论的真依赖于它的成功，而成功具有条件性和时间性，所以，从理论的新颖预言之成功可以推定理论的构成〈C，A〉近似为真。进而，我们还可做出这样的推论，即由于理论的功能主要由其算法所决定，故一旦理论在产生新颖预言上获得成功，我们便可认为构成理论的算法近似为真（即可赋予A以真值），并且，断定A表征和模拟了实在世界中认知对象的计算过程。

① 在推演预言时，构成输入I的主要为辅助假说。

我们强调了科学理论产生新颖预言的重要性，但令人惊奇的是，唯有理论的结构由数学语言加以表征才能真正做到这一点。如果考察各个科学领域，即可发现，物理学理论在产生新颖预言方面最为成功，但这些理论离开了数学。因此，问题在于：为什么数学化的科学理论（而不是其他理论）能够经常且成功地预言经验上的新颖现象？直觉地，我们应该意识到：数学化的理论结构与实在世界之间定有某种特殊的关系。根据之前的分析，这种数学化的理论结构实际上就是算法，因为算法构成了科学理论结构的核心。基于这样的分析，如果再采用计算主义的世界观，则我们就可以理解，为什么科学理论（尤其是数学化的理论）在解释和预言实在世界方面能取得如此巨大的成功。关键就在于：物质系统本质上是计算的，而构成科学理论的算法恰恰是对这种计算的表征和模拟。于是，当存在于实在世界的计算与描述它的算法建立起映射的关系后，我们原则上就能从这些算法出发，再加上输入的条件和概念，获得刻画物质系统运动和变化的输出。一旦这些结果在认知的经验操作中得到实证，就表明构成理论的算法成功地表征和模拟了实在，于是，便可对理论本身指派真值。

作为科学理论的代表，物理学理论最为成功之处在于正确或精确地预言某种人们从未感知过的新事实，如预言海王星、电磁波、引力波、正电子、中子星和黑洞，等等。这些著名的存在预言日后一一得到了科学观察和实验的证实，反过来，便使得我们相信相关理论的似真性，即使经验已表明，它们中的一些（如经典力学和经典的电磁场理论）并非在全域为真。[①]

有趣的是，我们发现，从本体论上说，由物理学理论所预言的这些新事实，其实并非真正“新”的，因为它们实际上在人们做出预言之前，已经在宇宙的起源或演化过程中生成并存在着。这些事实已经事先存在，就表明生成它们的计算过程其实已经展开，所以，从本体论上说是完备的。当然，像物理学这样的自然科学也经常预言尚未发生的状态或事件，但这些状态或事件通常是关于简单系统的稳定的终态或重复性（周期性）的现象，相应的规律能用可逆的或中间过程可压缩的方程来表示，如天体力学关于日全食的预言。

① 这一节的上述内容主要取自笔者的《用计算的观点看世界》第 2 章第 6 节。

然而，在当代科学认知中，当我们对所研究尺度上的存在物已经基本探明，因而物理学理论（或其他理论）几乎失去了再产生新颖的存在预言的“用武之地”，转而需要的是对物质系统尚未展开的状态、事件和过程做出预言时，我们能够做到什么？这就涉及科学预言的范围和限度问题。

第 4 节　科学预言的限度

值得注意的是，不论是重复预言还是新颖预言，当所预言的是本体论上尚未实现的未来现象时，均是依据系统以往的状态或再结合规律进行外推，这样，就不仅假定了影响系统的环境因素是不变的或确定的，而且假定了系统演化的中间过程可以压缩或忽略。

就第一个假定而言，如果我们能够简化和控制系统所处的环境，则这个假定便可得到满足。显然，这种简化和控制环境的行动，正是真实的科学实验的一个重要环节。因此，当基于科学理论产生新颖预言时，如果已经计及所预言的现象是在不变或确定的环境中发生，那么，通过在实验中建造这样的环境去检验预言，则成功的可能性就大大提高。第二个假定则要求所认知的系统是简单的，其中发生的过程或者趋向于稳定的状态，或者处于周期性的变化。由上可见，物理学理论在新颖预言方面的成功，很大程度上得益于其所预言的现象已经存在（只是不知晓），或者是受控的环境条件下简单系统的属性、行为和过程。

问题是，对于实在世界中复杂系统的演变，这两个假定都可能出错。即使是在预言方面已经有了相当多成功记录的物理学理论，对于本体论上尚未实现的复杂的或突现的现象，也没有依据能保证其做出准确的预言。恰恰相反，20 世纪后期发展起来的复杂性理论和计算理论已经可以给出否定的回答：复杂系统的突现现象是不可预言的。

那么，复杂性理论和计算理论所提供的科学依据究竟是什么？从目前看，我们可立足于第 4 章第 3 节中已经介绍过的三个基本原理。为了阅读和分析的方便，不妨将这三个原理重述于此：①丘奇-图灵原理——“每个有限可实现的物理系统都能由一个普适（模型）计算机以有限方式的操作来完美地模拟”；②计算等价原理——“几乎所有并非明显简单的过程都能看作是具有等价复杂度的计算”；③计算的不可归约原理——“一个系统的非明显简单的演化过程在计算上是不可归约的”。

从信息-计算的角度看，不论是人还是计算机，科学预言实质上可以视为运用模型（理论+辅助条件或假设+数据）对一个系统尚未发生或尚未知晓的状态、事件或过程进行模拟并输出结果。依据丘奇-图灵原理，普适计算机（包括我们的认知系统）原则上可以对每个有限可实现的物理系统做出完美的模拟（即准确预言），这里并没有对系统是否复杂施加限制。而实质上，完美模拟的前提是所模拟的对象是封闭的，即该系统与环境的相互作用已经事先确定。

我们知道，丘奇-图灵论题中，一个函数能行地可计算是指存在着计算它的算法，而算法是把函数经有限步从输入转变为输出的一组规则或指令，故图灵机把握的是算法可计算性。[①]由图灵机进行计算，一个很重要的事实是，计算是依据规则展开（表示算法行为）而不能同时与外界发生相互作用，因此，一个能行或算法可计算函数只能表示具有封闭性的系统。[②]这样，在丘奇-图灵论题的物理版本——丘奇-图灵原理中，“有限可实现的物理系统”也应具有这一性质。严格地说，这里的封闭性并不是指物理系统与外界不存在相互作用，而是指这些相互作用已经事先确定，这反映在普适计算机进行计算前所规定的输入中。显然，在实在世界中，具有这一封闭性质的是那些有限且实现了的物理系统，因为时间已把它们与环境之间的相互作用固定。由此可见，丘奇-图灵原理只对已经（包括曾经）存在或有可能事先确定与环境之间相互作用的物理系统才适用，也就是说，普适计算机只能对这样的系统做出完美模拟（包括准确预言）。

具体一点说，可以区分为两种不同的情形：第一，如果一个物理系统是有限的且已实现，则可以说其是本体论上完备的。在这种情况下，若假定丘奇-图灵原理有效，则原则上普适计算机是能对该系统做出完美的模拟的，

① Harry R. Lewis、Christos H. Papadimitriou：《计算理论基础》，张立昂、刘田译，清华大学出版社 2000 年版，第 160-163 页。

② Wegner P. “Towards empirical computer science”, *The Monist*, 1999, Vol.82, pp.58-68.

因而，从认识论上说也是完备的。不过，为了做出完美模拟，需要有关于系统形成的初始条件、演化规律以及演化过程中与环境相互作用的充分信息。可以看出，物理学理论之所以能经常成功地预言已经存在的事实，正是因为相关的信息（特别是环境信息）是确定的和充分的。而由于认知能力的局限和历史的原因，除一些很简单的系统及其演化过程外，实际上，我们难以获得充分的信息，也就无法做出完美的模拟。如此看来，在计算机中，虽然原则上有可能逼真地再现人类自身起源和进化的历史，但实际上难以或根本不可能真正做到。第二，如果一个物理系统虽为有限的但尚未实现，且系统与不受其控制的环境之间存在相互作用，则其在本体论上是不完备的。非受控的相互作用的存在表明，它超出了算法可计算的范围，因而丘奇-图灵原理不再适用，也就是说，即使在原则上，普适计算机也无法对该系统做出完美的模拟。事实上，既然在本体论上不具有完备性，就不可能在认识论上做到信息的充分获取。在这里，我们可以明白预言一个系统尚未实现的行为的内在限度。对于一个系统的未来，除非该系统在演化过程中与环境之间的相互作用事先可以确定，否则，不但我们人无法做出准确的预言，即使借助算力强大的计算机也无济于事。然而，事先确定系统与环境之间的相互作用，意味着需要做出准确的预言，但这又是不可能的。因此，尽管可以在计算机上对一个物理系统演化的状态和过程的各种可能性做出模拟，但一般来说，却无法准确地知道哪种可能性将成为现实。

实际上，准确预言的不可能性不仅来自环境的不确定性，而且如果系统是复杂的，则更为本质的是源于其固有的特性。根据计算的不可归约原理，一个复杂系统演化过程的每一中间步骤（状态）都不能压缩。而根据我们此前的分析，这一情况下，系统未来的行为或现象将是突现的。这样，对于一个复杂系统演化的末态（输出），除非存在着一个正确表征该系统的状态和演化的算法，且其比该系统的计算过程运行得更快，否则，就不可能准确地预言这个系统尚未实现的行为。然而，计算等价原理告诉我们，在自然界和人类社会中所发生的复杂过程具有等价的计算复杂度，这意味着，在许多情况下，事实上不可能找到一个比实际的复杂演化过程运行得更快的算法。如果将这两个基本原理结合起来考虑，就可以发现，它们给人类认识世界施加了一个很强的限制：即使规则和环境都是确定的，一个复杂系统的演化同样会呈现出突现的现象，对此无法做出准确的预言，而这种不可预言性与拥有关于初始状态信息的多少以及算法并不相关。

这里需要说明的是，三个原理所限制的是对系统演化的突现的状态或事件的准确预言，因此，并没有排除这样两种可能性：其一，所预言的系统的行为（状态或事件）与时间无关，或者说是时间上可逆的；在这种情况下，预言所针对的就不是系统行为的突现方面。其二，所做出的预言为真。事实上，基于关于复杂系统的粗粒化的信息（如假定中间过程可部分甚至完全压缩），我们对系统演化的未来可以做出一些真的预言，但这里的真并不同于准确。比如，对于位于地震带上的某个地方，根据现有理论和数据，预言在未来某段时间内将发生地震可以为真，但是，却无法准确地预言究竟何时发生或强度有多大。

在对科学预言的限度做了这样的解释和分析后，我们来看看目前越来越热衷于做出各种预言的一个领域：对人类社会现象和人的行为的预言。21世纪以来，随着计算社会科学的兴起，加之大数据以及相应的智能技术，运用计算机模拟来预言社会现象和个人的行为开始变得流行起来。考虑到运用传统社会科学的知识甚至经验常识，就可对许多社会现象做出趋势预言和经验预言；而基于大数据和人工智能技术等，计算社会科学可以获得描述系统状态的更全面、更精准的数据或经验规律，这样，无疑能够提高这类预言的准确性并扩大预言的范围。近年来，在不少情况下，如犯罪的发生、金融市场的动荡和个人的消费行为等，预言的可靠性已经大为提高。[①]

问题是，基于大数据和计算模型所做的预言具有什么限度？是否能克服传统社会科学在预言方面的“无能”？我们知道，传统社会科学，即使是运用了大量数学的经济理论，虽然似乎总能解释社会现象或事件，但这种解释属于“马后炮”，而在预言尚未发生的社会现象方面则几乎是一部失败的历史。因此，能否成功地做出新颖预言，是目前关于计算社会科学以及大数据究竟有多大价值的争论中所关注的一个焦点问题。

而根据以上的分析，笔者认为，虽然运用大数据以及相应的智能技术，

---

① Hofman J M, Sharma A, Watts D J, “Prediction and explanation in social systems”, *Science*, 2017, Vol.355, pp.486-488.

计算社会科学可以提高对于社会现象和人的行为的预言准确程度，但这样的预言仍属于以往科学所设定的范围，也就是可重复的现象，特别是人类社会中大量的模仿行为，而对于社会系统的突现现象和个人未来的确切状态，依然无法做出准确预言。事实上，大数据和从大数据中挖掘的经验规律都是对社会系统已经发生的状态或事件的描述；虽然这样的描述可比以往更加细致和全面，但并不能计及和消除非受控的环境因素带来的不确定性，这就给准确预言施加了限度。进一步，考虑到人类社会是复杂系统，根据计算的不可归约原理和计算等价原理，复杂系统的突现现象具有不可预言性，而这种不可预言性与拥有初始状态的数据的多少和算法无关。因此，即使加上大数据以及相应的智能技术，计算社会科学在做出新颖预言方面实质上仍然受到原理性的限制。

当然，这并不是说，在认识社会系统的突现现象方面，我们定将无能为力。综合以上的分析，可以发现，虽然一些基本原理限制了对于社会系统演化的突现现象的准确预言，但这并不妨碍我们运用大数据和计算模型，通过对系统演化的种种可能性进行探索性的模拟，从中找到产生突现现象的条件和规则，从而为理解和设计社会系统提供可参考的合理依据。

实际上，对如何利用计算社会科学的成果来进行社会系统设计，从而为人类建构更好的未来社会，近年来已经有人做了有益的探索。例如，2008年，由美国麻省理工学院佩特兰所领导的团队，运用数据技术和计算社会科学的方法，对大小不等的社会系统进行了实证研究和计算模拟，发现决定一个系统的效能（生产能力和创造性输出等）主要取决于其中个体思想交流的参与程度和从外部引进新思想的探索能力；然后，他们将这些成果用于设计或改进公司和商业社交网络中思想交流的结构，结果，生产效率、创造力或盈利能力均有了明显的提高。[①]可以预期，随着计算社会科学的发展和繁荣，在推进社会进步和人类福祉方面，其定将发挥越来越大的作用。

---

① Pentland A, *Social Physics*, New York: The Penguin Press, 2014, pp.25-42.

第 9 章

科学的分布认知

前面，我们经常说到“科学认识借助仪器或工具”、“认知中的内在表征和外在表征”、“人与机器的协同作用”和“个体心智运作结果的外化”，等等。实际上，在这些表述中，存在着一个心照不宣的假定，即科学认知不仅仅发生在个体或个体的心智中，而是分布于其他个体、工具和媒介，简言之，科学认知是分布的。在本书的最后一章，我们就来考察和分析科学认知的分布特征和结构，并探究这种分布认知的复杂性。

第 1 节 什么是分布认知

在讨论科学的分布认知之前，我们先来说说究竟什么是分布认知，认知科学和人工智能为什么要关注分布认知。

在日常认知活动中，当遇到的问题和情景相对简单时，个体通常并不需要他人的合作或外在工具的帮助，就能完成具体的认知任务。比如，当你拿着一张百元的人民币，去附近的一家商店买件 10 元的商品，你的心智就能快速地算出，需要找回 90 元的余额。不过，如果认知的任务复杂一些，比如你一下子去商店买十几件价格不等的商品，可能就需要求助于手机中的计算器或者他人的帮助（当然，如果你心算能力强，也大可不必）。如果你使用了计算器，或者你报每件商品的价格，由你随行的家人或朋友将数值连加，则完成计算的认知任务就是分布的。这表明，虽然在日常生活的大多数情况下，个体凭借自身的心智运作就能完成认知过程，但如果任务变得复杂，就可能或可以进行分布的认知。

由此可见，所谓分布认知，就是一个认知主体与其他认知主体协同或借助认知工具来展开认知活动。这里，我们预设了认知的过程并不局限于个体的心智或大脑，而是可以分布于其他个体或认知工具。[①] 可以看出，这个预设会引发争论，因为有人可以坚持认为，认知只是每个个体的心智活动过程，而他人或工具只是个体展开认知的外在条件，因而，不应看作是认知过程的构成要素。比如，在以上的例子中，如果你借助计算器累计商品的价格，其实，这时计算器只是帮助你展开认知的外在工具，而真正的认知活动应该是你运用感官获得商品及其价格的视觉信息，记忆这些信息并理解其意义（商品什么样，这个价格对于这件商品而言是否物有所值，等等），决定用计算器来累计价格，等等，这些都是心智中的活动，因而是理解的和有意义的。至于用计算器累计价格，因为其实只是对数字符号的操作（实际上是里面电路中电子的流动），其中不包含理解过程，也就没有意义，故不能作为认知过程或认知的构成要素来看。

那么，该如何来对待或处理上述预设引起的争论？笔者认为，关键在于对“认知”这一概念的理解。如果认定认知只是大脑或神经系统的功能，那么，认知活动或过程就发生在个体的颅内，包括知觉、记忆、推理、想象和决策等成分或环节；如果认知指的是认知主体获取和处理来自认知对象的信息，那么，它就不仅仅限于个体颅内所发生的活动，还应包括参与信息的获取和处理的其他成分和环节，比如，上述的计算器就参与了信息处理的过程，故应属于认知的一个成分。事实上，在传统的认知心理学和认知科学中，关于认知，就是采用上述第一种理解，因而，基本上探究的是知觉、记忆、推理和决策等发生在个体心智中的成分。而在哲学的认识论中，则主要是关注认知主体与认知对象（客体）之间的关系，因此，往往采用第二种理解，这样，认知就不仅包括发生在个体心智中的活动，还包括环境、工具和实践（行动）等因素。

可以看出，如果仅仅是想理解认知的能力（如记忆），则可以选择第一种理解，但如果想理解认识世界的过程和内容，则需要采用第二种理解。在

---

① 分布认知还有一种含义是：个体的心智（或神经系统）也是分布的，即由不同的子系统或模块协同展开认知过程。我们在此不讨论这种情况。

第 2 章第 1 节中，我们选择了第二种理解，因为本书的基本目的是理解科学认知，尤其是当代科学认知，故必须要考虑实在世界中的认知对象及其与认知主体之间发生的各个环节（包括这些环节的变化，如新的认知工具的介入）。

那么，上述两种理解是否可以整合或者达到统一？笔者认为，这是可能的，只是需要对认知与心智（或心理）这两个概念做些分疏。其实，我们在第 2 章第 2 节开头就做了这样的工作。在那里，我们将发生在个体中的认知过程称为心智过程。这样，脑中发生的认知活动也可说成心智活动，但反过来并不成立。只有当谈到认知能力时，我们才可以默认其与心智能力相等同。这样，两种理解就达到了一定的统一。[①]

基于这样的解说，可以看出，与限于研究发生于个体的认知过程的传统进路相比，分布认知在两个基本问题上自有主张：一是认知的分析单元的边界并不限于个体的大脑（或身体），二是假定参与认知过程的机制范围延伸至个体之外。[②]

自 20 世纪 80 年代开始，为了解决在人类学、认知科学和人工智能中遇到的理论问题和实际问题，一些学者开始探究人类认知的分布性质和过程。最早明确使用“分布认知”这一概念的是美国人类学家和认知科学家哈钦斯（Edwin Hutchins）。他在 1995 年出版了《旷野中的认知》一书，通过实例阐述了分布认知的特点和应用，并论证了认知不局限于心智的内部，而伸展至他人、工具和环境。[③]之后，一些哲学家又提出了“延展心智论题”，认为心智过程可以延展至颅外的工具和环境。[④]而到了 21 世纪，随着认知科学中以“4E”为标识的研究进路的扩展，人类认知的分布性和情境性得到了进一步的强调。[⑤]

---

① 鉴于此，在以下的讨论中，我们就不再对两者做刻意的区分。

② 这两点由分布认知的最早倡导者和研究者哈钦斯提出，见 http://comphacker.org/pdfs/631/DistributedCognition.pdf.

③ Hutchins E, *Cognition in the Wild*, Boston: The MIT Press,1995.

④ Clark A, Chalmers D J, “The extended mind”, *Analysis,* 1998,Vol.58, pp. 10-23. 由于没有在认知的与心智的之间做出恰当的区分，结果，该文发表后，在哲学家和认知科学界引起了激烈的争论。

⑤ 我们在第 3 章第 4 节中已对此有所阐述。

如今，不论是在科学界还是哲学界，只要是从上述第二种对认知的理解出发，那么，关于人类的认知具有分布性并没有多少的异议。因此，以下，我们将其作为一个事实加以接受。

第2节　分布的科学认知

从分布认知的界定可以看出，虽然人们的日常认知不一定是分布的，但是，对于科学认知而言，这种分布性却是内在的。这可以从第2章第2节中关于科学认知的特征的刻画中看出。在那里，我们通过比较科学认知与自然认知，得出了科学认知不同于自然认知的两个基本特征，即科学认知在获取对象信息的时候加入了认知工具，在表征信息的时候使用人工的符号媒介。其实，这两个特征均表明了科学认知是分布的：信息的记录和处理不仅仅限于个体的心智，还包括仪器和外在媒介。因此，我们可以说，科学认知是一种分布的科学认知。

对于科学中的分布认知，最近十几年来，已经有一些科学哲学家和认知科学家做了不少研究。其中，比较有代表性的是美国科学哲学家吉尔（Ronald Giere）。2002年，他发表了《科学认知作为分布认知》一文，主张可以将分布认知的理念应用于科学的认知研究，特别是当科学研究中包含科学仪器和可视化表征的时候，同时，认为这一理念能够在科学的认知研究与社会研究之间架起桥梁①；次年，他又发表了《科学认知中计算的角色》，文章通过实例分析，提出科学中的分布认知系统可以看作是计算的与非计算的因素的动态混合。②

这里，我们不打算对科学哲学和认知科学中关于科学的分布认知的研究

---

① Giere R, "Scientific cognition as distributed cognition", *In* Carruthers P, Stich S, Siegal M, *The Cognitive Basis of Science*, Cambridge: Cambridge University Press, 2002, pp. 285-289.

② 在吉尔那里，计算是符号表征和操作，真实的物理系统是非计算的动态结构和过程。而根据我们对计算的理解（信息处理），两者实质上没有区别。见 Giere R, "The role of computation in scientific cognition", *Journal of Experimental & Theoretical Artificial Intelligence*, 2003, Vol.15, No.2, pp. 195-202.

做系统性的综述，转而，试图顺着本书展开的轨迹，来进一步阐述科学认知的分布性质、具体类型和分布结构的演变。

在本章第 1 节的开头，我们就表明，在求解日常的简单问题时，个体的认知活动不一定是（也不必是）分布的，但也可以是分布的。[①]这就是说，对于自然认知而言，分布性并非其内在属性；而对于科学认知来说，我们已经指出，它却是内在的，因为其离不开认知工具和外在表征（媒介）。

如果我们将目前认知研究中的“4E”（即具身性、嵌入性、延展性和生成性）与这里所说的分布认知联系起来考虑，则会发现，对于科学认知而言，其中的“具身性”和“延展性”其实是不相容的。“4E”中的“延展性”大致相当于我们这里的“分布性”，都是说认知不限于个体的心智内部，而“具身性”则是说认知不仅包括大脑而且包括整个身体。可是，从科学发展的历史看，科学认知的演进却是一个不断“去身”（disembodied）的过程。当然，这种去身性并不是指在科学认知中，不再需要作为认知主体的身体成分，而是说，原本那些具身性认知功能不断地被身体以外的认知工具所承担、替代或放大。这种去身性表现在：①获取外在世界中对象的信息不再单纯地依赖于人的感官，而是越来越多地依靠所发明的观测工具；②原本由身体的行为所发出的控制认知对象和环境的信息越来越多地由认知工具来实施；③在人的思维活动中，记忆和推理的功能也越来越多地由外在的媒介或工具来承担。这种去身性的实质是扩展或放大人的认知功能，并且其使得科学的客观性和公共性得以增加。通过对科学中的分布认知的考察，这些表现可看得更为清楚。

从第 3 章第 3 节中的图 3.4 出发，我们可以来分析科学中认知分布的基本类型和这种分布结构随着科学的发展呈现的动态变化过程。容易看出，如图 3.4 所示，在分布的科学认知系统中，存在着三个子系统，它们可以被看作基本的分布认知类型：其一，由认知主体和认知工具作为基本组元的分布子系统。其中，主体与工具之间形成信息流动和处理的网络，并与认知对象及其所处的环境形成信息的环路。在这种类型中，主体感官与观测工具协同

① 这里，我们忽略了对于文化等因素的考虑（将文化等因素计入是一种更广义的分布认知观），而将认知的分布性仅限于借助认知工具和外在表征。

承担对来自对象的信息的接收和“粗加工”的功能；而主体的致动部分（如手）和使动的工具协同承担对认知对象可能产生的信息施加选择或约束的功能。其二，以多个认知主体为组元组成的分布子系统，其中每个主体的知觉、思索和行动之间通过信息媒介可以形成多种关系。一种情况是，在具体的科学研究中，除非认知的任务很简单（可由单独的主体完成），否则，就需要由多个主体形成分工协作的团队，这样就出现了认知在个体之间的分布。另一个情况是，在每个科学研究的领域，一般来说，总是存在着不同的个体、不同的团队在研究相同、相似或相关的问题时，他们之间可以通过公开的媒介或私人的通信进行信息的交流和分享。在这两种情况下，个体之间的信息互动即使是分布认知的一种基本类型，也体现了科学认知的社会性。其三，认知主体（单个或多个）与外在表征组成的分布子系统，其中也有两种基本的情况。一是外在表征的实现方式为文本。这里，文本承载的是以往已经取得并累积的科学知识，而这种知识又是进一步展开新的科学研究的背景或前提。在这种情况下，认知过程以文本为媒介，形成了一种时间上的分布。二是外在表征的实现方式是主体展开认知过程所依赖的可以记录甚至处理信息的媒介，包括纸、黑板、算盘和计算机等。

总体上说，在科学认知中，这三类子系统之间相互联系，形成了一个统一的整体。不过，落实到具体的科学认知的不同领域、不同问题上，这三个子系统所担当的角色并不相同。例如，在真实的科学实验中，主体的致动部分（如手）和使动的工具协同承担对认知对象可能产生的信息施加选择或约束是必要的，而在数学这样的形式科学的研究过程中，就没有这个必要条件，所需要的是可以实现外在表征的笔、纸等工具和媒介；还有，在大的科学项目中，由不同专业背景和技能组成的数量较多的人员以及人们之间的分工协作就更为重要。

自近代科学诞生以后，人类科学地认识实在世界的历史，从一个侧面上看，正是科学认知的分布性不断展现和分布结构不断复杂化的过程。当伽利略将自制的望远镜指向月球，当他发明水钟用于时间的测量，当他设计凹槽以约束小球下落运动的轨迹，这种认知的分布性便开始系统地展现。不过，在伽利略所处的时代，科学认知的分布结构还十分原始和简单：在具体的科学研究中，认知主体通常还只是单独的个体，认知工具的发明基本上是个人

（或加上少数助手）的劳作，能够交流和分享知识的同行还非常鲜见，以文本方式表征的科学背景知识极其有限。正是依仗伽利略、开普勒和牛顿等第一代近代科学家的智慧和创造，科学认知的分布结构才得以形成，并在此基础上实现了 400 余年的辉煌。

如今，从整个科学事业来看，科学认知的分布结构已经变得异常复杂和多样。本书之前的章节在一定程度上已经描述了这种复杂化和多样化的过程。在此，我们不妨再概括地描绘一下这幅分布认知的图景。总体上，近代科学的起始尚是西方（欧洲）国家中的少数人所为，而今，科学已成为全球、全人类的共同事业。与人类的其他文化不同，科学的研究者已经遍布世界的每个地区，科学的知识传到了地球上的每个角落，而科学的目标是共同的，科学的语言是普适的，科学的成果是分享的。因此可以说，科学认知是人类已经建构的第一个具有共同目标和规范的分布网络。

从构成分布的科学认知系统的三个子系统来看，每个都经历了从简单到复杂的演进过程，而且，当今它们的复杂度均已经很高。其一，认知对象的范围在深广两个维度上的不断拓展，要求发明和运用能望得更远、察得更细的观测工具，要求发明和运用能将对象置于极端状态和环境的设备，结果，不仅操控和获取来自对象及其环境的信息的环节变得愈加复杂，而且处理信息的功能也更多地由认知主体和认知工具之间的协同来承担。在当代的科学实验和大型的科学观测中，这实际上已经是一种体现科学的分布认知的常态。

其二，研究对象的复杂或极端，研究工具的大量介入和研究问题的难度增加，在团队内部，要求更多具有不同知识背景、不同专业技能的研究者的分工和合作，在团队之间，也要求科学知识和信息的更广和更及时的交流、分享。例如，参与人类基因组计划这一大型科学项目的就有来自 6 个国家的上千名科学家；2001 年发表在《自然》上的初步成果论文中，直接署名的人数就达到 250 人。[①]因此，在一个团队内部，认知主体之间如何有效地实现认知能力的分配和信息的互动，已经成为当代科学哲学中研究的一个很重要的课题。

---

① International Human Genome Sequencing Consortium, “Initial sequencing and analysis of the human genome”, *Nature*, 2001,Vol. 409, pp. 860-921.

其三，认知主体与外在表征之间的互动变得比以往任何时候在内容上都更加丰富，在形式上更加多样。而在当今，一个越来越明显的趋势是，不论是在实验室还是其他进行科学研究的地方，传统上作为记录和表征数据或知识的主要载体——纸质笔记本正在减少甚至消失，取而代之的是内置数据分析和实验室管理等软件的笔记本电脑或平板电脑。这些软件不仅可以记录和处理数据，而且具有在线访问外部数据库等功能，于是，研究者与外在表征之间可以形成实时的互动。当然，这些变化都是源自计算机和互联网的问世，正是这两大发明，极大地改变了科学知识传播和分享的方式，并为科学的分布认知的实现带来了新的媒介。

事实上，正如我们在前面章节中已经阐述过的那样，计算机的介入，对于科学分布认知的方方面面都产生了革命性的或重大的影响。而对于由互联网引发的科学认知方式和分布结构的改变，值得另辟一节做更多的阐述和分析。

第 3 节　基于互联网的分布认知

如果问一问：进入 21 世纪以来，什么是影响人类的最大发明？答案应该是非常肯定的：移动互联网，外加智能手机等终端设备。确实，由于这些发明，我们的学习、工作和生活的方方面面都发生了巨大的、不可逆转的改变。

如今，不论走到哪里，你都会遇见低着头的人群，持着手机在互联网中游弋，或者向其中发送信息。这个由网络和终端构成的虚拟世界，之所以对人们如此具有吸引力，很大程度上在于：其是一个实时地、持续地呈现出、更新着和抹去林林总总、丰富多彩的信息的世界，而我们人实质上就是一种生产、消费和传播信息的“动物”，就是一种喜欢通过信息互联的“群居动物”。

当然，互联网的问世和发展，不仅仅改变了人们的日常生活和工作，而且也对人类科学地认识世界的方式产生了巨大的影响。这里，我们就来说说科学的分布认知所带来的变化。

为了说明互联网与科学的分布认知之间关联的自然性和紧密性，我们简要地介绍一下互联网的产生和发展过程。起初，计算机之间的联网是美国国防部所研究和实施的，而目前广泛使用的万维网（World Wide Web），恰恰是物理学家为了科学研究中信息交流的需要和便利而发明的。1989 年，在欧洲粒子物理研究中心工作的英国物理学家伯纳斯-李（Tim Berners-Lee）发明了一种网上交换文本的方式，即万维网。它是一种分布式多媒体超文本工具，通过超文本传输协议（HTTP），可以把任何地方连于互联网上的计算机的信息有机地连接起来。很快，这个平台在整个互联网上风靡。1993 年出现的浏览器，是一种安装在客户计算机上的用以访问万维网服务器的工具软件。使用浏览器在网上漫游，可以检索和查询各种信息，可以下载、保存、打印各种文档，可以建立主页和收发邮件，等等。万维网和浏览器的出现使人们能够很容易地在网上发布和获取信息，极大地加速了互联网的发展。从此，人类社会里，人们之间传播、分享和交流信息的方式开始进入了一个崭新的时代。由此可见，在一定意义上，互联网的突破性发展，正是由科学的分布认知的实施和拓展的需要所直接推动的。

以下，就来考察和分析互联网又是如何推动分布的科学认知的改变的。在此，我们聚焦于两个基本问题：首先，互联网为分布的科学认知带来了什么新方式？其次，互联网对于科学认知的分布结构有何实质性或激进的改变？

我们先来回答第一个问题。21 世纪以来，基于互联网形成了两种分布的科学认知的新方式。一是在互联网上出现了一个“在线公众科学运动”（online citizen-science movement），倡导专业的和业余的科学家共同探索和求解一些科学问题，方法是通过建立网站，发布需要研究的项目或需要求解的具体问题，以吸引对项目或问题有兴趣的研究者群策群力，一起来完成项目或寻找答案。这是基于互联网才出现的新型的科学研究方式，其中的科学认知显然是分布的。目前，这种方式既被用于天文观测、动植物分类等需要进行大规模数据采集和处理的项目，也被用于求解困难的数学和物理学的问题。例如，2009 年初，著名的英国数学家高尔斯（Timothy Gowers）在自己的博客上发布了一个深奥的数学猜想，希望能整合读者们的智慧和专长，来共同解决该问题。大约在两个月中，他收到了近千条评论和建议，结果猜想被成功证明，于是，发表的论文署名是代表这一集体的笔名。[①]二是一个从事具体

① Ball P, “Crowd-sourcing: strength in numbers”, *Nature*, 2014, Vol.506, pp. 422-423. 2020 年春，沃尔弗拉姆发起的基础物理学项目也主要采用这种形式，可见 https://wolframphysics.org.

的实验或理论研究的团队，其成员并不一定处于现实的同一实验室中或在某个特定的地理位置，而是可以分布于其他地区甚至国家的大学或研究机构。这些位于不同物理空间的成员，能够利用互联网作为平台，参与包括信息的收集和问题的求解等在内的认知任务。这种方式，对于那些想要读大学期间就能参与顶尖实验室或机构的研究的大学生来说，特别具有吸引力，因而，也将是造就未来一代科学家的重要途径。

第二个问题是要回答互联网对于科学认知的分布结构的改变。这主要体现在科学知识的传播和分享方式的变化中。在没有互联网的时代，科学家主要是通过学术期刊、学术会议和个人通信等方式来获取和交流信息，而一个科学发现和理论发明的居先权也是通过在期刊或会议上公开发表才得以确立的。然而，自从互联网问世以来，科学论文发表和传播的方式却实质性地发生了变化。这种变化首先出现在理论物理领域，而后扩展到其他理论科学，近年来，又进一步扩展至生物学、医学等领域。而标志性的事件就是我们在第1章中提到过的预印本文库的问世。

1991年，当时在美国洛斯•阿拉莫斯国家实验室工作的物理学家金斯巴克（Paul Ginsparg）创立了预印本文库（网站）。起初收载关于弦论和场论方面的理论文章，不久就扩展到物理学的其他分支，如今则已经包括物理学、数学、计算机科学、定量生物学、定量金融学、统计学、电子工程、系统科学和经济学。截至2019年5月底，可以访问的论文达到了155万篇，且每天都在增加。①

预印本文库的特点是论文无须同行的评审，只要通过规范性的认证，即可上传发表。这一特点对于科学的分布认知和推动科学发展具有巨大的影响。其一，对于作者来说，不仅可以根据读者的反馈对论文进行修改或撤回，而且一旦论文获得同行的认可，其在科学发现或理论发明上的居先权便得以确立，这样，也就基本解决了以往科学界长期存在的居先权之争。可以设想一下，如果牛顿和莱布尼茨所处的时代有了这一文库，那么，关于微积分的发明权之争很有可能就不会出现了。

其二，对于读者而言，可以及时地了解与自己相同或相关领域的研究进

① 2001年，金斯巴克离开洛斯•阿拉莫斯国家实验室去了康奈尔大学物理学系工作，该网站也随迁到康奈尔大学，目前由该校资助和管理。

展，避免做重复性的工作。[①]在科学史上，康德率先提出太阳系起源的星云说，差不多半个世纪以后，拉普拉斯（Pierre S. Laplace，1749—1827）又独立地提出这一假设，结果，被称为康德-拉普拉斯星云说。而如今，这种情况将不复存在。当然，读者如果也是该论文的问题的研究者，就有可能因为慢了一拍而失去居先权，但更多的情况是，可以基于他人已发表的论文推进自己的研究，去获得“更上一层楼”的成果。这样，预印本文库就导致研究者之间竞争的加剧。

其三，从对科学发展的推动作用来看，预印本文库的出现使得科学研究的过程加速。以往，在科学研究中，个体或团队可以就某类或某个问题进行长时间的独立研究，或者形象一点说，进行单独的长跑；而该文库的出现，则能将全世界从事相同或类似研究的人或团队连接起来，进行接力赛跑。尽管求解问题的路程也许仍是马拉松的距离，但采用接力而非单独长跑的方式，解决问题的时间将大大缩短。

其四，预印本文库也给当代科学认知带来了新的问题。由于论文是在没有进行同行评审的情况下发表的，因而其包含错误甚至造假的可能性就大大增加。特别是，如果读者没有足够的鉴别能力，那么，以讹传讹的风险也就上升；而那些根据不正确论文所写的新闻报道还会误导公众。为了解决这些新问题，一方面需要作者具有诚实的科学态度和自律精神，另一方面，也是更重要的，是要求读者具有更高的评判和鉴别能力。不过，从历史和现实的情况看，只要有健全的科学共同体存在并发挥作用，科学认知就有自我纠错的功能。事实上，预印本文库也没有取代传统的学术期刊，而且通过优势互补，二者共同推进着科学的繁荣和发展。

第 4 节　科学认知的复杂性

在讨论了科学的分布认知后，本书的写作也就接近尾声了。在这最后一

---

① 这里的“重复性”主要是针对理论研究的创造性而言。如果是实验或观测，则对已经发表的成果进行重复性的检验是科学研究的必要的也是很有价值的环节。

节中，我们想结合全书所述的内容，总结性地描述一下科学认知的复杂性。

刚刚我们说过，科学认知的分布性是内在的，自近代科学诞生起，这种分布的科学认知结构的演变就是一个复杂性持续增加的过程。之所以呈现这样的趋势，主要在于：随着科学的发展，所认知的实在世界的疆域变得越来越深广，对象变得越来越极端、多样和复杂。这就要求科学认知的进路要有所拓展，于是便有了计算进路的出现；这就要求探测工具和技术的不断发明，于是便有了射电望远镜、电子显微镜、冷冻电镜、光镊技术和光遗传学技术，等等；这就要求有新的科学理论或模型的创造，于是便有了电磁场理论、进化论、相对论、量子论和DNA双螺旋结构模型，等等；这就要求科学的研究者之间不断加强交流、协作和互动，于是便有了数千人组成的大科学团队和基于互联网的预印本文库，等等。在认知对象、认知工具、背景知识和认知主体之间持续的互动过程中，科学实现了成功的演进和转变，同时，科学认知的复杂度也越来越高。

科学认知的复杂性还与社会环境密切相关。虽然科学主要是一种认知活动，但从事这种活动的主体是处于社会中的人，科学政策的制定离不开政府的指导或政治的干预，制造科学工具、设备需要技术和经济的支撑，科学思想、知识的生成免不了受到文化乃至意识形态的左右。因此，人类社会中政治、经济、文化和军事等因素的变化以及社会结构复杂性的增加，都会对科学认知产生这样那样的影响或作用，从而改变科学认知的结构和演进方式。自从20世纪80年代科学进入当代阶段以来，人类社会的发展和全球化浪潮的兴起，需要当代科学更多地服务于技术的推进和社会的治理，于是，当代科学认知中，出现了朝着求解与人相关的现实问题的转变，出现了认识认知与实用认知相融合的趋势，出现了基于大数据和计算模型预言社会现象和人的行为的热点。

科学认知的复杂性更体现于认知主体的复杂性。工具的设计，理论的发明，模型的建构，思想的生发，论文的写作，观念的交流，政策的实施和文化的影响，等等，都依仗个体心智的运作。这种运作是一个极其复杂的认知过程，包括知觉、记忆、推理、想象、决策、行动乃至意识等要素以及它们之间的相互关联，至今我们对其了解得还十分有限。而随着运作结果的输出和运作能力的部分外化，人机协同开启了一个新的认知过程。这一过程又进一步增加了科学认知的复杂性，同时也开始揭示人在理解和预言世界方面的限度。

这种限度就是：科学认知是复杂的，人类社会是复杂的。因此，我们无法准确地预言它们未来的状态。但是，这并不妨害我们提出希望和形成信念。

我们希望：未来社会，在充分尊重个人自由地选择生活方式的同时，更好地达到个体与个体之间的和睦、群体与群体之间的和平、人类与自然之间的和谐。

我们相信：为实现这个目标，未来的科学将更有作为。

参考文献

中文

保罗·戴维斯：《神的心灵——理性世界的科学基础》，王祖哲译，山东人民出版社，2012 年版。
戴维·多伊奇：《真实世界的脉络》，梁焰、黄雄译，广西师范大学出版社，2002 年版。
戴维斯、布朗：《原子中的幽灵》，易心洁译，湖南科学技术出版社，1992 年版。
丹尼尔·卡尼曼：《思考，快与慢》，胡晓姣、李爱民、何梦莹译，中信出版社，2012 年版。
道格拉斯·R. 霍夫施塔特、丹尼尔·C. 丹尼特：《心我论——对自我和灵魂的奇思冥想》，陈鲁明译，上海译文出版社，1988 年版。
弗·卡约里：《物理学史》，戴念祖译，内蒙古人民出版社，1981 年版。
李·斯莫林：《通向量子引力的三条途径》，李新洲、翟向华、刘道军译，上海科学技术出版社，2003 年版。
理查德·利基：《人类的起源》，吴汝康、吴新智、林圣龙译，上海科学技术出版社，1995 年版。
郦全民：《对科学实在论的新辩护》，《自然辩证法研究》，1999 年第 3 期，第 20-23 页。
郦全民：《分析突现的两个维度》，《哲学研究》，2010 年第 8 期，第 88-94 页。
郦全民：《计算与实在——当代计算主义思潮剖析》，《哲学研究》，2006 年第 3 期，第 82-89 页。
郦全民：《科学知识与理性行动》，《华东师范大学学报（哲学社会科学版）》，2011 年第 6 期，第 10-15 页。
郦全民：《论汉字的表征效应》，《中国社会科学》，2015 年第 3 期，第 139-160 页。
郦全民：《认知研究中的行动概念》，《自然辩证法通讯》，2019 年第 1 期，第 33-39 页。
郦全民：《术数的自然性及其认知特征》，《华东师范大学学报（哲学社会科学版）》，2018 年第 5 期，第 31-37 页。
郦全民：《探索复杂性的计算途径》，《自然辩证法研究》，2002 年第 6 期，第 40-42，71 页。
郦全民：《意向性的计算解释》，《哲学研究》，2012 年第 9 期，第 95-103 页。
郦全民：《用计算的观点看世界》，广西师范大学出版社，2016 年版。

郦全民：《中国传统知识生成和传承的认知取向》，《河北学刊》，2015年第3期，第8-14页。
罗伯特·洛根：《字母表效应：拼音文字与西方文明》，何道宽译，复旦大学出版社，2012年版。
迈克尔·赫茨菲尔德：《人类学：文化和社会领域中的理论实践》，刘珩、石毅、李昌银译，华夏出版社，2009年版。
阮元：《畴人传》卷46，商务印书馆，1955年版。
史蒂芬·霍金：《时间简史》，许明贤、吴忠超译，湖南科学技术出版社，2010年版。
斯蒂芬·温伯格：《亚原子粒子的发现》，杨建邺、肖明译，湖南科学技术出版社，2006年版。
文德尔班：《哲学史教程》，罗达仁译，商务印书馆，2010年版。
许慎撰、段玉裁注：《说文解字注》，上海古籍出版社，1988年版。
伊·拉卡托斯：《科学研究纲领方法论》，兰征译，上海译文出版社，1986年版。
郁振华：《再论亲知：从罗素到凯农》，《华东师范大学学报（哲学社会科学版）》，2010年第4期，第1-10页。
约翰·巴罗：《天空中的圆周率——计数、思维及存在》，苗华建译，中国对外翻译出版公司，2000年版。
约翰·巴罗：《宇宙的起源》，卞毓麟译，上海科学技术出版社，2007年版。
约翰·波洛克、乔·克拉兹：《当代认识论》，陈真译，复旦大学出版社，2000年版。
约翰·格里宾：《双螺旋探秘：量子物理学与生命》，方玉珍、朱进宁、秦久怡等译，上海科技教育出版社，2001年版。
约翰·霍根：《科学的终结——在科学时代的暮色中审视知识的限度》，孙雍君等译，远方出版社，1997年版。
约翰·霍根：《科学的终结：用科学究竟可以将这个世界解释到何种程度（修订版）》，孙雍君、张武军译，清华大学出版社，2017年版。
詹姆斯·R. 威尔克尔：《约翰内斯·开普勒与新天文学》，刘堃译，陕西师范大学出版社，2004年版。
詹姆斯·格雷克：《信息简史》，高博译，人民邮电出版社，2013年版。
詹姆斯·迈克莱兰：《伽里奥·伽利略：物理学家第一人》，刘斌译，陕西师范大学出版社，2004年版。
张明喜：《中国术数文化发凡》，《社会科学》，1992年第2期，第50页。
周山主编：《中国传统类比推理系统研究》，上海辞书出版社，2012年版。
E. T. 贝尔：《数学大师：从芝诺到庞加莱》，徐源译，上海科技教育出版社，2004年版。
Harry R. Lewis、Christos H. Papadimitriou：《计算理论基础》，张立昂、刘田译，清华大学出版社，2000年版。
L. 斯莫林：《物理学的困惑》，李泳译，湖南科学技术出版社，2008年版。
M. W. 艾森克、M. T. 基恩：《认知心理学》，高定国、肖晓云译，华东师范大学出版社，2004年版。
R. 道金斯：《自私的基因》，卢允中、张岱云译，科学出版社，1981年版。
S. 温伯格：《终极理论之梦》，李泳译，湖南科学技术出版社，2003年版。

英文

Ball P, "Crowd-sourcing: strength in numbers", *Nature*, 2014,Vol.506, pp.422-423.

Baltimore D, "How biology became an information science", *In* Denning P (Ed.), *The Invisible Future,* New York: McGraw-Hill, 2001, pp.43-56.

Barrett J L, "Exploring the natural foundations of religion", *Trends in Cognitive Sciences*, 2000, Vol.4, No.1, pp.29-34.

Barrow J D, Davies P C W, Harper C L, *Science and Ultimate Reality*, Cambridge: Cambridge University Press, 2004.

Bechtel W, "Mechanism and biological explanation", *Philosophy of Science*, 2011, Vol.78 , pp.537-538.

Bickhard M H, "Information and representation in autonomous agent", *Cognitive Systems Research*, 2000, Vol.1, pp.65-75.

Bloom P, "Religion is natural", *Developmental Science*, 2007, Vol.10, No.1, pp.147-151.

Boroditsky L, "How language shapes thought", *Scientific American*, 2011, Vol.304, No.2, pp.63-65.

Bouchaud J-P, Mézard M, "Wealth condensation in a simple model of economy", *Physica A: Statistical Mechanics and Its Applications*, 2000,Vol. 282, No. 3-4, pp.536-545.

Brentano F, *Psychology from an Empirical Standpoint*, London: Routledge, 1995.

Bunge M， *Treatise on Basic Philosophy,Vol.5*, Dordrecht: D. Reidel Publishing Company, 1983.

Carruthers P, Stich S, Siegal M, *The Cognitive Basis of Science*, Cambridge: Cambridge University Press, 2002.

Clark A, Chalmers D J, "The extended mind"， *Analysis*, 1998, Vol.58,pp.10-23.

Conte R, Gilbert N, Bonelli G, et al., "Manifesto of computational social science", *The European Physical Journal Special Topics*, 2012, Vol.214, pp. 325-346.

Deutsch D, "Quantum theory, the Church-Turing principle and the universal quantum computer", *Proceedings of the Royal Society, London*, 1985, Vol.400, pp.97-98.

Dietrich E, "Representation", *In* Thagard P（Ed.）, *Philosophy of Psychology and Cognitive Science*, Amsterdam: North Holland, 2007, p.5.

Evans J T , Stanovich K E, "Dual-Process theories of higher cognition: advancing the debate", *Perspectives on Psychological Science*, 2013, Vol.8, No.3, pp.223-241.

Feynman R P, "Simulating physics with computers", *International Journal of Theoretical Physics*, 1982, Vol. 21, No. 6/7, pp.467-488.

Fodor J A, *Psychosemantics*, Cambridge: The MIT Press,1987.

Frappier M, Meynell L, Brown J R, *Thought Experiments in Philosophy, Science and the Arts*, London: Routledge, 2013.

Freeman W J, "Nonlinear brain dynamics and intention according to aquinas", *Mind & Matter,* 2008, Vol.6, No.2, pp.207-234.

Gettier E, "Is justified true belief knowledge? " *Analysis*, 1963,Vol.23, No.6, pp. 121-123.

Giere R, "The role of computation in scientific cognition", *Journal of Experimental & Theoretical Artificial Intelligence*, 2003, Vol.15, No.2, pp.195-202.

Hempel C G, Oppenheim P, "Studies in the logic of explanation", *Philosophy of Science*, 1948, Vol.15, pp.135-175.

Hofman J M, Sharma A, Watts D J, "Prediction and explanation in social systems", *Science,* 2017, Vol.355, pp.486-488.

Horgan J, *The End of Science: Facing the Limits of Knowledge in the Twilight of the Scientific Age*, New York: Basic Books, 2015.

Horne Z, Muradoglu M, Cimpian A, " Explanation as a cognitive process",*Trends in Cognitive Sciences*, 2019,Vol. 23, No. 3, p.188.

Humphreys P, "Emergence, not supervenience", *Philosophy of Science*, 1997,Vol. 64, pp.337-345.

Hutchins E, *Cognition in the Wild*, Boston: The MIT Press,1995.

International Human Genome Sequencing Consortium, "Initial sequencing and analysis of the human genome", *Nature*, 2001,Vol. 409, pp.860-921.

Johnson N F, *Two's Company, Three is Complexity*, Oxford: A Oneworld Book, 2007.

Kinzler K D, Spelke E S, "Core systems in human cognition"，*Progress in Brain Research*, 2007, Vol. 164 , pp.257-264.

Kolak D, Hirstein W, Mandik P, *Cognitive Science*, New York: Routledge, 2006.

Lloyd S, "Ultimate physical limits to computation", *Nature*, 2000, Vol.406, pp.1047-1054.

Lombrozo T, "The structure and function of explanations", *Trends in Cognitive Sciences,* 2006,Vol.10, No.10, p.464.

Magnani L, Nersessian N J , Thagard P, *Model-Based Reasoning in Scientific Discovery*, New York: Kluwer Academic/Plenum Publishers, 1999.

McCormick B H, DeFanti T A, Brown M D, "Visualization in scientific computing", *Computer Graphics*, 1987,Vol.21, No.6, pp247-307.

Medin D, Atran S, "The native mind: Biological categorization and reasoning in development and across cultures", *Psychological Review*, 2004, Vol.111, No.4, pp.960-983.

Miller G, "The magical number seven, plus or minus two: some limits on our capacity for processing information", *Psychological Review*,1956, Vol.63, pp.81-97.

Newell A, Simon H A, "Computer science as empirical inquiry", *Communication of the Association for Computing Machinery*, 1975, Vol.19, No.3, p.113.

Olson D R, "How writing represents speech"，*Language & Communication*, 1993, Vol.13, No.1, pp.1-17.

Pentland A, *Social Physics*, New York: The Penguin Press, 2014.

Pinotsis D A, Buschman T J , Miller E K, "Working memory load modulates neuronal coupling", *Cerebral Cortex*, 2019, Vol.29, pp.1670-1681.

Prinz W, Beisert M, Herwig A, *Action Science: Foundation of an Emerging Discipline*, Cambridge: The MIT Press, 2013.

Rescorla M, "The Computational Theory of Mind", https://plato.stanford.edu/entries/computational-mind[2016-12-31].

Rucker R, *The Lifebox, the Seashell and the Soul*, New York: Thunder's Mouth Press, 2005.

Salmon W C, *Statistical Explanation and Statistical Relevance*, Pittsburgh: University of Pittsburgh Press, 1971.

Searle J R, *Intentionality*, Cambridge: Cambridge University Press, 1983.

Sipser M, *Introduction to the Theory of Computation*, Boston：PWS Publishing, 1997.

Smith B, "Formal ontology, common sense and cognitive science", *International Journal of Human-Computer Studies*, 1995, Vol.43 , p.641.

Stenning K, Oberlander J, "A cognitive theory of graphical and linguistic reasoning:logic and implementation", *Cognitive Science*, 1995, Vol.19, No. 1, pp.97-140.

Stewart J, Gapenne O, Di Paolo E A, *Enaction: Toward a New Paradigm for Cognitive Science*, Cambridge: The MIT Press, 2010.

Stix G, "Traces of a distant past", *Scientific American*, 2008, Vol.299, No.1, pp.56-63.

Thagard P, *The Cognitive Science of Science*, Boston: The MIT Press, 2012.

Waskan J A, *Models and Cognition*, Cambridge: The MIT press, 2006.

Wegner P. "Towards empirical computer science", *The Monist*, 1999, Vol.82, pp.58-68.

Wilson K G, "Grand challenges to computational science", *Future Generation Computer Systems*, 1989, Vol.5, No.2-3, pp.171-189.

Wing J M, "Computational thinking", *Communications of the ACM*, 2006, Vol. 49, No. 3, pp.33-35.

Winther R G, "The Structure of Scientific Theories", https://plato.stanford.edu/entries/structure-scientific-theories/[2015-12-31].

Wolfram S, *A New Kind of Science*, Champaign: Wolfram Media, 2002.

Wolfram S, *Preface*, Physica D, 1984, Vol.10, pp.vii-xii.

Zeilinger A, "A foundational principle for quantum mechanics", *Foundations of Physics*, 1999, Vol.29, No.4, pp.631-642.

Zenil H, *Irreducibility and Computational Equivalence:10 Years After Wolfram's a New Kind of Science*. Heidelberg: Springer, 2013.

Zhang J J, "The nature of external representations in problem solving", *Cognitive Science*, 1997, Vol.21, No.2, pp.179-217.

Zhang J J, Norman D A, "Representations in distributed cognitive tasks", *Cognitive Science*, 1994, Vol.18, No.1, pp.87-122.

Zhang J J, Patel V L, "Distributed cognition, representation, and affordance", *Pragmatics & Cognition*, 2006, Vol.14, No.2, pp.333-334.

后　记

2014 年，我承担了国家哲学社会科学基金重点项目——“当代科学认知的特征和结构研究”（批准号：14AZX005），本书便是该项目的主要研究成果。

1978 年，我幸运地考上了大学，转眼间，已到了法定可退休的年龄，真是光阴似箭。其中，除了学习阶段，我基本上做以科学为主要对象的哲学教学和研究，自然地，会关注科学的历史、现状和发展趋势，并形成一些个人的感悟。这些感悟中，有一个常常萦绕在我心头：大约自 20 世纪 80 年代开始，重大的科学发现和理论创造的资源变得稀少，科学的重心转而关注与人的生存更相关的实用性问题，用关键词来表达就是“材料”“生命”“健康”“认知”“行为”“生态”“环境”等。这又引发我进一步思考：科学认知的方式和结构是否也发生了相应的变化？本书的主旨就是试图回答这个问题。

显然，要回答这一问题并不是件容易的事。第一，要对当代科学的整个状况和发展趋势有直接的、客观的和系统的认识，而如今的科学已经变得十分复杂和多样，认识的难度自然很大；好在多年来，我养成了一种职业性的习惯，即经常性地浏览世界上报道科学发现的主要期刊，因此，靠着平时的积累降低了难度。第二，要了解当代科学家从事研究的具体认知方式，这可以通过阅读他人研究科学认知的文献或者与正在做研究的科学家进行交流而实现；对我来说，倒并不那么困难，一个原因是我自己就曾做过一些具体的科学研究工作。第三，需要对已获得的数据和经验进行哲学的分析；这虽然属于我的本行，但由于以往的科学哲学侧重于概念分析，倘若要基于经验的考察来探究科学认知的变迁并进行哲学反思，则仍是一个巨大的挑战。

略感欣慰的是，经过数年艰苦的努力，我自认为大致上回答了所提出的问题，这就构成了本书的主要内容。当然，答案还是很粗浅的，故在此，我真诚地希望能借着读者们的智慧来进一步细化和深化。

细心的读者也许已发现：书中含有一些探讨中国传统知识和文化的内容，如关于术数的认知。这是因为，近年来，我对文化与认知之间的关系感兴趣，也做了一些研究。将有关内容置于其中，主要是作为参照，也希望能对读者认识中国传统文化有所裨益。

写作期间，我的家庭发生了一些大的变化。年迈的母亲和父亲相继离世，作为纪念，谨将此书献给我的双亲。儿子完成了大学第一阶段的学习，开始继续深造。特别是，发生了一件意想不到的事：得益于国家的放开政策，偶然而又自然地，2016 年底，“为母则强”的妻子，竟为我添了一个“二宝”女儿。在喜悦降临的同时，家庭生活的节奏彻底打乱。一个与本书直接相关的后果是，承担的课题不得不申请延期了两年，于是，书稿的完成和出版也就相应推迟了。

这里，我要感谢华东师范大学哲学系提供的良好学术环境，感谢同事们对我的研究给予的热情鼓励和支持；感谢科技哲学专业的研究生们，他们是书稿的第一批读者，并且提出了不少有益的修改意见。

最后，特别要感谢侯俊琳分社长、邹聪编辑和张楠编辑的辛勤付出。他们帮助我改正了不少欠妥的表述和有差错的文字。

郦全民

2020 年 9 月 7 日